Neue Entwicklungen in der Additiven Fertigung

Gerd Witt · Andreas Wegner · Jan T. Sehrt

Neue Entwicklungen in der Additiven Fertigung

Beiträge aus der wissenschaftlichen Tagung der Rapid.Tech 2015

Springer Vieweg

Gerd Witt
Andreas Wegner
Jan T. Sehrt
Duisburg, Deutschland

ISBN 978-3-662-48472-2 ISBN 978-3-662-48473-9 (eBook)
DOI 10.1007/978-3-662-48473-9

Die Deutsche Nationalbibliothek verzeichnet diese Publikation in der Deutschen Nationalbibliografie; detaillierte bibliografische Daten sind im Internet über http://dnb.d-nb.de abrufbar.

Springer Vieweg

Gedruckt auf säurefreiem und chlorfrei gebleichtem Papier.

Springer-Verlag GmbH Berlin Heidelberg ist Teil der Fachverlagsgruppe Springer Science+Business Media (www.springer.com)

Vorwort

Die additiven Fertigungsverfahren, in den Medien häufig auch 3D-Druck genannt, treffen insbesondere in der Öffentlichkeit auf steigendes Interesse und werden immer bekannter. Früher wurden diese Fertigungsverfahren häufig als Rapid Prototyping bezeichnet, weil sich hieraus ihr Haupteinsatzgebiet ergab, nämlich die additive Herstellung von Prototypen und Versuchsteilen. Heute ist dieses Anwendungsfeld zwar nach wie vor ein fester Bestandteil dieser Fertigungsverfahren, die additiven Anlagen- und Prozessentwicklungen sowie die Werkstoffentwicklungen sind heute jedoch in weitere Anwendungsbereiche vorgedrungen, so dass zunehmend auch Endprodukte direkt hergestellt und eingesetzt werden können.

Unabhängig von den Anwendungsbereichen sind die additiven Fertigungsverfahren v. a. durch ihre schichtweise Vorgehensweise bei der Herstellung von Bauteilen gekennzeichnet. Hierdurch ergeben sich zahlreiche Vorteile wie z. B. die Herstellung von hochkomplexen Bauteilen oder Leichtbaustrukturen nach bionischem Vorbild, die mit konventionellen Fertigungsverfahren nicht oder nur mit großem Aufwand zu fertigen wären.

Zukünftig wird den additiven Fertigungstechnologien ein weiterhin stark wachsendes Marktpotenzial zugesprochen. Um diesen Marktentwicklungen gerecht zu werden und eine feste qualitätsgesicherte neue Plattform für Forschungs- und Entwicklungsergebnisse zu schaffen wurde erstmals in diesem Jahr auf der Rapid.Tech 2015 eine wissenschaftliche Tagung angeboten. Die hier eingereichten Beiträge sind in diesem ersten Band Neue Entwicklungen in der Additiven Fertigung veröffentlicht. Sie spiegeln den aktuellen Stand der Forschung im Bereich der Additiven Fertigung wider. An Beispielen aus verschiedenen Branchen wie Kunststoffverarbeitung, Maschinenbau, Metallbearbeitung und Medizintechnik werden die additiven Fertigungsverfahren des Laser-Sinterns und des Laser-Strahlschmelzens diskutiert.

Das Buch richtet sich dabei insbesondere an Entwicklungsingenieure und Wissenschaftler im Bereich der additiven Fertigung sowie an Studenten des Maschinenbaus und der Werkstoffwissenschaften.

Als Abgrenzung zu anderen Veröffentlichungsplattformen wurde hier sehr großer Wert auf die wissenschaftliche Qualität der eingereichten Beiträge durch Doppelblindgutachten (Double-blind-Review-Verfahren) gelegt. Eine solche Plattform mit einer so umfangreichen Qualitätssicherung im deutschsprachigen Raum fehlte in dieser Art bisher mit direktem Bezug zu den additiven Fertigungstechnologien.

An dieser Stelle danken wir ganz herzlich dem wissenschaftlichen Komitee, das sich sehr viel Zeit für die Durchsicht der Vielzahl von Beiträgen genommen hat und sich aus folgenden Experten zusammensetzt:

- Prof. Dr.-Ing. Dietmar Drummer, Lehrstuhl für Kunststofftechnik, FAU Erlangen-Nürnberg
- Prof. Dr.-Ing. Claus Emmelmann, Institut für Laser- und Anlagensystemtechnik, TU Hamburg-Harburg; Laser Zentrum Nord
- Prof. Dr. rer. nat. Reinhart Poprawe, Lehrstuhl für Lasertechnik, RWTH Aachen; Fraunhofer-Institut für Lasertechnik
- Prof. Dr.-Ing. habil. Gerd Witt, Lehrstuhl für Fertigungstechnik, Universität Duisburg-Essen
- Prof. Dr.-Ing. Michael Zäh, Institut für Werkzeugmaschinen und Betriebswissenschaften, TU München
- Prof. Dr.-Ing. Detmar Zimmer, Lehrstuhl für Konstruktions- und Antriebstechnik, Universität Paderborn

Die bereits im Vorfeld zu der Veranstaltung zu beobachtende hohe Akzeptanz und das große Interesse aus dem Forschungs- und Entwicklungsumfeld an einer deutschsprachigen und qualitätsgesicherten Veröffentlichung zu dem Thema Additive Fertigung bestärkt uns zusätzlich darin, diesen Weg weiterzugehen und auszubauen. Ein weiterer Dank gilt dem Geschäftsführer der Messe Erfurt, Herrn Kniffka und seinem Team für die engagierte Vorgehensweise und Unterstützung bei der Erstellung dieses Bandes. Nicht zuletzt wollen wir den zahlreichen Autoren für ihre wissenschaftlichen Beiträge danken, ohne die dieses Buch nicht möglich gewesen wäre.

Aufgrund des durchweg positiven Feedbacks ist geplant, diesen Buchband als festen Bestandteil für insbesondere deutschsprachige und wissenschaftlich abgesicherte Veröffentlichungen zu etablieren. Wir freuen uns schon auf die zukünftigen Forschungs- und Entwicklungsergebnisse aus Industrie und Wissenschaft.

Duisburg, Herbst 2015

Gerd Witt
Andreas Wegner
Jan T. Sehrt

Inhaltsverzeichnis

Teil 1 Neue Kunststoff-Materialen für das Laser-Sintern

1 Neue Ansätze zur Herstellung gut fließfähiger Polymerpartikelsysteme zum Einsatz im Laserstrahlschmelzen von Kunststoffen

Jochen Schmidt, Marius Sachs*, Stephanie Fanselow*, Karl-Ernst Wirth*, Wolfgang Peukert**

**Lehrstuhl für Feststoff- und Grenzflächenverfahrenstechnik (LFG), Friedrich-Alexander-Universität Erlangen-Nürnberg, Cauerstr. 4, 91058 Erlangen*

Abstract: Während generative Fertigungsverfahren bis vor einigen Jahren nahezu ausschließlich im Prototypenbau eingesetzt wurden, stellen sie heute eine Fertigungstechnologie zur Herstellung spezieller Endprodukte dar. Der Erschließung breiterer Anwendungsfelder und dem 'rapid manufacturing' stehen unter anderem noch die eingeschränkte Auswahl an gut verarbeitbaren, kommerziellen Materialien entgegen: momentan ist praktisch nur Polyamid-12 als optimiertes Strahlschmelzmaterial erhältlich. Im Folgenden wird eine Prozessroute zur Herstellung von Pulverwerkstoffen für das Laserstrahlschmelzen von Kunststoffen für Polybutylenterephthalat (PBT) vorgestellt. Die Prozesskette umfasst die Teilschritte Nasszerkleinerung, Verrundung, sowie das trockene Beschichten. Gut fließfähige, im Laserstrahlschmelzprozess verarbeitbare Mikropartikeln werden erhalten. Der Einfluss von Partikeleigenschaften auf die resultierende Bauteilgüte wird aufgezeigt.

Keywords: Rührwerkskugelmühle, Nasszerkleinerung, Downer-Reaktor, Trockenes Beschichten, Fließfähigkeit, Laserstrahlschmelzen

1.1 Einleitung

Während strahlbasierte additive Fertigungsverfahren wie das selektive Laserstrahlschmelzen von Kunststoffen noch vor einigen Jahren praktisch ausschließlich im Prototypenbau genutzt worden sind, stellen sie heute zumindest vereinzelt eine Fertigungstechnologie zur Herstellung spezieller Endprodukte dar.

Der Erschließung breiterer Anwendungsfelder strahl- und pulverbasierter additiver Fertigungsverfahren stehen zur Zeit neben der sehr eingeschränkten Auswahl an kommerziell verfügbaren Materialien verschiedenartige Probleme im Prozess entgegen, deren Lösung nach unserer Überzeugung nicht allein in der Modifikation im Fertigungsverfahren, sondern auch in der Entwicklung neuartiger, prozessangepasster Ausgangspulverwerkstoffe bestehen muss. Aktuell ist die Auswahl an gut verarbeitbaren, kommerziell verfügbaren Polymerpulvern sehr begrenzt, 95% des Marktanteils entfallen auf polyamidbasierte Strahlschmelzmaterialien [1],[2].

In diesem Beitrag wird eine Prozesskette [3] zur Herstellung polymerer Lasersinterpulver am Beispiel von Polybutylenterephthalat (PBT) skizziert. Die für viele Polymermaterialien nutzbare Prozesskette gestattet den Zugang zu sphärischen

Polymermikropartikeln guter Fließfähigkeit. In einem ersten Schritt werden über ein Nasszerkleinerungsverfahren [4] Polymerpartikeln hergestellt, die anschließend in einem zweiten Schritt in einem beheizten Downer-Reaktor verrundet werden. Das Adhärieren von Nanopartikeln [5],[6] über das trockene Beschichten gestattet eine deutliche Verbesserung der Fließfähigkeit der verrundeten Partikeln. Erste Ergebnisse aus Verarbeitungsversuchen mit den neuartigen PBT-Strahlschmelzmaterialien werden vorgestellt.

1.2 Materialien und Methoden

1.2.1 Materialien

Polybutylenterephthalat (PBT) Ultradur B4520 Highspeed (BASF) der Partikelgröße $x_{50,3}$ = 123 µm und einer Dichte von 1,31 g/cm³ wurde als Aufgabegut im Nasszerkleinerungsversuch eingesetzt. Das vorgenannte PBT-Pulver wurde durch Vorzerkleinerung unter Verwendung einer Rotorschnellmühle Pulverisette-14 (Fritsch) aus PBT-Granulat von ca. 3 mm Größe hergestellt. Die Mühle wurde unter Verwendung eines 0,5 mm-Siebrings bei einer Drehzahl von 20000 min^{-1} betrieben. Das Aufgabegut wurde mit Flüssigstickstoff vorgekühlt.

Pyrogene Kieselsäure R1 (Evonik) mit einer Primärpartikelgröße von etwa 7 nm wurde zum trockenen Beschichten der verrundeten PBT-Partikeln eingesetzt.

1.2.2 Methoden

Die Partikelgrößenverteilung des PBT-Aufgabeguts, der Produktsuspensionen bzw. der verrundeten PBT-Partikeln wurden mittels des Laserbeugungsspektrometers Mastersizer 2000 / Hydro 2000S (Malvern) bestimmt. Die im Zerkleinerungsprozess erhaltenen, ethanolischen Produktsuspensionen wurden geeignet mit deionisiertem Wasser verdünnt. Geringe Mengen Natriumdodecylsulfat (SDS, 98%, Merck) wurden zur Stabilisierung der resultierenden Dispersion zugesetzt. Die verrundeten PBT-Partikeln wurden in wässrige Suspension überführt und mit SDS stabilisiert.

Zur Charakterisierung der PBT-Produktpartikeln wurde das Rasterelektronenmikroskop (REM) Gemini Ultra 55 (Zeiss, InLens-Detektor) eingesetzt. Die Zerkleinerungsprodukte wurden zudem mittels Röntgenbeugung, Infrarotspektroskopie sowie Differenzkalorimetrie charakterisiert.

Aussagen über die Fließfähigkeit der erhaltenen Partikeln wurden mittels eines Zugspannungstesters, der die Bestimmung der zwischen einzelnen partikulären Schichten wirkenden Kräfte gestattet, erhalten. Details zum Messprinzip können der Literatur entnommen werden [7].

1.3 Zerkleinern

Die Nasszerkleinerung von Polymeren in Rührwerkskugelmühlen gestattet im Vergleich zu etablierten Verfahren wie der Trockenzerkleinerung in Prall- bzw. Strahlmühlen unter kryogenen Bedingungen die Herstellung sehr feiner Polymerpartikeln mit typischen Produktgrößen $x_{50,3}$ < 10 µm. Die Anwendbarkeit des Verfahrens wurde für verschiedene technische Polymere wie beispielsweise Polystyrol (PS), Polyetheretherketon (PEEK) oder Polyoxymethylen (POM) aufgezeigt [4] (siehe dort auch zum Stand der Technik des Zerkleinerns von Polymeren). Die Nasszerkleinerungsversuche wurden mit einer Rührwerkskugelmühle PE5 (Netzsch) bei einer Feststoffkonzentration von ca. 18,5 Masse-% PBT-Aufgabegut bei einer Rührerumfangsgeschwindigkeit $v_{rührer}$ von 6,3 m/s durchgeführt. Der Mahlraum wurde mit circa 14,3 kg ZrO_2-Mahlkugeln (YSZ, Tosoh, Mahlkörpergröße d_{MK} = 2,0 mm, Mahlkörperdichte ρ_{MK} = 6050 kg/m³) gefüllt. Es wurde somit eine Beanspruchungsenergie [8] von $BE = d_{MK}^3 * v_{rührer}^2 * \rho_{MK}$ = 1,9 mJ eingestellt. Die Prozesstemperatur betrug (20 +/- 2) °C.

Abb. 1.1 zeigt die Entwicklung der Produktpartikelgrößen $x_{10,3}$, $x_{50,3}$ sowie $x_{90,3}$ in Abhängigkeit von der Prozesszeit. Nach Prozesszeiten von etwa 580 Minuten werden Partikeln der Größe $x_{50,3}$ = 12,8 µm erhalten. Versuche zur Verrundung im Downer-Reaktor (siehe Kap. 1.4) wurden an PBT-Partikeln der Größe $x_{50,3}$ = 19,3 µm ($x_{10,3}$ = 5,7 µm, $x_{90,3}$ = 148,0 µm) durchgeführt, die nach einer Prozesszeit von 330 Minuten mittels Zentrifugation vom Dispersionsmedium abgetrennt und getrocknet wurden.

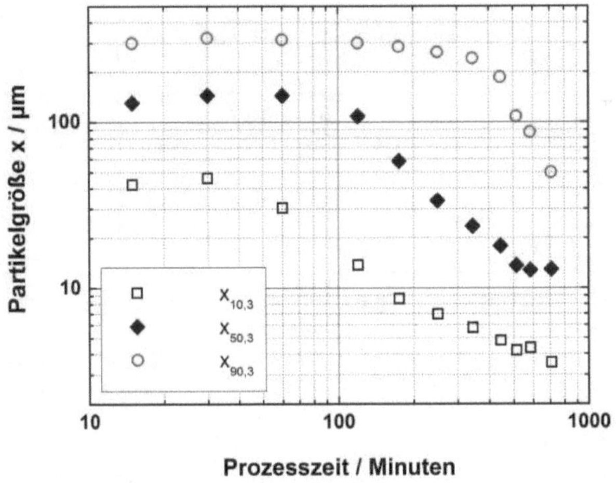

Abb. 1.1 Zeitliche Entwicklung der Partikelgrößen $x_{10,3}$, $x_{50,3}$ sowie $x_{90,3}$ bei der Nasszerkleinerung von PBT (18,5 Masse-% Aufgabegutkonzentration, d_{MK} = 2,0 mm, $v_{rührer}$ = 6,3 m/s, T = 20°C).

Das PBT-Zerkleinerungsprodukt wurde anschließend mittels Differenzkalorimetrie (DSC, Heizrate: 20 °C / min), Röntgenbeugung sowie Infrarotspektroskopie charakterisiert, um beurteilen zu können, ob und inwieweit es ggf. zu Veränderungen der Konstitution bzw. des Kristallinitätsgrads des teilkristallinen PBT durch den Zerkleinerungsschritt kommt. Röntgendiffraktogramme und Infrarotspektren eines unter den o.g. Beanspruchungsbedingungen 330 Minuten zerkleinerten PBT zeigen keinerlei Änderungen im Vergleich zum Diffraktogramm bzw. IR-Spektrum des PBT-Aufgabeguts, d.h. hinsichtlich Konstitution und Kristallinität kommt es zu keinen strukturellen Veränderungen des PBT während der mechanischen Beanspruchung in der Rührwerkskugelmühle. Der kristalline Anteil des Feedmaterials und des Zerkleinerungsprodukts liegt in der α-Modifikation vor. Mittels DSC konnte weiterhin gezeigt werden, dass sich der Kristallinitätsgrad, der durch den Quotient aus gemessener Schmelzewärme des nach verschiedenen Prozesszeiten abgetrennten PBT-Zerkleinerungsprodukts und der Schmelzewärme vollkristallinen Polybutylenterephthalats (145,5 J/g) abgeschätzt wurde, unabhängig von der Beanspruchungszeit bei etwa 35 % liegt (Tab. 1.1).

Tab. 1.1 Mittels Differenzkalorimetrie (DSC) bestimmte Schmelztemperatur und Schmelzewärme von Polybutylenterephthalat (PBT): Vergleich von Aufgabegut und Zerkleinerungsprodukten und Abschätzung des Kristallinitätsgrads.

	Schmelztemperatur / °C	**Schmelzewärme / J/g**	**Kristallinitätsgrad / %**
PBT Aufgabegut	227,3	51,0	35,0
Zerkleinertes PBT (60 Minuten)	226,4	49,8	34,3
Zerkleinertes PBT (180 Minuten)	227,9	50,8	34,9
Zerkleinertes PBT (240 Minuten)	228,4	52,8	36,3
Zerkleinertes PBT (330 Minuten)	228,4	52,5	36,1

1.4 Verrunden

Die über Nasszerkleinerung erhalten, plättchenförmigen PBT-Mikropartikeln weisen eine schlechte Fließfähigkeit auf, sodass sie nicht direkt im Strahlschmelzprozess eingesetzt werden können. Um prozessfähige, gut fließfähige PBT-Strahlschmelzpulver zu erhalten, wurden die Zerkleinerungsprodukte daher verrundet und anschließend trocken beschichtet.

Eine Detailskizze sowie ein Foto des zur Verrundung eingesetzten, beheizten Abstromreaktors sind in Abb. 1.2 dargestellt. Details zum Anlagenkonzept sowie zur Wahl geeigneter Prozessparameter können der Literatur entnommen werden [3],[9]. Die Polymerpartikeln werden mittels eines Bürstendispergierers (RGB1000, PALAS) in die Gasphase überführt. Die Kopfeinheit des Downers erlaubt es, einen laminaren Gasstrom an inertem N_2 (Reinheit 5.0, Linde) zuzuführen, um den Kontakt zwischen Polymerpartikeln und den beheizten Reaktorwänden zu minimieren. Die zum Aufschmelzen des Polymers nötige thermische Energie wird von einem Ofensystem (Thermal Technology) bereitgestellt. Das System besteht aus drei Öfen mit je drei separat einstellbaren Heizzonen. Die gesamte beheizbare Länge der Anlage beträgt 4,5 m. Der erste Ofen wird zum Erhitzen des Gas– und Aerosolstromes auf eine Temperatur von ca. 245 °C genutzt, die etwa 15 bis 20 °C über der Schmelztemperatur von Polybutylenterephthalat liegt. Die Verrundung der PBT-Aersosolpartikeln erfolgt im zweiten, mittels des zweiten Ofens auf 245 °C temperierten Anlagenteil. Der letzte Ofen reduziert die Reaktortemperaturen, um thermophoretische Effekte zu minimieren. Die festen, verrundeten PBT-Partikeln werden schließlich mittels eines Sintermetallfilters (GKN Sintermetals) vom Trägergasstrom getrennt.

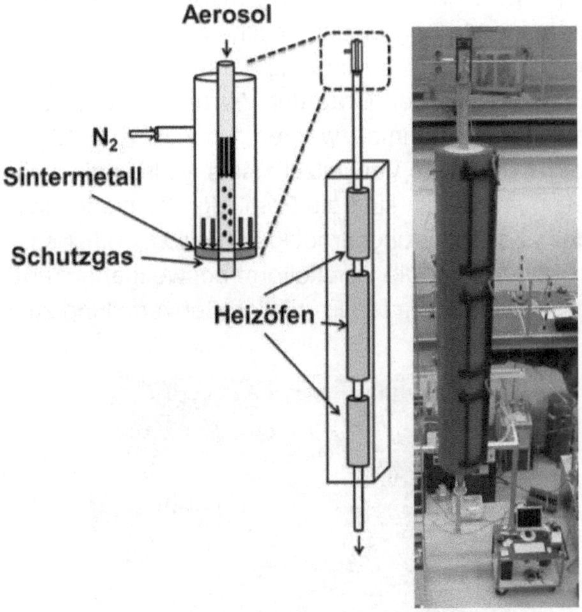

Abb. 1.2 Prinzipskizze (links) und Fotographie des zur Verrundung eingesetzten Abstromreaktors (rechts).

REM-Aufnahmen des über die Nasszerkleinerung erhaltenen PBT-Aufgabeguts und der nach Verrundung im Downer-Reaktor erhaltenen PBT-Partikeln sind in Abb. 1.3 und Abb. 1.4 dargestellt. Wie zu erkennen, werden die durch Nasszerkleinern hergestellten, plättchenförmigen PBT-Mikropartikeln durch den Verrundungsschritt in nahezu sphärische Partikeln überführt. Die für eine vollständige Verrundung der aufgegebenen Partikeln benötigte minimale Verweilzeit wird neben den Einflussgrößen Partikelgröße und Oberflächenspannung der Polymerschmelze insbesondere durch die Schmelzeviskosität bestimmt. Die zur vollständigen Verrundung benötigten Verweilzeiten im beheizten Abstromreaktor wurden für unterschiedliche Polymere unter Nutzung von Simulationsergebnissen zur Kinetik des Sinterns unter viskosem Fließen [9] abgeschätzt: eine Kenntnis der genauen Geometrie der als Aerosol aufgegebenen, unregelmäßig geformten Partikeln wird für die Abschätzung der für die vollständige Verrundung charakteristischen Sinterzeit nicht benötigt, nachdem diese unabhängig von der ursprünglichen Partikelgestalt ist und durch die Partikelgröße (Durchmesser) der verrundeten Partikel, die Oberflächenspannung und die Schmelzeviskosität der Polymers bestimmt wird. Neben der Partikelgröße (vgl. längere Verweilzeiten zur Verrundung größerer Partikeln) ist insbesondere die Schmelzeviskosität des Polymers für die benötigte minimale Verweilzeit um eine vollständige Verrundung zu erzielen entscheidend: je größer die Schmelzeviskosität, desto längere minimale Verweilzeiten sind nötig. Um beispielsweise runde Partikeln von 10 µm Durchmesser zu erhalten, wurden minimale Verweilzeiten von 0,1 s im Fall von PBT (niedrige Schmelzeviskosität), 2,6 s für PS, bzw. 13 s für POM (hohe Schmelzeviskosität) abgeschätzt [3]. Eine ausführliche Darstellung dieser Abschätzungen und ihrer Bedeutung für die Auslegung des Abstromreaktors sowie eine Parameterstudie zum Einfluss der Verweilzeit im Downerreaktor auf den Grad der Verrundung der aufgegebenen Partikeln können der Literatur [3] entnommen werden. Im Fall von PBT wird angesichts der geringen benötigten minimalen Verweilzeit stets vollständig verrundetes Zerkleinerungsprodukt erhalten. Weiterhin sind die Partikelgrößenverteilungen des verrundeten Polymers und des Zerkleinerungsprodukts ähnlich, d.h. es gelingt durch die Verrundung im Abstromreaktor die Partikelform bei weitgehender Erhaltung der durch den Zerkleinerungsschritt bestimmten Partikelgrößenverteilung zu ändern.

Abb. 1.3 REM-Aufnahme von über Nasszerkleinern erhaltenen PBT-Partikeln.

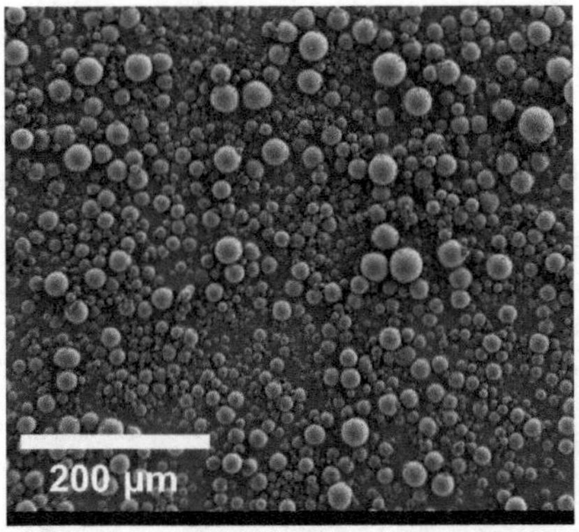

Abb. 1.4 REM-Aufnahme von im Downer-Reaktor verrundeten PBT-Partikeln.

1.5 Trockenes Beschichten / Fließfähigkeit / Einzelschichtprobekörper

Im Anschluss an die Verrundung wurde auf die PBT-Partikeln durch trockenes Beschichten [5],[6] in einem Taumelmischer (T2F, Bachofen) pyrogene Kieselsäure R1 (Evonik) als Fließhilfsmittel (1 Masse-%) aufgebracht.

Die Veränderung der Fließfähigkeit der erhaltenen PBT-Partikeln nach den einzelnen Teilprozessschritten Zerkleinern, Verrunden und trocken Beschichten wurden durch Bestimmung der Zugspannung der Pulvermaterialien verfolgt. Eine Verringerung der Zugspannung ist gleichbedeutend mit einer Verbesserung der Fließfähigkeit [3],[5]. Während das kohäsive PBT-Zerkleinerungsprodukt eine Zugspannung von ca. 15,7 Pa aufweist, führt bereits die Verrundung zu einer Erniedrigung der Zugspannung auf etwa 10,7 Pa. Eine weitere, deutliche Verbesserung der Fließfähigkeit ist durch das trockene Beschichten möglich: verrundete, trocken beschichtete PBT-Partikeln zeigen eine Zugspannung von etwa 2,9 Pa. Diese ist im Vergleich zu typischen Zugspannungen von kommerziellen PA12-Lasersinterpulvern von etwa 1,8 Pa zwar immer noch etwas höher, es gelingt aber durch Verrundung des Zerkleinerungsprodukts und das anschließende trockene Beschichten, d.h. Erhöhung der Oberflächenrauigkeit, eine deutliche Verbesserung der Fließfähigkeit um einen Faktor 5 bis 6. Neben der Verbesserung der Fließfähigkeit führt die Verundung auch zu einer Erhöhung der Schüttgutdichte: während das PBT-Zerkleinerungsprodukt eine Schüttgutdichte von etwa 0,25 g/cm^3 zeigt, weist das verrundete PBT-Pulver eine Schüttgutdichte von 0,47 g/cm^3 auf, was sich im Hinblick auf den Pulverauftrag im additiven Fertigungsprozess sowie die Generierung dichter Bauteile positiv auswirkt: während mittels Laserstrahlschmelzens aus zerkleinertem PBT keine dichten Einzelschichtprobekörper hergestellt werden können , d.h. nur löcherige Strukturen erhalten werden, gelingt unter Verwendung von verrundetem PBT-Pulver ($x_{50,3}$ = 25 µm) die Herstellung geschlossener Einzelschichtprobekörper (siehe Abb. 1.5) unter Verwendung von im Vergleich zu kommerziellen Strahlschmelzpulvern deutlich feinerem Pulvermaterial. Eine ausführliche Studie zum Einfluss von Prozessparametern des Strahlschmelzverfahrens auf die Schichtgüte (vgl. Schichtporosität) wird momentan in Zusammenarbeit mit den Kollegen vom Lehrstuhl für Kunststofftechnik (LKT) der Friedrich-Alexander-Universität Erlangen-Nürnberg durchgeführt.

Abb. 1.5 Mittels Laserstrahlschmelzen gefertigter Einzelschichtprobekörper aus verrundetem PBT-Pulver.

1.6 Zusammenfassung

Im Rahmen dieses Beitrags wurden eine Prozessroute zur Herstellung gut fließfähiger, sphärischer PBT-Polymerpartikeln vorgestellt, die die Teilschritte Nasszerkleinerung, Verrunden im Downerreaktor und das trockene Beschichten umfasst. Eine erhebliche Verbesserung der Fließfähigkeit des Zerkleinerungsprodukts wird durch den Verrundungsschritt und das anschließende Aufbringen von Fließhilfsmittel erreicht, wie Zugspannungsmessungen zeigen [3]. Aus den verrundeten PBT-Pulvern konnten im Strahlschmelzprozess bereits erste, dichte Einzelschichtprobekörper gefertigt werden. Das dargestellte Verfahren eröffnet einen Zugang zu neuen Polymerpulverwerkstoffen für additive Fertigungsverfahren. Die Übertragung auf eine Vielzahl technischer Polymere und eine Übertragung in den technischen Maßstab ist möglich, da die Teilprozessschritte skalierbar sind.

1.7 Danksagungen

Meng Zhao (Lehrstuhl für Kunststofftechnik, Friedrich-Alexander-Universität Erlangen-Nürnberg) danken wir für die Fertigung von Einzelschichtprobekörpern aus PBT-Pulvermaterialien. Die hier vorgestellten Arbeiten wurden durch die Deutsche Forschungsgemeinschaft (DFG) im Rahmen des Sonderforschungsbereiches SFB 814 "Additive Fertigung" (Teilprojekte A1, A2, A3) unterstützt. Die Autoren bedanken sich für die finanzielle Unterstützung.

1.8 Literaturverzeichnis Kapitel 1

[1] Goodridge, R. D.; Tuck, C. J.; Hague, R. J. M.: Laser sintering of polyamides and other polymers, In: Progress in Materials Science, 57 (2012) S. 229-267.

[2] Wohlers, T. (Ed.), Wohlers Report 2014 - 3D Printing and Additve Manufacturing State of the Industry Annual Worldwide Progress Report, Wohlers Associates Inc., Fort Collins (Colorado), 2014.

[3] Schmidt, J.; Sachs, M.; Blümel, C.; Winzer, B.; Toni, F.; Wirth, K.-E.; Peukert, W.: A novel process route for the production of spherical SLS polymer powders with small size and good flowability, In: Powder Technology, 261 (2014) S. 78-86.

[4] Schmidt, J.; Plata, M.; Tröger, S.; Peukert, W.: Production of polymer particles below 5 µm by wet grinding, In: Powder Technology, 228 (2012) S. 84-90.

[5] Blümel, C.; Sachs, M.; Laumer, T.; Winzer, B.; Schmidt, J.; Schmidt, M.; Peukert, W.; Wirth, K.-E.: Increasing flowability and bulk density of PE-HD powders by a dry particle coating process and impact on laser beam melting (LBM) processes, Rapid Prototyping Journal, zur Veröffentlichung angenommen, DOI:10.1108/RPJ-07-2013-0074.

[6] Rumpf, H.: Die Wissenschaft des Agglomerierens, In: Chemie Ingenieur Technik, 46 (1974) S. 1-11.

[7] Schweiger, A.; Zimmermann, I.: A new approach for the measurement of the tensile strength of powders, In: Powder Technology, 101 (1999) S. 7-15.

[8] Kwade, A.: Wet comminution in stirred media mills - research and its practical application,In: Powder Technology, 105 (1999) S. 14-20.

[9] Kirchhof, M.; Schmid, H.-J.; Peukert, W.: Three-dimensional simulation of viscous-flow agglomerate sintering, In: Physical Review E, 80 (2009) 026319.

2 Herstellung von Polyolefinstrahlschmelzmaterialien mittels Schmelzeemulgieren zum Einsatz in der additiven Fertigung

Stephanie Fanselow, Jochen Schmidt*, Saskia Hiller*, Tobias Laumer+, Michael Schmidt++, Karl-Ernst Wirth*, Wolfgang Peukert**

**Lehrstuhl für Feststoff- und Grenzflächenverfahrenstechnik (LFG), Friedrich-Alexander-Universität Erlangen-Nürnberg, Cauerstr. 4, 91058 Erlangen*

+Bayerisches Laser Zentrum (BLZ), Konrad-Zuse Str. 2-6, 91052 Erlangen

++ Lehrstuhl für Photonische Technologien, **Konrad-Zuse-Str. 3-5, 91052 Erlangen**

Abstract: Im Rahmen dieses Beitrags wird das Schmelzeemulgieren als Verfahren zur Herstellung von Polymermikropartikeln vorgestellt. In diesem Prozess wird zunächst ein Polymergranulat in einer kontinuierlichen Phase in Gegenwart geeigneter Additive in einem Rührbehälter aufgeschmolzen, die Rohemulsion in einer Rotor-Stator-Einheit feinemulgiert und anschließend zu einer Suspension abgekühlt. Der Einfluss von Prozessparametern und Systemzusammensetzung auf das Emulgierergebnis wird diskutiert und die Anwendbarkeit des Verfahrens für polymere Mikropartikeln anhand von Polypropylen (PP) und Polyethylen (PE-HD) dargestellt. Die erhaltenen Suspensionen werden zur Überführung in Pulverform sprühgetrocknet und die Fließeigenschaften des Pulvers analysiert. Durch trockenes Beschichten mit pyrogener Kieselsäure kann die Fließfähigkeit der erhaltenen Partikeln weiter verbessert werden. Das Verfahren bietet somit einen neuen Zugang zur Herstellung neuer Ausgangsmaterialien für die Additive Fertigung.

Keywords: Schmelzeemulgieren, Polyolefine, Rotor-Stator-Maschine, sphärische Mikropartikeln, trockenes Beschichten, Additive Fertigung

2.1 Einleitung & Motivation

In den letzten Jahren erfolgt eine konstante Weiterentwicklung des klassischen Rapid Prototyping hin zur Additiven Fertigung. Allerdings unterliegen Additive Fertigungsverfahren wie zum Beispiel das Laserstahlschmelzen von Kunststoffen noch immer gewissen Limitierungen. Neben beispielweise langsamen Prozesszeiten ist vor allem die bisher eingeschränkte Materialauswahl von Nachteil. Derzeit beträgt der Marktanteil von Polyamid 12 (PA 12) in diesem Bereich mehr als 90 %, was auf die guten Verarbeitungseigenschaften des Materials zurückzuführen ist, da PA 12 als optimiertes Pulver, d.h. mit ausgezeichneten Fließeigenschaften und hohen Packungsdichten zur Verfügung steht [1]. Weitere Polymerpulver, die z.B. über kryogenes Trockenzerkleinern [2] in Prallmühlen hergestellt wurden, weisen in der Regel unregelmäßig geformte Partikeln mit breiten Partikelgrößenverteilungen auf, die schlechte Fließfähigkeiten und geringe Packungsdichten aufweisen, sodass keine Verarbeitung zu dichten Bauteilen erfolgen kann. Schmidt et al. [3] konnten zeigen, dass über den Weg der Nasszerkleinerung in Rührwerkskugelmühlen und einer anschließenden Partikelverrundung in einem Gas-Feststoff-Reaktor und trockenem Beschichten der sphärischen Partikeln Pulver guter Fließfähigkeit und hoher Packungsdichte hergestellt werden können. In diesem Beitrag wird nun ein weiteres Verfahren, das sogenannte Schmelzeemulgieren, zur Produktion von Polymerpartikeln vorgestellt, das es erlaubt in einen einzigen Prozessschritt sphärische Mikropartikeln herzustellen.

Das Schmelzeemulgieren ist bisher für wachsartige Materialien beispielsweise im Bereich der Lebensmitteltechnik, zum Homogenisieren von Milch [4], sowie im Bereich der Pharmazie zur Herstellung sogenannter Solid Lipid Nanoparticle (SLN) bekannt [5]. Für das Verfahren wird die disperse Phase oberhalb ihrer Schmelztemperatur in einer kontinuierlichen Phase unter Zusatz von Hilfsstoffen zur Stabilisierung der gebildeten Tropfen (Emulgatoren) emulgiert. Der Tropfenaufbruch erfolgt in dieser Arbeit durch eine Rotor-Stator-Einheit, in der entsprechende Scher- und Dehnbeanspruchungen realisiert werden. Durch Abkühlen der Emulsion erfolgt die Verfestigung der Polymertropfen, sodass eine feindisperse Suspension mit sphärischen Polymermikropartikeln entsteht. Durch Sprühtrocknung und trockenes Beschichten können gut fließfähige Polymerpulver gewonnen werden, welche im Laserstrahlschmelzprozess eingesetzt werden können. Die entsprechenden Prozessschritte sind schematisch in Abb. 2.1 veranschaulicht.

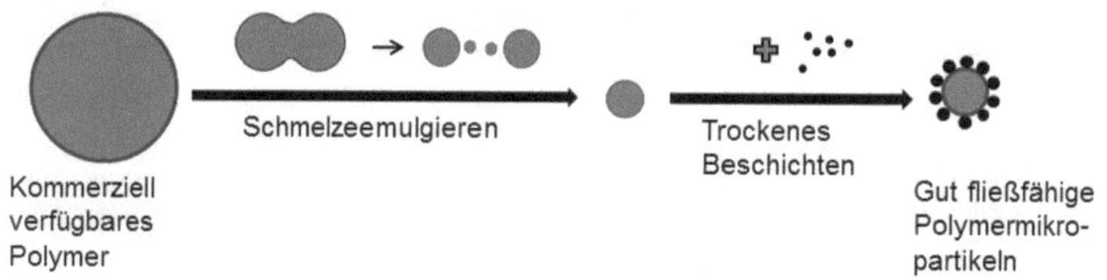

Abb. 2.1 Vom grob dispersen Polymergranulat zu gut fließfähigen Polymermikropartikeln

2.2 Methoden und experimentelle Durchführung

2.2.1 Materialien

Für Parameterstudien wurde Paraffinwachs (Aldrich) mit einer Schmelztemperatur von 53-57 °C in destilliertem Wasser emulgiert. Die Emulsionsstabilisierung erfolgte durch die Zugabe von Polyoxyethylen-(20)-sorbitantrioleat (Tween 85, Sigma Aldrich). Weiterführende Experimente wurden mit Polypropylen (PP) (PP 520P) der Firma Sabic mit einem Schmelzebereich von 140 °C – 170 °C und high density Polyethylen (PE-HD) (Purell PL ACP6541A) der Firma Basell mit einem Schmelzbereich von 115°C-123 °C unter Zugabe von Natriumdioctylsulfosuccinat (AOT, Acros Organics) durchgeführt. Die Emulgierung erfolgte in Hexadecan (Alfa Aesar), welches anschließend durch Lösemittelaustausch mit n-Hexan (Alfa Aesar) entfernt wurde. Als Inert- und Sprühgas bei der Sprühtrocknung kam Stickstoff (N_2, Reinheit 5.0, Linde) zum Einsatz. Zur Verbesserung der Fließfähigkeit erfolgte das trockene Beschichten mit pyrogener Kieselsäure (Evonik). Der Einsatz aller verwendeten Chemikalien erfolgte ohne weitere Aufbereitung.

2.2.2 Schmelzeemulgieren

Abb. 2.2 zeigt das vereinfachte Analgenfließbild der verwendeten Schmelzeemulgieranlage. Das zu verarbeitende Polymergranulat (disperse Phase) wird zusammen mit der kontinuierlichen Phase wie z.B. Wasser sowie dem zur Stabilisisierung notwendigen Emulgator in den Vorlagebehälter vorgelegt. Durch Aufheizen der Anlage, welche in Doppelmantelbauweise ausgeführt ist, mittels eines Wärmetauschers (HT60-M2, Julabo Labortechnik) auf Temperaturen oberhalb der Schmelztemperatur der dispersen Phase entsteht im gerührten Behälter eine Rohemulsion. Diese wird nach Erreichen einer konstanten Systemtemperatur mittels einer Zahnradpumpe (Gather Industries) in den Rotor-Stator-Apparat (CD 1000, Cavitron, maximale Drehzahl n_{Rmax} = 15500 1/min) gefördert, wo aufgrund hoher Scher- und Dehnbeanspruchung die Tropfen emulgiert werden. Die Anlage wird bis zum Erreichen der Endpartikelgröße in Kreisfahrweise betrieben und die Emulsion anschließend in den Zielbehälter gefördert, welcher durch einen Kühlwasserkreislauf auf ca. 18 °C gekühlt wird. Die Polymertropfen werden dabei verfestigt, sodass eine Suspension vorliegt, welche über das Bodenventil des Zielbehälters entnommen werden kann. Die Anlage ist auf maximale Temperaturen von 250 °C und Drücke bis 16 bar ausgelegt.

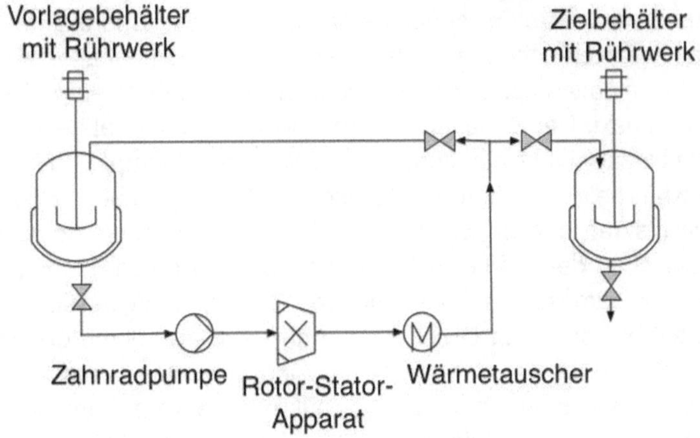

Abb. 2.2 Anlagenschema der verwendeten Schmelzeemulgieranlage

2.2.3 Pulverpräperation und Charakterisierung

Zur Überführung der aus der Schmelzeemulsion erhalten Polymersuspension in Pulverform erfolgt ein Sprühtrocknungsprozess. Hierzu wird das in Hexadecan verarbeitete PP bzw PE-HD zunächst mit n-Hexan gewaschen, um durch Lösemittelaustausch Hexadecan aus der Probe zu entfernen, da dieses im verwendeten Sprühtrockner nicht verdampft werden kann. Die erhaltene Suspension wird anschließend mittels eines Büchi B-290 Sprühtrockners in Kombination mit einem Lösemittelkondensator (Büchi B-295) getrocknet. Es erfolgten Versuche mit Stickstoff als Sprühgas mit einer Eingangstemperatur von 90 °C und einer Aspirationsrate von 80 %. Die erhaltenen Pulver wurden zudem mittels dynamischer Differenzkalorimetrie (DSC) (DSC8000, Perkin Elmer) charakterisiert, um eine mögliche thermische Degradierung der verwendeten Polymere aufgrund der Schmelzeemulgierung beziehungsweise Sprühtrocknung auszuschließen. Hierzu wurden für PP und PE-HD Messungen mit einer Heizrate von 20 K/min auf 260 °C (PP) beziehungsweise von 10 K/min auf 180 °C (PE-HD) durchgeführt.

Durch trockenes Beschichten kann im nächsten Prozessschritt die Fließfähigkeit erheblich verbessert werden [6]. Dazu wurde ein Teil des Pulvers in einem Taumelmischer (T2F, Willy A. Bachofen AG) mit 0,5 m-% pyrogener Kieselsäure beschichtet. Mittels Rasterelektronenmikroskopie (REM, Gemini Ultra 55 Zeiss) unter Verwendung eines InLens- bzw. ESB-Detektors und Beschleunigungsspannungen von 1,0 bis 1,2 kV erfolgte die Charakterisierung der Partikeln hinsichtlich ihrer Form und Oberflächenbedeckung mit Kieselsäure. Zur Bestimmung der Fließfähigkeit der Pulverfraktionen erfolgten Messungen der Zugspannung mittels eines modifizierten Zimmermann-Zugspannungstesters [7]. Hierbei werden die Kräfte beim Trennen zweier Pulverschichten bestimmt, welche ein Maß für die Fließfähigkeit sind. Geringe Kräfte, d.h. niedrige Zugspannungen resultieren in guten Fließfähigkeiten. Die Messtechnik erlaubt Messungen mit Pulverschüttungen geringer Vorverfestigung, wie sie im Laserstrahlschmelzprozess auftreten, sodass eine prozessnahe Charakterisierung erfolgt. Hierzu wird das zu untersuchende Pulver in einen Aluminiumbehälter eingebracht, der gegen einen Aluminiumstempel, welcher mit einer dünnen Petroleum-Vaseline Schicht präpariert ist, gedrückt. Der Behälter wird anschließend erneut abgesenkt, sodass die oberste Partikeleinzelschicht abgelöst wird, welche am Stempel haftet. Hierbei wird die maximale Kraft beim Trennen der Partikelschicht, sowie nach vollständiger Trennung die Gewichtskraft der am Stempel verbleibenden Partikeln gemessen. Die Adhäsionskraft zwischen den Partikeln kann anschließend durch Bildung der Differenz zwischen maximal gemessener Kraft und der Gewichtskraft bestimmt werden. Die Zugspannung ergibt sich durch Division der Adhäsionskraft durch die Stempelfläche. Die Beschichtung mit Nanopartikeln führt zu einer erhöhten Oberflächenrauheit der Polymerpartikeln, sodass interpartikuläre Haftkräfte reduziert und somit geringere Zugspannungen bzw. erhöhte Fließfähigkeiten der Pulverfraktionen erhalten werden [8].

2.3 Ergebnisse

Die Drehzahl des Rotors während des Schmelzeemulgierens ist eine wichtige Einflussgröße auf die Partikelgrößenverteilung, siehe Abb. 2.3 für 1 m-% Paraffin in Wasser stabilisiert mit 1 m-% Tween 85. Eine Erhöhung der Drehzahl führt zu kleineren Partikelgrößen sowie einer geringeren Breite der Verteilungen. Zudem sind die Unterschiede zwischen den Partikelgrößenverteilungen nach 10 und 200 Minuten Prozesszeit umso kleiner je höher die gewählte Drehzahl ist, d.h. die Endpartikelgrößen (Prozesszeit 200 Minuten) werden bei hohen Drehzahlen schneller erreicht. Mit zunehmender Drehzahl, d.h. mit zunehmender Energiedichte, erfolgt ein effektiverer Tropfenaufbruch. Hierbei zerfällt ein Muttertropfen in mindestens zwei sogenannte Tochter- und weitere deutlich kleinere Satellitentropfen, sodass bei ausreichender Stabilisierung bimodale Verteilungen erhalten werden [9]. Für alle untersuchten Drehzahlen konnten nach 200 min Prozesszeit Paraffinpartikeln kleiner 1 µm gewonnen werden.

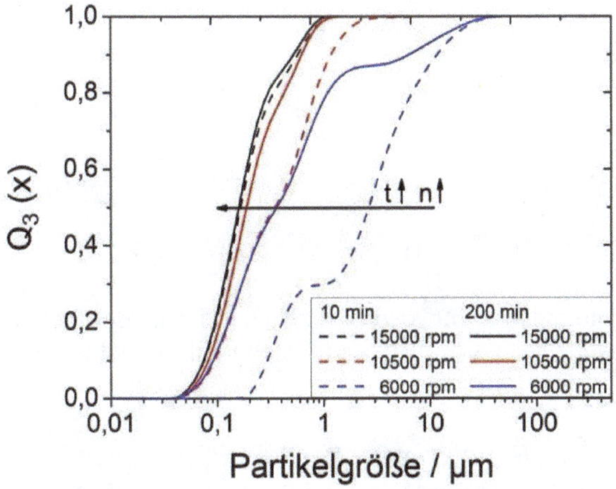

Abb. 2.3 Partikelgrößenverteilung Volumensumme (Q_3) von Paraffinwachs in Abhängigkeit von Rotor-Drehzahl und Prozesszeit.

Darüber hinaus ist sowohl die Auswahl des Emulgators als auch die zugegebene Menge an Emulgator entscheidend für die Emulsionsstabilität. Der ausgewählte Emulgator muss sowohl während der Schmelzeemulgierung als auch während der Abkühlphase, d.h. bei Übergang vom flüssigen in den den festen Zustand die Tropfen bzw. Partikeln ausreichend gegen Agglomeration stabilisieren. Hierzu muss der Emulgator bei Prozesstemperatur entsprechend thermisch stabil sein [10]. Abb. 2.4 zeigt den Einfluss der Emulgatorkonzentration (Tween 85) auf die erhaltenden Partikelgrößen und die Verteilungsbreite (Span) von 1 m-% Paraffinwachs in Wasser. Mit zunehmender Menge an Emulgator im System werden bei gleichen Beanspruchungsbedingungen (n_R = 10500 1/min) kleinere Partikeln ($x_{50,3}$) erhalten, da mit zunehmender Emulgatorkonzentration die neu entstehenden Tropfen besser stabilisiert werden, d.h. mit geringen Emulgatorkonzentationen erfolgt keine ausreichende Belegung der neuen Grenzfläche mit Emulgatormolekülen und die Tropfen koaleszieren. Die vollständige Unterdrückung von Koaleszenz ist allerdings auch bei sehr hohen Emulgatorkonzentrationen nur bei stark verdünnten Systemen realisierbar [10], d.h. die vollstände Unterdrückung von Koaleszenz ist aufgrund der Dispersphasenanteile und trotz Emulgatorkonzentrationen ($c \geq 0{,}5$ mM) weit oberhalb der kritischen Mizellen Konzentration (cmc) von Tween 85 ($c_{cmc} = 0.06$ mM bei 25 °C [11]) nicht vollständig möglich.

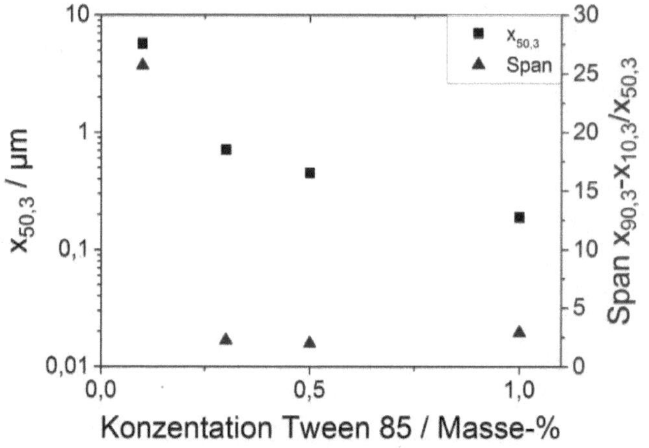

Abb. 2.4 Massenspezifische mittlere Partikelgröße $x_{50,3}$ und Breite der Partikelgrößenverteilung von Paraffinwachs in Abhängigkeit der Emulgator (Tween 85) Konzentration.

Neben Parameterstudien mit Paraffinwachs konnten PP als auch PE-HD erfolgreich in Hexadecan emulgiert werden. Hexadecan wirkt dabei als Weichmacher, d.h. durch partielles Lösen im Polymer wird die Schmelzeviskosität herabgesetzt, ohne das Polymer chemisch zu ändern [12]. Hierbei wurden sphärische Mikropartikeln erhalten (siehe Abb. 2.5 und Abb. 2.7), welche anschließend durch Sprühtrocknung in Pulverform überführt wurden. Die Partikelgrößenverteilungen sind in Abb. 2.5 dargestellt.

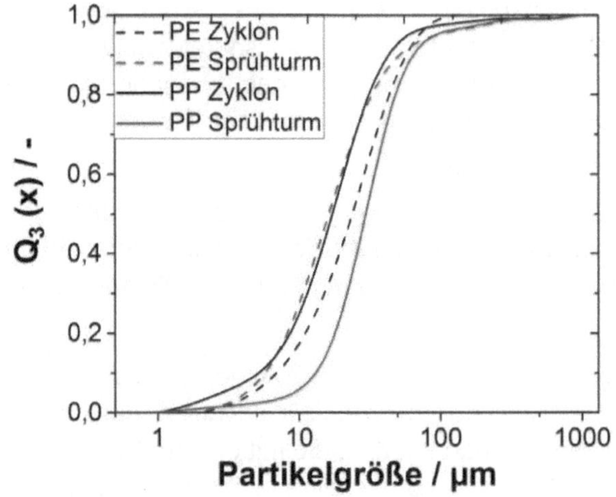

Abb. 2.5 Partikelgrößenverteilung (Volumensumme, Q_3) von schmelzeemulgiertem PE-HD und PP (n_R = 10500 rpm).

Nach der Überführung der Suspension in Pulverform konnten jeweils eine Pulverfraktion am Ende des Sprühturms sowie im Zyklon erhalten werden. Es konnten für PP eine Grobgutfraktion ($x_{50,3}$ = 29,8 µm) sowie eine Feingutfraktion ($x_{50,3}$ = 17,2 µm) gewonnen werden, während nach dem Sprühtrocknungsprozess für PE-HD mittlere Partikelgrößen von 16,3 µm bzw. 23,8 µm vorlagen.

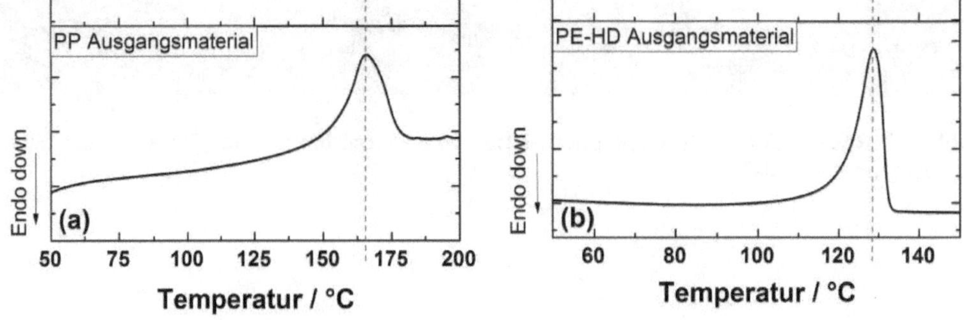

Abb. 2.6 Dynamische Differenzkalorimetrie von PP (a) und PE-HD (b) (jeweils Ausgangs- und Endprodukt).

Um die gewonnen Polymerpartikeln hinsichtlich einer Schädigung durch das Lösemittel beziehungsweise dem Temperatureinfluss zu charakterisieren wurden DSC Messungen durchgeführt. Hierzu wurden sowohl das Ausgangsmaterial als auch das schmelzeemulgierte, durch Sprühtrocknung erhaltene Pulver untersucht. Die Ergebnisse sind in Abb. 2.6 zusammengefasst.

Wie in Abb. 2.6 dargestellt liegt nur eine geringfügige Verschiebung des Aufschmelzbereiches des gewonnen Pulvers gegenüber dem Ausgangsmaterial vor, welche auf eine nur geringe prozessbedingte Schädigungen oder restliches Lösemittel im Produkt hindeutet.

Die in dieser Arbeit hergestellten Polymerpulver liegen im bisher üblichen Größenbereich zur Nutzung in der Additive Fertigung. Wir erwarten, dass sich neue Perspektiven mit kleineren Partikeln ergeben werden, die mit diesem Verfahren (aber auch über Zerkleinern in flüssiger Phase [3] hergestellt werden können. Ein Teil des Pulvers wurde anschließend zur Verbesserung der Fließfähigkeit mit 0,5 m-% pyrogener Kieselsäure beschichtet. Die Qualität der Beschichtung wurde mittels Rasterelektronenmikroskopie untersucht. Abb. 2.7 zeigt stellvertretend für das Partikelkollektiv ein homogen beschichtetes PP Partikel (Materialkontrast mittels ESB-Detektor im rechten Bild: pyrogene Kieselsäure als hellgraue/weiße Partikeln auf dunklerer Polymeroberfläche erkennbar). Die Zugspannungen der Ausgangspulver (Grobgut, Feingut) sowie der beschichten Pulverproben sind der Tab. 2.1 zu entnehmen. Als Referenzprobe wurde kommerzielles PP Pulver der Firma DuPont (Coathylene PD0580) sowie kommerzielles PE-HD (DuPont NB5374) verwendet, welches eigentlich nicht für die Additive Fertigung genutzt wird. Durch trocknes Beschichten konnte wie erwartet die Zugspannung reduziert und auf Werte der Referenzprobe herabgesetzt werden.

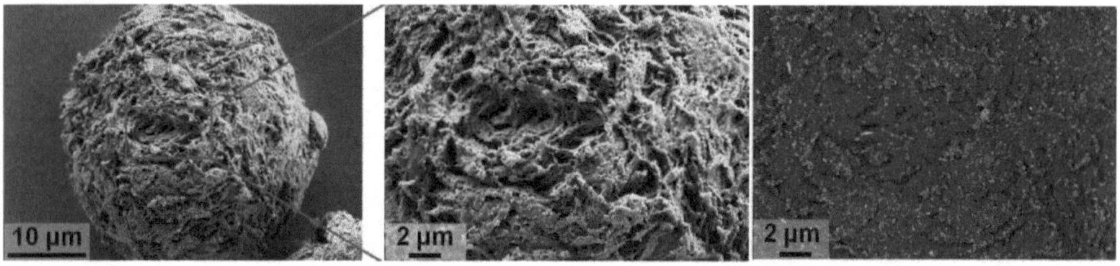

Abb. 2.7 Rasterelektronenmikroskopaufnahmen von PP mit homogener Trockenbeschichtung mit pyrogener Kieselsäure.

Tab. 2.1 Änderung der Zugspannung durch trockenes Beschichten

	Zugspannung / Pa				
	Referenz [13] (unbe-schichtet)	**Sprühturm**	**Sprühturm + 0,5 m-% Fließhilfs-mittel**	**Zyklon**	**Zyklon + 0,5 m-% Fließhilfs-mittel**
PP	2,45 (±0,17)	9,09 (±1,16)	1,76 (±0,17)	7,29 (±0,74)	5,96 (±0,48)
PE-HD	14,04 (±2,83)	8,15 (±0,86)	3,71 (±0,39)	3,63 (±0,84)	3,51 (±0,25)

Um die hergestellten Grob- und Feingutfraktionen hinsichtlich ihrer Verarbeitbarkeit im additiven Fertigungsprozess zu untersuchen, wurden mittels Laserstrahlschmelzen Einzelschichtprobekörper beispielsweise aus dem gewonnen PP-Pulvern hergestellt. Hierzu wurde eine auf Thulium-Laser (P_{max} = 120 W, λ = 1,94 µm) umgerüstete EOS P380 mit einer Bauraumtemperatur von 150 °C verwendet. Als Referenz und Pulverbett wurde erneut kommerzielles PP-Pulvermaterial der Firma DuPont verwendet, welches zur verbesserten Fließfähigkeit ebenfalls trocken beschichtet wurde. Auf dieses Pulverbett wurden 300 µm Schichten der Grob- und Feingutfraktionen aufgerakelt und anschließend für 20 s flächig belichtet.

Die erhalten Probekörper wurden anschließend hinsichtlich ihrer Oberflächenrauheit mittels Laserprofilometrie (LEXT OLS4000 3D, Olympus) untersucht. Bei dieser Messmethode wird die Oberfläche mittels eines Laserstrahls abgerastert, wobei Bilder mehrerer Fokuseben übereinander gelegt werden, um eine 3- dimensionale Abbildung zu erhalten. Hierbei ist die Oberflächenrauheit von bei konventionellen Anlagen unter anderem von der Scanstrategie, der Scangeschwindigkeit und dem Linienabstand abhängig, wobei die Oberflächengüte im allgemeinen prozessbedingt schlechter ist als bei den meisten traditionellen Fertigungsverfahren [14]. Kaddar [14] konnte zeigen, dass je nach gewählten Prozessparametern Rautiefen R_z zwischen 195 µm und 50 µm für Bauteile aus kommerziellen PA 12 Pulvermaterialien realisierbar sind. Die in dieser Studie hergestellten Probekörper wiesen Oberflächenqualitäten im von Kaddar angeben Größenbereich auf. Abb. 2.8 zeigt Bilder der gesinterten Einzelschichten. Es sind homogene Schichten, ohne Fehlstellen möglich.

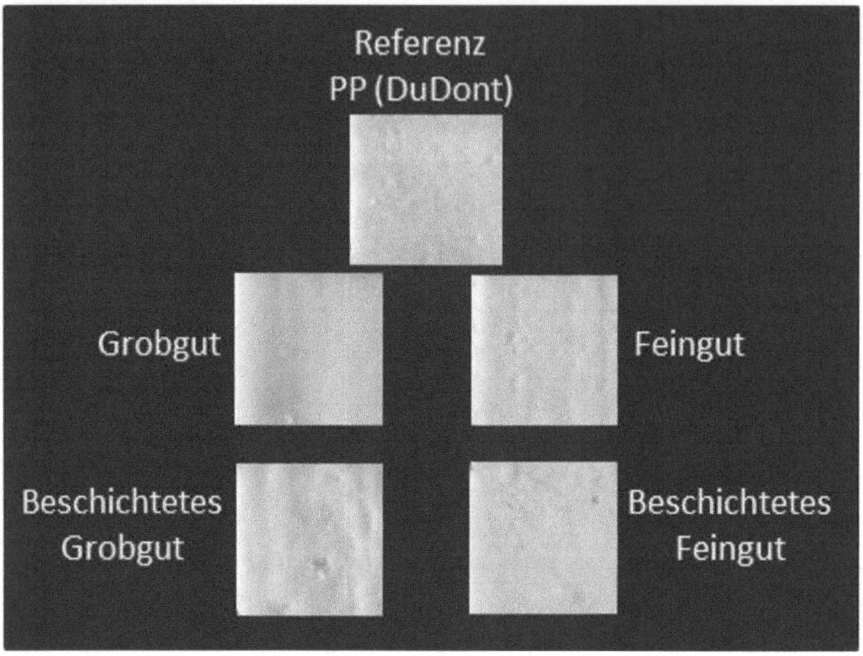

Abb. 2.8 Gesinterte Einzelschichten aus schmelzeemulgierten PP-Pulver und kommerziellen Referenzmaterial [15].

2.4 Zusammenfassung

Es wurde das Schmelzeemulgieren zur Herstellung sphärischer polymeren Mikropartikeln vorgestellt. Hierbei konnte anhand von Parameterstudien mit Paraffinwachs der Einfluss der Rotor-Drehzahl und Emulgatorkonzentration gezeigt werden: mit zunehmender Drehzahl und Emulgatormenge werden kleinere Partikeln erhalten. Des Weiteren konnte erfolgreich PE-HD und PP in Hexadecan emulgiert werden, sodass der Anwendungsbereich des Schmelzeemulgierens, welches bisher überwiegend für wachsartige Materialen bekannt ist, erweitert wurde. Durch Sprühtrocknung der PE-HD beziehungsweise PP Suspension und trockenes Beschichten der erhaltenen Polymermikropartikeln mit pyrogener Kieselsäure wurden gut fließfähige Pulver erhalten, wie sie zur Verarbeitung im additiven Fertigungsprozess benötigt werden. Das neu hergestellte PP-Pulver konnte erfolgreich im Laserstrahlschmelzen zum Bau erster Test-Einzelschichten eingesetzt werden.

2.5 Danksagungen

Diese Studie wurde durch die Deutsche Forschungsgemeinschaft (DFG) im Rahmen des Sonderforschungsbereiches SFB 814 “Additive Fertigung” (Teilprojekt A1) unterstützt. Die Autoren bedanken sich für die finanzielle Unterstützung.

2.6 Quellen Kapitel 2

[1] Wohlers, T.: Wohlers Report 2014 - 3D Printing and Additive Manufacturing - State of the Industry, Wohlers Associates, Inc., 2014.

[2] Rietzel, D.; Kühnlein, F.; Drummer, D.: Selektives Lasersintern von teilkristallinen Thermoplasten, In: RTejournal Forum Rapid Technol. 6 (2011).

[3] Schmidt, J., Sachs, M., Blümel, C., Winzer, B., Toni, F.,. Wirth, K.-E and Peukert, W.: A novel process route for the production of spherical LBM polymer powders with small size and good flowability, In: Powder Technology, 261 (2014), S. 78-86.

[4] Köhler, K.; Hensel, A.; Kraut, M.; Schuchmann, H. P.:Melt emulsification – is there a chance to produce particles without additives?, In: Particuology 9, 5 (2011), S. 506-509.

[5] Mehnert, W.; Mäder, K.: Solid lipid nanoparticles – production, characterization and applications,In: Advanced Drug Delivery Reviews, 47 (2001), S. 165-196.

[6] Kleinschmidt, S.; Tomas, J.: Verbesserung der Fließfähigkeit feiner kohäsiver Pulver durch nanoskalige Fließhilfsmittel, In: Chemie Ing. Tech. 81, 6 (2009), S. 717–733.

[7] Meyer; K., Zimmermann; I.: Effect of glidants in binary powder mixtures, In: Powder Technol., 139 (2004), S. 40– 54.

[8] Blümel, C.; Sachs, M.; Laumer, T.; Winzer, B.; Schmidt, J.; Schmidt, M.; Peukert, W.; Wirth, K.-E.: Increasing flowability and bulk density of PE-HD powders by a dry particle coating process and impact on LBM. In: Rapid Prototyping Journal, Volume 21 Issue 6 (2015).

[9] S. Tcholakova, N. Vankova, N. D. Denkov and T. Danner, "Emulsification in turbulent flow: 3. Daughter drop-size distribution," Journal of Colloid and Interface Science , no. 310, pp. 570-589, 2007.

[10] Schubert, H.: Emulgiertechnik-Grundlagen, Verfahren und Anwendungen, Hamburg, B. Behr's Verlag, 2010.

[11] Ćirin, D. M.; Poša, M. M.; Krstonošić, V. S.; Milanović, M. L.: Conductometric study of sodium dodecyl sulfate–nonionic surfactant (Triton X-100, Tween 20, Tween 60, Tween 80 or Tween 85) mixed micelles in aqueous solution, In: Hemijska Industrija 66, 1 (2012), S. 21–28.

[12] Gächter, R.; Müller, H.: Taschenbuch der Kunststoff-Additive - Stabilisatoren, Hilfsstoffe, Weichmacher, Füllstoffe, Verstärkungsmittel, Farbmittel für thermoplastische Kunststoffe, München, Wien, Carl Hanser Verlag, 1989.

[13] Blümel, C.: Charakterisierung der Trockenen Beschichtung zur Herstellung von maßgeschneiderten Kompoistpartikeln, Dissertation, Dr. Hut Verlag, 2015.

[14] Kaddar, W.: Die generative Fertigung mittels Laser-Sintern: Scanstrategien, Einflüsse verschiedener Prozessparameter auf die mechanischen und optischen Eigenschaften beim LS von Thermoplasten und deren Nachbearbeitungsmöglichkeiten, Dissertation, Universität Duisburg-Essen, 2010.

[15] Fanselow, S.; Schmidt, J.; Wirth, K.-E., Peukert, W.: Production of Micron-sized Polymer Particles for Additive Manufacturing by Melt Emulsification, In: Proceedings of the Polymer Processing Society 31th international conference (PPS), Jeju Island, Korea, 2015.

3 Funktionalisierung von Polymermaterialien für Laserstrahlschmelzverfahren

Functionalization of polymer materials for laser beam melting processes

Marius Sachs, Sarah Kolberg*, Jochen Schmidt*, Stephanie Fanselow*, Wolfgang Peukert*, Karl-Ernst Wirth**

**Lehrstuhl für Feststoff- und Grenzflächenverfahrenstechnik (LFG), Friedrich-Alexander-Universität Erlangen-Nürnberg, Cauerstr. 4, 91058 Erlangen*

Abstract: Es werden zwei Prozessrouten für eine Funktionalisierung von partikulären Ausgangsmaterialien für das Laserstrahlschmelzen (LSM) präsentiert. Der erste Prozess stellt eine Adhärierung von nanoskaligen Additiven auf Polymerpartikeln dar. Die Adhärierung erfolgt rein über physikalische Wechselwirkungen. Hierbei wird der Einfluss der Oberflächeneigenschaften der Polymere auf das Beschichtungsergebnis diskutiert. Neben einer Untersuchung mittels Rasterelektronenmikroskopie konnte die Fließfähigkeit unter prozessnahen Auflasten mittels eines Zugspannungstesters gemessen werden. Im zweiten Prozess wird die Oberflächenenergie der Polymerpartikeln mittels eines atmosphärischen Plasmas erhöht. Diese chemische Funktionalisierung erfolgt in einem Wirbelschichtreaktor.

Bei beiden Prozessen konnten Einzelschichten mittels LSM erfolgreich hergestellt werden. In beiden Fällen führt das funktionalisierte Pulver zu einer deutlich verbesserten Bauteilqualität.

Keywords: Polymermaterialien, Fließfähigkeit, Oberflächenenergie, Plasmafunktionalisierung, Trockenes Beschichten, Bauteildichte

3.1 Einleitung & Motivation

Um die Einsatzmöglichkeiten von additiven Fertigungsverfahren wie Laserstrahlschmelzprozessen (LSM) zu erweitern, bietet die Funktionalisierung der partikulären Ausgangsmaterialien weitreichende Einflussmöglichkeiten. Eine Übersicht möglicher Prozess- sowie Bauteilparameter, welche durch Modifizierung des Pulvers beeinflusst werden können, ist in Abb. 3.1 dargestellt.

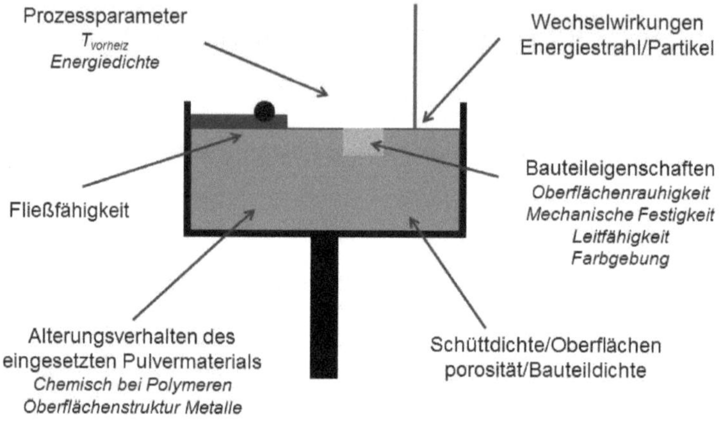

Abb. 3.1 Einflussmöglichkeiten bei Modifizierung des Ausgangsmaterials bei der additiven Fertigung

In diesem Beitrag soll auf zwei Funktionalisierungsprozesse eingegangen werden: Zum Einen der Prozess des trockenen Beschichtens, bei welchem nanoskalige Additive als Guest-Partikeln auf die Polymerpartikeln als Host adhäriert werden. Die Bindung der beiden Partner erfolgt rein über physikalische van-der-Waals (vdW) Wechselwirkungen [1],[2],[3]. Durch diesen Prozess kann die Fließfähigkeit des Pulvermaterials wesentlich verbessert werden [4]. Die erhöhte Fließfähigkeit führt bei den hier untersuchten Laserstrahlschmelzprozessen durch einen verbesserten Schichtauftrag zu einer erhöhten Bauteilqualität. Der zweite untersuchte Prozess zur Funktionalisierung ist eine Aktivierung der Partikeloberfläche der einzelnen Polymerpartikeln mittels atmosphärischen Plasmas, wodurch die Benetzungseigenschaften gezielt verändert werden können [5]. Die Funktionalisierung mittels eines Plasmajets bietet die einzigartige Möglichkeit, temperatursensitive Materialien wie Polymerpulver in einem Gasphasenprozess zu modifizieren und zu funktionalisieren [6]. Durch die Verwendung von Druckluft als Plasmagas haben sich hauptsächlich Hydroxyl- (–OH) und Carboxyl-(–COOH) -Spezies gebildet, welche mit der Polymeroberfläche reagieren können. Die dadurch erreichte verbesserte Interaktion der verschiedenen Phasen des Polymers während eines Baujobs führt ebenfalls zu einer erhöhten Qualität der gefertigten Bauteile. Die Vorgehensweise für die beiden beschriebenen Routen ist in Abb. 3.2 schematisch dargestellt.

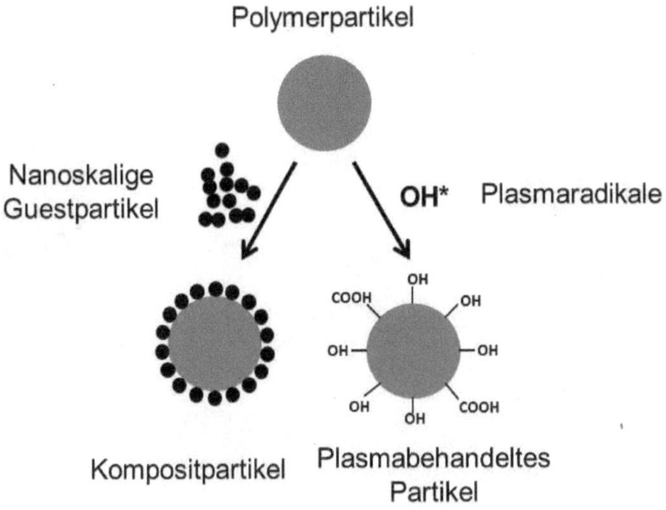

Abb. 3.2 Schematische Darstellung der beschriebenen Prozessrouten

3.2 Trockenes Beschichten

Der Einfluss auf das Fließverhalten von kohäsiven Pulvermaterialien durch trockenes Beschichten mit nanoskaligen Guestpartikeln ist aus vielen Bereichen der industriellen Anwendung bekannt [4],[7]. Die aufgebrachten Additive dienen als Abstandshalter zwischen einzelnen Polymerpartikeln. Eine Erhöhung der Oberflächenrauigkeit und damit Erniedrigung der Haftkraft zwischen den Polymerpartikeln wird erreicht, woraus eine Verbesserung der Fließfähigkeit des erhaltenen Kompositpulvers gegenüber dem unfunktionalisierten Polymerpulvermaterial resultiert [8].

Um den Prozess des trockenen Beschichtens weiterhin für die Anwendung zu optimieren und weiteres Prozessverständnis aufzubauen, wurde in diesem Beitrag Augenmerk auf die Wechselwirkungen zwischen hydrophilen und hydrophoben Gruppen der beiden Mischpartner gelegt.

3.2.1 Material & Methoden

Als Ausgangsmaterialien wurden ein Polyamid 12 (PA12) (PA12000; Diamond Plastics; $x_{50,3}$ = 50 µm) und ein Polyethylen (PE-HD) (DuPont; $x_{50,3}$ = 60 µm) verwendet. Das PA12 weist aufgrund der polymeren Grundstruktur hydrophile als auch hydrophobe Oberflächeneigenschaften auf. Das PE-HD zeigt nur hydrophobes Verhalten.

Der Beschichtungsprozess wurde in einem Turbula-Mischer (T2F, WAB) durchgeführt. Die Polymerpartikeln (Host-Partikel) wurden sowohl mit hydrophiler als auch hydrophober pyrogener Kieselsäure (Aerosil; Evonik) bei einer Drehzahl von 49 U/Min für 10 Minuten in Aluminiumflaschen gemischt. Eine Übersicht über die Mischpartner zeigt Abb. 3.3.

Abb. 3.3 Verwendet Mischpartner beim trockenen Beschichten.

Die Ergebnisse der Beschichtungsversuche sind mittels Rasterelektronenmikroskopie (REM) (Zeiss, Gemini Ultra 55) untersucht worden. Die Fließfähigkeit wurde durch einen modifizierten Zimmermann Zugspannungstester [9],[10] gemessen. Das Probematerial wird hierbei in ein Messgefäß gegeben, welches von unten an einen Messkörper aus Aluminium heran gefahren wird. Dieser Messkörper ist mit einem Kleber präpariert. Nach Erreichen einer definierten Vorlast wird die Position des Messgefäßes weitere 10 s gehalten, bevor es wieder abgesenkt wird. Hierbei bleibt eine Monolage an Partikeln an dem Messkörper haften. Die zur Trennung benötigte Masse wird mittels einer Feinwaage detektiert. Die interpartikulären Haftkräfte können als Differenz zwischen der gesamtgemessenen Kraft und der Gewichtskraft der am Messkörper verbliebenen Partikeln geteilt durch die Fläche des Messkörpers bestimmt werden.

3.2.2 Ergebnisse des trockenen Beschichtens

Die beschichteten Polymerpartikeln wurden mittels REM optisch untersucht. Die adhärierten Nanopartikeln sind dabei deutlich auf der Polymeroberfläche zu erkennen.

Abb. 3.4 REM-Bilder nach dem trockenen Beschichten von PA12; Links: hydrophiles Aerosil; Rechts: hydrophobes Aerosil.

Wie Abb. 3.4 deutlich zeigt, ist die Beschichtung der Oberfläche des PA12 mit hydrophilem, sowie hydrophobem Aerosil möglich. In beiden Fällen zeigt sich eine homogene Bedeckung des Polymers mit den nanoskaligen Additiven. Das PA12 weist somit sowohl hydrophile als auch hydrophobe Oberflächengruppen auf, da hydrophile Hostpartikel nur mit hydrophilen Oberflächengruppen interagieren. Ebenso ist eine Wechselwirkung von hydrophoben Hostpartikeln nur mit hydrophoben Oberflächengruppen möglich [11].

Die erfolgreiche Beschichtung der PA12-Partikeln zeigt sich auch an den Ergebnissen des Zugspannungstesters welche in Abb. 3.5 dargestellt sind. Für beide Fälle zeigt sich eine deutliche Reduzierung der Zugspannung, was eine signifikant verbesserte Fließfähigkeit bedeutet.

Dies ist, wie bereits oben angedeutet, auf den Effekt einer erhöhten Oberflächenrauigkeit durch die nanoskalige Beschichtung zurückzuführen. Durch die Abstandsänderung zwischen den einzelnen Polymerpartikeln werden die interpartikulären vdW-Wechselwirkungen stark abgeschwächt [8].

Die, gegenüber der hydrophob-beschichteten Probe, leicht erhöhte Zugspannung der hydrophil-beschichteten Proben weist auf die Bildung von Wasserstoffbrückenbindungen hin [11].

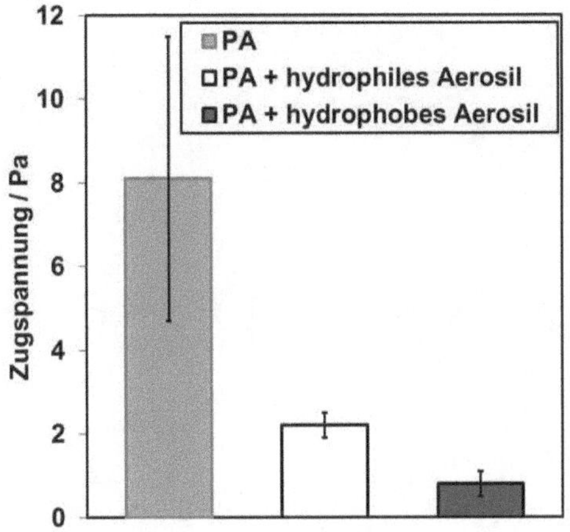

Abb. 3.5 Gemessene Zugspannungen der PA12 Proben.

Die REM-Analyse (siehe Abb. 3.6) der beschichteten PE-HD Proben zeigt, dass der Mischversuch mit hydrophilem Aerosil zu keiner Bedeckung der Polymeroberflächen führt.

Die hydrophoben Additive dagegen zeigen eine erfolgreiche Beschichtung der Polymerpartikeln. Dies ist wieder auf die bereits angesprochenen Wechselwirkungen zwischen hydrophilen und hydrophoben Gruppen zurückzuführen: Hydrophile Gruppen interagieren mit hydrophilem Aerosil, hydrophobe mit hydrophobem Aerosil [11]. Dieses Ergebnis zeigt deutlich, dass die Oberfläche des verwendeten PE-HD hydrophobes Verhalten aufweist.

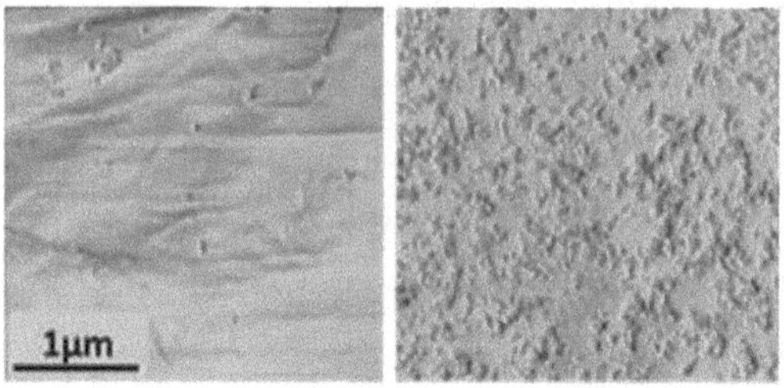

Abb. 3.6 REM-Bilder nach dem trockenen Beschichten von PE-HD; Links: hydrophiles Aerosil; Rechts: hydrophobes Aerosil.

Die für die Pulverproben bestimmten Zugspannungen sind in Abb. 3.7 dargestellt.

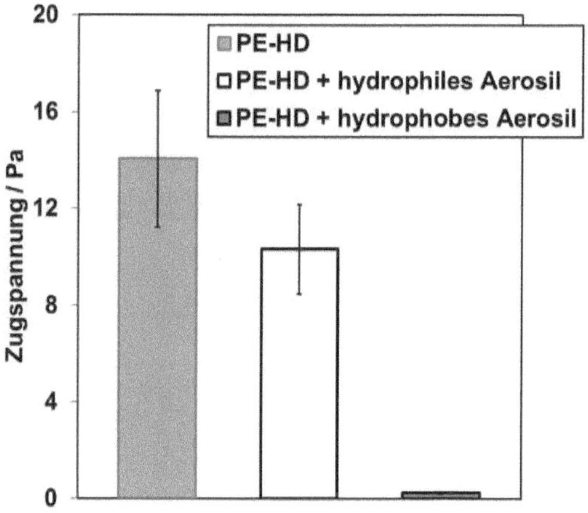

Abb. 3.7 Gemessene Zugspannungen der PE-HD Proben.

Wie in Abb. 3.7 ersichtlich führt ein Mischversuch von PE-HD mit hydrophilem Aerosil zu keiner Verbesserung der Fließfähigkeit. Die erfolgreiche Beschichtung des Polymers mit hydrophobem Aerosil dagegen führt zu einer deutlichen Erniedrigung der Zugspannung um den Faktor 7.

Um den Einfluss der verbesserten Zugspannung auf die Bauteilqualität bei LSM-Prozessen zu untersuchen, wurden Probekörper aus Einzelschichten hergestellt [12]. Hierzu fand eine EOS P380 Anlage mit einer CO_2-Laserquelle Verwendung. Der Durchmesser des Laserfokus betrug 600 µm, die Bauraumtemperatur 126 °C. Es wurden Pulverschichten von 200 µm Höhe aufgetragen und anschließend eine oberflächenspezifische Laserenergie von 11,7 J*cm^{-2} eingetragen. Um den Einfluss der verschiedenen Wechselwirkungen zu verdeutlichen, war das verwendete Material PE-HD. Die Qualität der hergestellten Einzelschichten ist in Abb. 3.8 verdeutlicht.

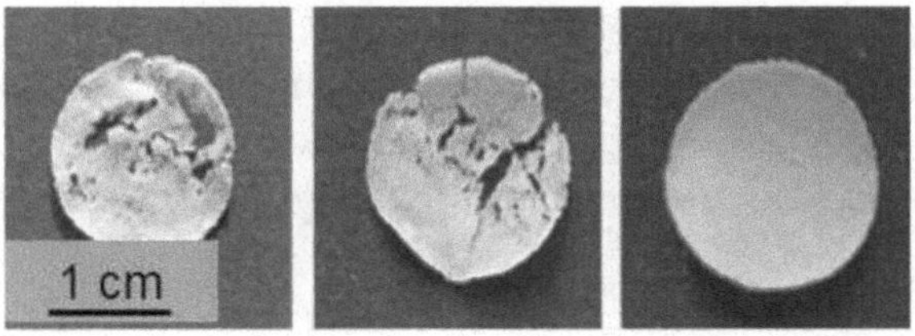

Abb. 3.8 Gesinterte Einzelschichten aus PE-HD; Links: unbehandeltes PE-HD; Mitte: Material nach einem Beschichtungsversuch mit hydrophilem Aerosil; Rechts: PE-HD beschichtet mit hydrophoben Aerosil.

Die schlechte Fließfähigkeit des unbehandelten Aerosils führt zu einer schlechten Qualität des Bauteils. Ebenso weist die Einzelschicht gesintert aus PE-HD, welches mit hydrophilem Aerosil gemischt wurde, eine schlechte Qualität auf. Im Gegensatz hierzu zeigt das mit hydrophobem SiO_2 beschichtete Polymer eine homogene Einzelschicht. Da für die Beschichtung nur sehr geringe Mengen an Additiven nötig sind (0,1 – 0,5 Gew.-%), zeigen sich durch das trockene Beschichten keine negativen Effekte auf die Prozessführung und –stabilität des Laserstrahlschmelzens.

3.3 Funktionalisierung mittels atmosphärischen Plasmas

Die meisten Polymermaterialien weisen durch ihre chemische Struktur eine geringe Oberflächenenergie mit wenigen funktionellen Gruppen auf [13]. Die dadurch bedingten schlechten Benetzungseigenschaften haben erheblichen Einfluss auf die mechanischen Eigenschaften der mittels LSM hergestellten Bauteile. Die Behandlung von Polymerwerkstoffen ist bekannt und findet in vielen industriellen Bereichen bereits Anwendung [14]. Die Behandlung von einzelnen Polymerpartikeln in industriell relevanten Mengen ist für die bisher untersuchten Verfahren nicht möglich. Hier bietet das vorgestellte Konzept der Kombination eines atmosphärischen Plasmajets mit einem Wirbelschichtreaktor die Möglichkeit, dies zu realisieren. Als Wirbelschicht wird eine, von einem Trägergas durchströmte, Partikelschüttung bezeichnet. Wenn die Gasgeschwindigkeit die Gewichtskraft der Partikel in Schüttung übersteigt, nähert sich das Verhalten der Schüttung einem Fluid an [15]. Wirbelschichtreaktoren zeichnen sich insbesondere durch einen exzellenten Stoff- und Wärmeübergang aus. Weiterhin ist dieser Reaktortyp durchgehend charakterisiert und findet industrielle Anwendung.

3.3.1 Material und Methoden

Die Plasmaerzeugung erfolgt in einem kommerziellen System der Firma Plasmatreat®. Der Plasmajet ist mittig in den Anströmboden des verwendeten Wirbelschichtreaktors eingefasst. Dieser besteht aus Edelstahl und setzt sich aus einer Reaktionszone mit einem Durchmesser von 100 mm und einer Beruhigungszone mit erweitertem Querschnitt zusammen. Die Querschnittserweiterung auf einen Durchmesser von 200 mm bewirkt eine Verringerung der Gasgeschwindigkeit was Partikelaustrag vermeidet. Als Trägergas wird Stickstoff (Qualität 5.0; Linde) verwendet. Details des Aufbaus der Versuchsanlage sind in Abb. 3.9 dargestellt.

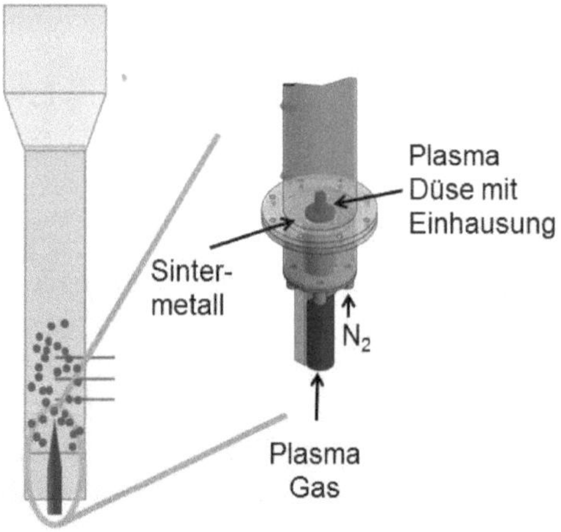

Abb. 3.9 Aufbau der verwendeten Wirbelschichtanlage.

Da die Temperatur des eingebrachten Plasmajets die Schmelztemperatur der verwendeten Polymermaterialien übersteigt, ist eine Schutzhülse um diesen angebracht (siehe Abb. 3.9), um die temperatursensitiven Polymere davon abzuschirmen. Die Temperatur steigt während der Plasmabehandlung nicht über 50 °C. Die gebildeten Radikalverbindungen sind dennoch für eine Funktionalisierung der Partikeloberflächen verfügbar. Die Kontaktzeit von einzelnen Polymerpartikeln mit den reaktiven Spezies wurde nach einem Ansatz des idealen Rührkesselreaktors bestimmt.

Als Polymermaterialien fanden PA12 (PA2200, EOS) und wieder das bereits verwendete PE-HD von DuPont Verwendung. Das PA2200 hat durch eine nanoskalige Beschichtung von Seiten des Herstellers bereits eine sehr gute Fließfähigkeit. Das Polyethylen wurde mit 0,5 Gew.-% hydrophobem Aerosil beschichtet, um die Fließfähigkeit des Materials zu verbessern.

3.3.2 Ergebnisse der Plasmafunktionalisierung

Der Einfluss der Plasmabehandlung wurde mittels Messungen des Kontaktwinkels von H_2O untersucht. Für diese Messungen wurden aus dem Polymermaterial Pellets mit einem Durchmesser von 13 mm unter einem Druck von 2 bar hergestellt.

Da die Behandlungszeit bei Funktionalisierungsprozessen von entscheidender Bedeutung ist, wurde diese in einem Schritt variiert. Als Polymermaterial wurde hierfür das PA12 mit einem Druckluftplasma behandelt. Die gemessenen Kontaktwinkel sind in Abb. 3.10 dargestellt. Der Einfluss der Plasmabehandlung auf den Kontaktwinkel von Wasser ist bei behandelten Pulvern deutlich sichtbar. Es zeigt sich insbesondere der Einfluss der Kontaktzeit auf die Oberflächeneigenschaften der Polymermaterialien. Eine sehr kurze Zeit von 0,075 s reicht bereits für die Erhöhung der Oberflächenenergie aus. Eine Erhöhung der Reaktionszeit auf 0.3 s zeigt einen wieder erhöhten Kontaktwinkel. Der hinter diesen Messungen stehende Mechanismus könnte die gewünschte Anreicherung der Partikeloberfläche mit hydrophilen Gruppen wir –OH und –COOH sein. Eine weitere Behandlung könnte zu einer Degradation der Oberfläche führen, wodurch die Eigenschaften dieser wieder massiv verändert werden.

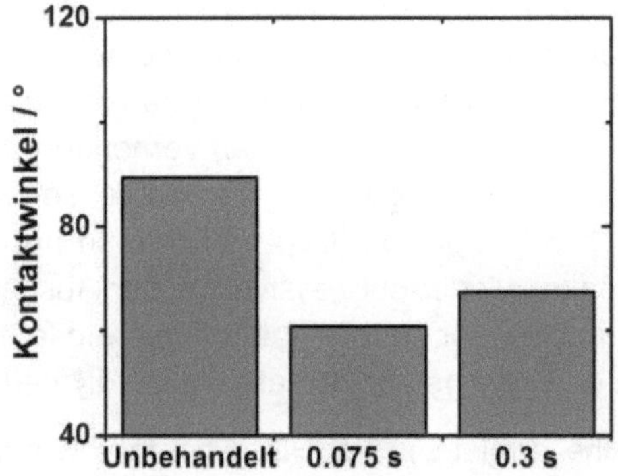

Abb. 3.10 Einfluss der Behandlungszeit auf den Kontaktwinkel von PA2200.

In einem zweiten Schritt ist der Einfluss der Gaszusammensetzung untersucht worden. Hierzu ist das Edelgas Argon als Trägergas mit verschiedenen Anteilen an Sauerstoff in den Plasmazustand überführt worden. Die im Reaktor gemessene Temperatur hat sich durch einen erhöhten O2-Anteil nicht geändert. In Abb. 3.11 sind die gemessenen Kontaktwinkel für behandeltes PA12-Pulver dargestellt.

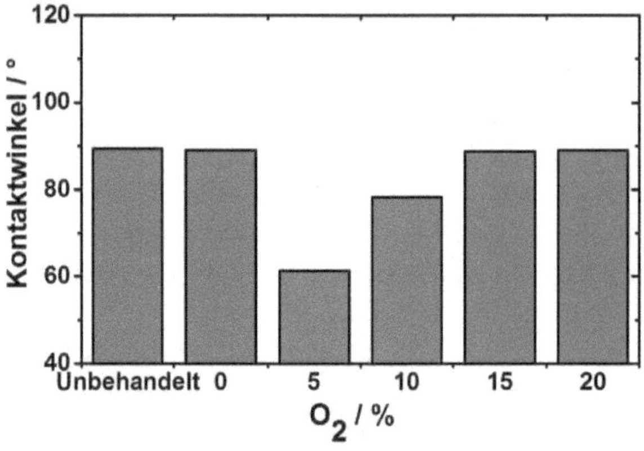

Abb. 3.11 Einfluss des Saueranteils auf den Kontaktwinkel von PA2200.

Neben der unbehandelten Probe wurde ein Versuch mit reinem Argon als Plasmagas als Referenz durchgeführt. Hier zeigt sich, dass reines Ar-Plasma zu keiner Veränderung der Oberflächeneigenschaften führt. Man kann somit davon ausgehen, dass die in der Wirbelschicht auftretenden mechanischen Beanspruchungen keinen Einfluss auf das Messergebnis haben. Ausgehend von den vorherigen Untersuchungen wurde jeweils eine Kontaktzeit von 0.075 s gewählt. Der gemessene Kontaktwinkel ist bei einem Sauerstoffanteil von 5 % optimal. Wird mehr O2 in das Plasmagas gegeben, erhöht sich der Kontaktwinkel wieder sukzessive bis der Ausgangswert erreicht wird. Wie bereits vorher beschrieben, könnte ein hoher Sauerstoffanteil die Reaktivität des Plasmas massiv steigern und zu einer Degradation der Polymeroberfläche führen.

Eine weitere Versuchsreihe erfolgt mit PE-HD. Ebenfalls wurde der Sauerstoffanteil variiert um die Wechselwirkungen zwischen den gebildeten Radikalen und der polymeren Grundstruktur zu untersuchen. Die gemessenen Kontaktwinkel sind in Abb. 3.12 gezeigt.

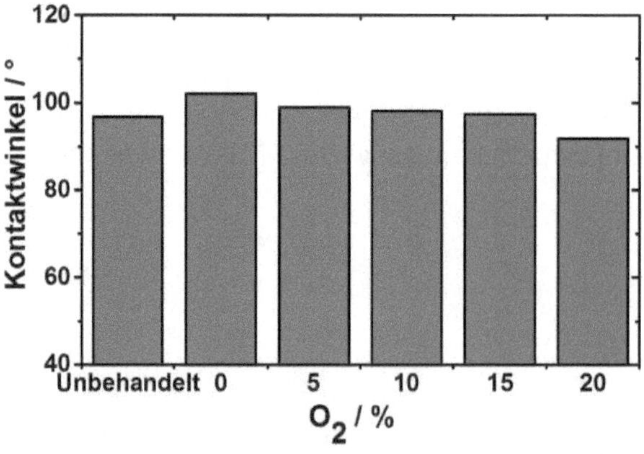

Abb. 3.12 Einfluss des Saueranteils auf den Kontaktwinkel von PE-HD.

Bereits die Behandlung mit einem reinen Argon-Plasma zeigt einen erhöhten Kontaktwinkel. Somit weist die Polymeroberfläche ein hydrophoberes Verhalten auf. Dies könnte durch eine Reinigung der Partikeln von Produktionsrückständen zu erklären sein. Die Steigerung des O2-Anteils führt bei PE-HD zu einer stetigen Senkung des Kontaktwinkels. Da die polymere Grundstruktur des PE-HD nur Wasserstoffgruppen als Reaktionspartner aufweist, ist die Bildung on –OH und –COOH durch die erhöhte Konzentration an Sauerstoffradikalen gesteigert.

Um den Einfluss der Plasmabehandlung auf das Bulkmaterial zu untersuchen wird die Schmelzenthalpie mit dem Verfahren der dynamischen Differentialkalorimetrie (Differential Scanning Calorimetry; DSC) bestimmt. Gemessen werden hierbei der Schmelzpunkt und die Schmelzenthalpie der Proben, wodurch Änderungen der polymeren Grundstruktur der einzelnen Partikeln bestimmt werden können.

Die gemessene massenspezifische Schmelzenthalpie für mit Druckluftplasma behandeltem PA2200 ist in Abb. 3.13 dargestellt.

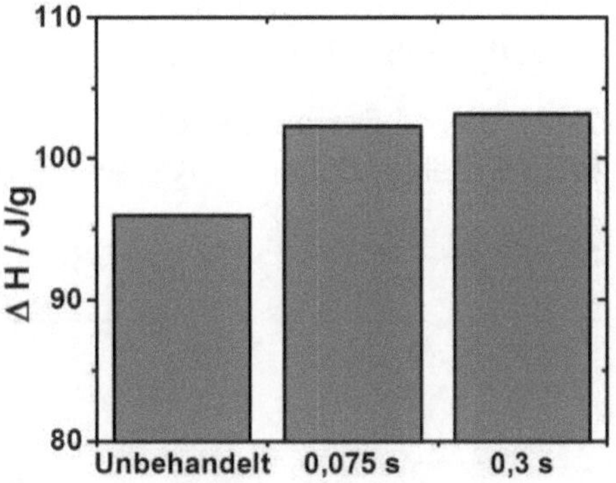

Abb. 3.13 Einfluss der Behandlungszeit auf die Schmelzenthalpie von PA2200.

Es zeigt sich, dass es, unabhängig von der Kontaktzeit, zu einem Anstieg der Schmelzenthalpie der behandelten Materialien kommt. Dies bedeutet, dass es durch die Behandlung mit Druckluftplasma zu einer Veränderung der polymeren Struktur kommt. Die steigende Schmelzenthalpie deutet darauf hin, dass der kristalline Anteil der Struktur durch die Behandlung zunimmt. Der Kristallinitätsgrad wird von 33% auf circa 50% gesteigert. Insbesondere die längere Kontaktzeit von 0,3 s führt möglicherweise zu einer tiefer wirkenden Plasmamodifizierung wodurch auch das Bulkmaterial verändert wird. Der Einfluss der Zusammensetzung des Plasmagases auf die Schmelzenthalpie von PA2200 und PE-HD ist in Abb. 3.14 und Abb. 3.15 dargestellt.

Abermals wird die Reaktivität der Plasmabehandlung durch den Anteil an O_2 im Gasfeed variiert. Die Behandlung mit einem steigenden Sauerstoffanteil im Plasmagas wirkt sich bei PA2200, wie in Abb. 3.14 zu sehen, nicht auf die Schmelzenthalpie aus.

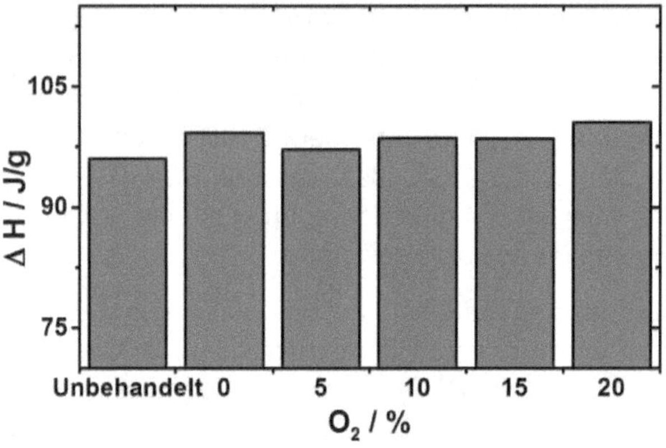

Abb. 3.14 Einfluss des Saueranteils auf die Schmelzenthalpie von PA2200.

Der Einfluss des Sauerstoffanteils im Plasma auf die Schmelzenthalpie von PE-HD ist in Abb. 3.15 dargestellt. Auch bei PE-HD bewirkt der variable Sauerstoffanteil im Plasmagas keine Veränderung der Schmelzenthalpie.

Diese Ergebnisse zeigen, dass durch diese Plasmabehandlung nur die Partikeloberfläche modifiziert wird ohne dabei die Kennwerte der Polymermaterialien zu verändern.

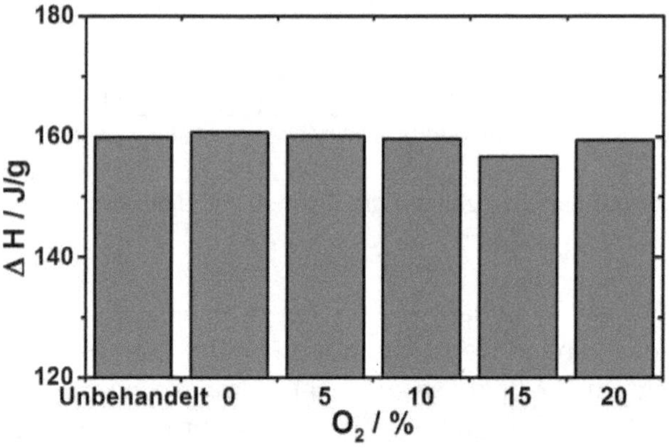

Abb. 3.15 Einfluss des Saueranteils auf die Schmelzenthalpie von PE-HD.

Weiterhin wurde der Einfluss der Funktionalisierung in dem dargestellten Wirbelschichtreaktor auf die Partikelgrößenverteilung untersucht. Exemplarisch wird der Einfluss der Kontaktzeit mit einem Druckluftplasma in Abb. 3.16 dargestellt. Die Ergebnisse sind logarithmisch aufgetragen.

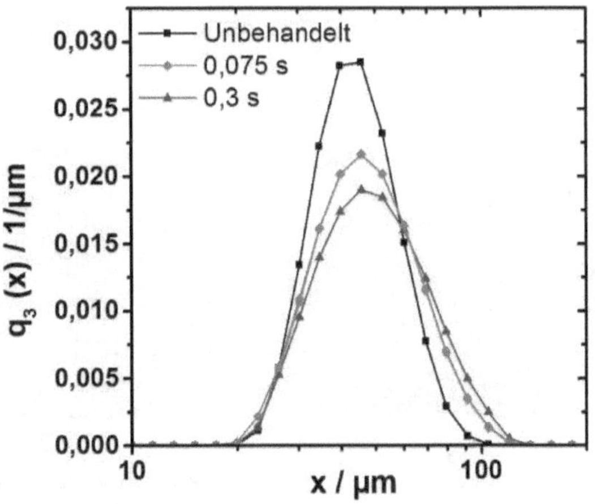

Abb. 3.16 Einfluss der Behandlungszeit auf die Partikelgrößenverteilung (Volumendichte q_3) von PA2200.

Abb. 3.16 zeigt, dass es durch die Behandlung von PA2200 zu einem Shift der Partikelgröße hin zu größeren Partikeln kommt.

Über die Betrachtung des Kräftegleichgewichts zwischen mittlerer Gasgeschwindigkeit und Masse der Partikeln lässt sich berechnen, dass Partikel < 21,58 µm von Austrag betroffen sein können. Dies lässt sich zum Teil in den gemessenen Partikelgrößenverteilungen nachverfolgen. Zusätzlich kommt es zur Bildung von größeren Partikeln. Dies könnte auf Schmelz- und Sintervorgängen beruhen, welche durch lokale Temperaturspitzen verursacht werden. Hierdurch sind einzelne Partikeln kurzfristig schmelzflüssig und sintern zu größeren Einheiten zusammen. Dieser Effekt könnte auch den Einfluss der steigenden Kontaktzeit auf die gemessenen Schmelzenthalpien in Abb. 3.12 erklären.

Bei den Proben mit variablen Gaszusammensetzungen bei einer Kontaktzeit von 0,075 s kann dieser Trend ebenfalls beobachtet werden. Die Änderung der Partikelgrößenverteilung wirkt sich aber nicht auf die Fließfähigkeit, und somit die Verarbeitbarkeit, des Materials im additiven Bauprozess aus.

Um den Einfluss der Funktionalisierung auf das Prozessverhalten des Materials in einem Laserstrahlschmelzprozess zu untersuchen, wurden ebenfalls wieder Einzelschichten des Materials verarbeitet. Diese Versuche wurden am Lehrstuhl für Kunststofftechnik (LKT) der FAU durchgeführt. Die Laserleistung hierbei war 26,4 W bei einer Scangeschwindigkeit von 880 mm/s. Die Vorheiztemperatur der Baukammer lag bei 100 °C. Der Abstand zwischen zwei line scans lag bei 100 µm. Die so hergestellten Einzelschichten wurden mit einem Lichtmikroskop im Durchlicht betrachtet (siehe Abb. 3.17). Die ersichtlichen weißen Stellen bei den Einzelschichten sind Defektstellen, an welchen kein Polymermaterial vorliegt. Es zeigt sich deutlich, dass die Anzahl der Defektstellen durch die Verbesserung des Benetzungsverhaltens reduziert werden kann.

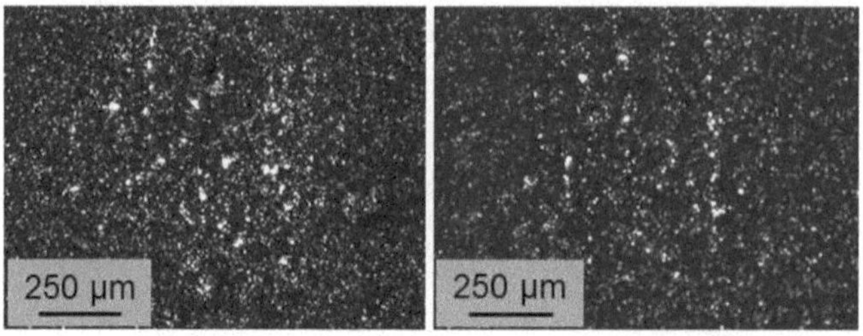

Abb. 3.17 Gesinterte Einzelschichten von PE-HD; Links: Unbehandeltes PE; Rechts: Nach einer Plasmabehandlung von 0.075 s mit Druckluftplasma.

Bei Betrachtung der Flächenprozente der Defektstellen zeigt sich dass der Anteil an Defektfläche von 32 % für unbehandeltes PE-HD auf 23 % durch die Behandlung mit einem Druckluftplasma gesenkt werden kann. Dies ist in Abb. 3.18 dargestellt.

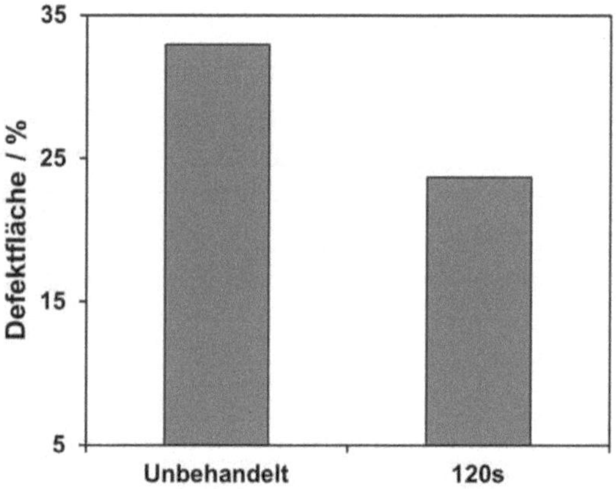

Abb. 3.18 Flächenprozente an Defektstellen vor und nach der Plasmabehandlung.

3.4 Zusammenfassung

Ausgehend von Problemstellungen bei strahl- und pulverbasierten additiven Fertigungsprozessen, wie dem Laserstrahlschmelzen konnte, wurde exemplarisch an zwei Beispielen, der Einfluss einer Funktionalisierung der Pulver gezeigt werden. Eine physikalische Adhärierung von nanoskaligen Additiven führt zu einer signifikanten Verbesserung der Fließeigenschaften. Die Wechselwirkungen zwischen hydrophilen und hydrophoben Gruppen sind von entscheidender Bedeutung für den Beschichtungsprozess. Der Einfluss der Additive auf die Fließfähigkeit konnte unter prozessnahen Auflasten erfolgreich untersucht werden.

Ebenfalls wurde der Einfluss einer chemischen Funktionalisierung der Oberfläche von Polymerpartikeln mittels eines atmosphärischen Plasmas untersucht. Es zeigte sich, dass bereits eine sehr kurze Behandlungszeit positiven Einfluss auf die Benetzungseigenschaften und somit auf die Qualität von additiv gefertigten Bauteilen hat. Bei dieser Funktionalisierungsmethode werden nur die Eigenschaften der Oberfläche verändert. Die Materialeigenschaften des Polymers sind, aufgrund der sehr geringen Temperaturbelastung, nicht beeinflusst. Auch dieser Funktionalisierungsprozess führt zu einer erhöhten Bauteilqualität.

3.5 Danksagungen

Diese Studie wurde durch die Deutsche Forschungsgemeinschaft (DFG) im Rahmen des Sonderforschungsbereiches SFB 814 "Additive Fertigung" (Teilprojekt A2) unterstützt. Die Autoren bedanken sich für die finanzielle Unterstützung. Weiterhin wird den Kollegen des Bayrischen Laserzentrums (blz) und des Lehrstuhls für Kunststofftechnik (LKT) für die Verarbeitungsversuche gedankt.

3.6 Literaturverzeichnis Kapitel 3

[1] A. Haarmann, K. Mader-Arndt, J. Tomas, and E. Schmidt, "Nanoskalige Betrachtung eines Partikel/Wand-Kontaktes - Vergleich zwischen Simulation und Experiment," Chemie Ing. Tech., vol. 86, no. 3, pp. 389–394, Mar. 2014.

[2] H. Zhou, M. Götzinger, and W. Peukert, "The influence of particle charge and roughness on particle–substrate adhesion," Powder Technol., vol. 134, no. 3, pp. 181–192, 2003.

[3] Q. Li, V. Rudolph, and W. Peukert, "London-van der Waals adhesiveness of rough particles," Powder Technol., vol. 161, no. 3, pp. 248–255, 2006.

[4] K. Meyer, "Nanomateralien als Fließregulierungsmittel," Julius-Maximilians-Universität Würzburg, 2003.

[5] S. Put, C. Bertels, and a. Vanhulsel, "Atmospheric pressure plasma treatment of polymeric powders," Surf. Coatings Technol., vol. 234, pp. 76–81, Nov. 2013.

[6] L. Bárdos and H. Baránková, "Cold atmospheric plasma: Sources, processes, and applications," Thin Solid Films, vol. 518, no. 23, pp. 6705–6713, Sep. 2010.

[7] S. Kleinschmidt and J. Tomas, "Verbesserung der Fließfähigkeit feiner kohäsiver Pulver durch nanoskalige Fließhilfsmittel," Chemie Ing. Tech., vol. 81, no. 6, pp. 717–733, Jun. 2009.

[8] H. Rumpf, "Die Wissenschaft des Agglomerierens," Chemie Ing. Tech., no. I, 1974.

[9] A. Schweiger and I. Zimmermann, "A new approach for the measurement of the tensile strength of powders," Powder Technol., vol. 101, pp. 7–15, 1999.

[10] K. Meyer and I. Zimmermann, "Effect of glidants in binary powder mixtures," Powder Technol., vol. 139, no. 1, pp. 40–54, Jan. 2004.

[11] Jacob N. Israelachvili, Intermolecular and Surface Forces, Third Edit. Elsevier Inc., 2011.

[12] C. Blümel, M. Sachs, T. Laumer, B. Winzer, J. Schmidt, M. Schmidt, W. Peukert, and K.-E. Wirth, "Increasing flowability and bulk density of PE-HD powders by a dry particle coating process and impact on laser beam melting," Rapid Prototyp. J., 2014.

[13] F. Awaja, M. Gilbert, G. Kelly, B. Fox, and P. J. Pigram, "Adhesion of polymers," Prog. Polym. Sci., vol. 34, no. 9, pp. 948–968, Sep. 2009.

[14] J. Friedrich, The Plasma Chemistry of Polymer Surfaces: Advanced Techniques for Surface Design. Wiley-VCH, 2012.

[15] M. Stieß, Mechanische Verfahrenstechnik 2, 1st ed. Berlin: Springer-Verlag, 1994.

Teil 2 Steigerung des Prozessverständnisses und neue Anwendungsgebiete beim Laser-Sintern

4 Optimale Energieeinträge für die Verarbeitung unterschiedlicher kommerzieller Polyamid 11 und 12-Pulver sowie eines neu entwickelten Polyethylen-Pulvers beim Laser-Sintern

Optimal energy input ranges for laser sintering of different commercial polyamide 11 and 12 powders as well as of a new polyethylene powder

Dr.-Ing. Andreas Wegner, Prof. Dr.-Ing. habil. Gerd Witt**

**Lehrstuhl für Fertigungstechnik, Universität Duisburg-Essen*

Abstract: Das Laser-Sintern gewinnt zunehmend an Bedeutung als Kleinserienfertigungsverfahren. In den meisten Fällen werden die Bauteile aus Polyamid 12 (PA 12) gefertigt. Alternative Materialien kommen aufgrund der schwierigeren Verarbeitung kaum zur Anwendung, obwohl sie teilweise bessere Bauteileigenschaften aufweisen. Andere Kunststoffe sind überhaupt nicht verfügbar. In beiden Fällen fehlt oftmals ein ausreichendes Prozessverständnis, um Bauteile mit optimalen Eigenschaften zu erzeugen oder neue Materialien für das Laser-Sintern zu qualifizieren. Im Rahmen der Versuche werden kommerzielle PA 11- und PA 12-Materialien sowie ein Polyethylen-Pulver hinsichtlich der Einstellung optimaler Verarbeitungsbedingungen untersucht. Ziel ist es, Zusammenhänge zwischen dem Energieeintrag und wichtigen Bauteileigenschaften aufzustellen. Auf Basis der Versuchsergebnisse werden optimale Energiedichtefenster für die verschiedenen Materialien abgeleitet, innerhalb derer mit guten Eigenschaften gerechnet werden kann.

Keywords: Laser-Sintern, Prozessverständnis, Polyamid 11, Polyamid 12, Polyethylen, Robuste Prozessführung

4.1 Einleitung

Erhöhter Wettbewerbsdruck, weltweite Absatzmärkte, kürzere Produktlebenszyklen, der Wunsch nach individuellen Produkten sowie knapper werdende Ressourcen erhöhen den Druck bei der Suche nach einem geeigneten innovativen Herstellungsverfahren für Kleinserien zunehmend [1]. Additive Fertigungsverfahren etablieren sich basierend auf diesen Entwicklungen sowie durch die stetige Weiterentwicklung der Verfahren zunehmend als dieses Serienfertigungsverfahren [2]. Hierbei stellt das Laser-Sintern von Kunststoffbauteilen eines der Verfahren dar, welches in naher Zukunft die Eignung für eine Serienfertigung von mechanisch belastbaren Komponenten aufweist [3]. Eines der großen Defizite des Laser-Sinterns (LS) ist hierbei die im Vergleich zum Spritzguss kleine Materialpalette mit vielen fehlenden Standardmaterialien. Obwohl mittlerweile mehrere unterschiedliche Kunststofftypen kommerziell als LS-Pulver verfügbar sind, kommt in 90 bis 95 % aller Anwendungen immer noch das Standardmaterial Polyamid 12 (PA 12) zum Einsatz [4]. Obwohl alternative Materialien teils bessere Eigenschaften bzw. eine bessere Eignung für bestimmte Anwendungen aufweisen ist ihr Marktanteil dennoch gering. Eine Hauptursache hierfür ist die schwierigere Verarbeitung der Materialien, weshalb Anwender auch mangels Erfahrungswerte bzw. eines tiefgehenderen Prozessverständnisses meist auf den Standardwerkstoff zurückgreifen. Gleichzeitig sind viele Standardkunststoffe wie PA 6, Polyethylen oder Polypropylen nicht oder nur als LS-Material mit unzureichenden Bauteileigenschaften bzw. mit einer äußerst kritischen Verarbeitung verfügbar. Ziel der vorliegenden Studie ist, Prozesswissen über die Verarbeitung und die entstehenden Bauteileigenschaften alternativer kommerzieller LS-Materialien zu schaffen und in einem zweiten Schritt neue Materialien für den Prozess zu qualifizieren. Im vorliegenden Fall werden erste Untersuchungsergebnisse zu den Bauteileigenschaften eines neu entwickelten Polyethylen-Pulvers vorgestellt.

4.2 Stand der Technik

Untersuchungen zum Einfluss von Prozessparametern auf die Bauteileigenschaften sind in der Literatur zum Laser-Sintern zahlreich vertreten. Der Fokus liegt hierbei stets auf der Verarbeitung von Standard-PA 12 vom Typ EOS PA 2200 oder 3D-Systems Duraform PA. Auch die Autoren des Beitrags haben in zahlreichen Publikationen den Einfluss verschiedener Einflussfaktoren für EOS PA 2200 untersucht [5],[6],[7],[8],[9],[10]. Diese bilden hierbei die Basis für die Untersuchungen in dieser Studie und werden als Referenz genutzt. Alternative LS-Materialien werden dagegen nur selten untersucht, obwohl insbesondere PA 11 ähnlich lange genutzt wird wie PA 12.

Keller liefert in [11] schon 1998 eine erste grundlegende Studie zu PA 11 beim Laser-Sintern, in welcher die Materialeigenschaften und die Verarbeitungseinflüsse untersucht wurden. Aufgrund der verwendeten Labor-Anlage sowie des nicht kommerziellen Materials ist ein Vergleich zu heute erhältlichen PA 11-Pulvern sowie der Verarbeitung auf aktuellen Anlagensystemen nur schwer möglich. Goodridge betrachtet in [12] die Verarbeitung von Duraform EX einem PA 11 der Firma 3D-Systems. Sie untersuchte insbesondere den Einfluss der inhomogenen Temperaturverteilung auf der Pulverbettoberfläche auf die mechanischen Eigenschaften in Aufbaurichtung. Die Ergebnisse zeigen hier eine deutlich stärkere Beeinflussung der Kennwerte als beim PA 12. Unterschiedliche Prozessparametereinstellungen wurden hierbei jedoch nicht untersucht. Grießbach analysierte dagegen für das gleiche Material den Einfluss der Energiedichte auf die Bauteileigenschaften, betrachtete allerdings nur die Kennwerte innerhalb der Bauebene [13]. Als optimale Kennwerte ermittelte er für die Zugfestigkeit 48 bis 51 N/mm² und für den E-Modul 1600 N/mm² im Fall von Energieeinträgen über 0,16 J/mm³. Optimale Bruchdehnungen von über 30 % erreichte er jedoch erst für Energiedichten von über 0,23 J/mm³. In einer ersten Studie der Autoren in [14] wurde ebenfalls der Einfluss von Prozessparametern auf die Verarbeitung von EOS PA 1101 untersucht. Als Maschine wurde hier eine durch ein neues Temperaturführungssystem modifizierte DTM Sinterstation 2500HS verwendet. Optimale Bauteileigenschaften wurden für Energiedichten zwischen 0,4 und 0,58 J/mm³ erzielt, wobei in Aufbaurichtung kaum Bruchdehnungen über 30 % erreicht werden. Die aktuelle Studie ergänzt diese Ergebnisse durch Betrachtung einer vom Aufbau unterschiedlichen Anlage. Zusätzlich wird die Verarbeitung eines schwarz eingefärbten PA 11 untersucht.

Zu weniger verbreiteten PA 12-Typen, wie dem Arkema Orgasol Invent Smooth, existieren nur wenige Veröffentlichungen. Nur Dupin hat in [15],[16],[17] Zusammenhänge detaillierter untersucht, wobei er das von Exceltec modifizierte Innov PA verwendete und die Ergebnisse mit solchen für Duraform PA verglich. Fokus der Arbeiten lag hierbei insbesondere darin, den Einfluss der Porosität aufzudecken, wobei ab einer Flächenenergiedichte von 0,02 J/mm² eine niedrige Porosität erreicht wird. Betrachtet wurden Zusammenhänge jeweils für Bauteile in x-Richtung. Für Energieeinträge zwischen 0,014 und 0,034 J/mm² steigt die Zugfestigkeit von 30 auf 51 N/mm² und die Bruchdehnung steigert sich von 11 auf 20 %. Diese Angaben sollen mit den Ergebnissen der in diesem Artikel dargestellten Untersuchungen verglichen werden.

Im Gegensatz zu PA 12 und PA 11 ist Polyethylen kaum für das Laser-Sintern verfügbar. Die bisher umfangreichste Studie unter Angabe von Kennwerten stammt von Rietzel [18]. Er untersuchte insbesondere die Materialeigenschaften und fand eine niedrige Schüttdichte sowie ein sehr kleines Verarbeitungsfenster für das von ihm betrachtete Versuchspulver. Die hergestellten Bauteile wiesen eine hohe Sprödigkeit mit Bruchdehnungen unter 3 % auf oder zeigten bei besseren mechanischen Eigenschaften eine hohe Formabweichung. Dabei wurden lediglich Zugstäbe innerhalb der Bauebene untersucht. Auch in [19] wird Polyethylen als Laser-Sinter-Material untersucht. Da es jedoch ausschließlich als Composite mit Hydroxyapatit verarbeitet wird, können die Daten nicht als Referenz für die vorliegenden Versuche herangezogen werden. Im Rahmen der präsentierten Studie sollen die sich in Abhängigkeit unterschiedlicher Prozessparameter einstellenden Bauteileigenschaften eines experimentellen Polyethylen-Pulver, welches kurz vor der Markteinführung steht, analysiert werden. Ziel ist, ein tiefgehenderes Prozessverständnis für die Verarbeitung von PE im Laser-Sintern zu schaffen.

4.3 Versuchsbeschreibung

Im Rahmen der Studie wurde die Verarbeitung unterschiedlicher Laser-Sinter-Materialien auf einer EOS Formiga P100 untersucht. Als Materialien wurde ein Standard PA 12 vom Typ EOS PA 2200, ein PA 12 vom Typ Arkema Orgasol Invent Smooth, zwei PA 11-Pulver vom Typ EOS PA 1101 und Arkema Rilsan Invent Black sowie ein gemeinschaftlich vom Lehrstuhl für Fertigungstechnik der Universität Duisburg-Essen mit der Firma ROWAK entwickeltes Polyethylen-Pulver namens ROWAK Rolaserit PE (Korngröße < 120 µm, Hausner-Faktor < 1,25) betrachtet. Um optimale Verarbeitungsbereiche zu bestimmen, wurde der Einfluss der Volumenenergiedichte (Gl. 4.1 und Gl. 4.2) sowie anderer variierter Parameter auf die Bauteileigenschaften untersucht. Die entsprechend für die unterschiedlichen Materialien variierten Parameter sind in Tab. 4.1 zusammengefasst. Hierbei wurde insbesondere für PA 11 und PA 12 ein sehr großer Parameterbereich für die Volumenenergiedichte untersucht, um sowohl Effekte einer unzureichenden Versinterung als auch erster Zersetzungseffekte zu erfassen. Um einen derart großen Variationsbereich zu erzielen, wurde jeweils ein zentral-zusammengesetzter bzw. ein optimaler Versuchsplan zugrunde gelegt, in welchem insbesondere die Laserleistung, der Hatchabstand, die Scangeschwindigkeit sowie zum Teil die Schichtdicke variiert wurden. Aufgrund des kleineren Prozessfensters bei Polyethylen wurden hier nur einzelne Versuchspunkte mit Energieeinträgen zwischen 0,17 und 0,23 J/mm³ und Hatchabständen von 0,15 und 0,2 mm realisiert. Zumeist wurde eine in x- und y-Richtung alternierende Belichtungsstrategie eingesetzt. Die Abstände zwischen Fill und Outline wurden dabei bei den Standardwerten konstant gehalten, wobei bei PA 11 entsprechend den EOS-Standardparametern mit einer doppelten Konturbelichtung gearbeitet wurde. Die Pulverbetttemperaturen wurden bei PA 11, Arkema PA 12 und PE basierend auf Voruntersuchungen optimal eingestellt, während sie für das Standard-PA 12 im Versuch entsprechend Tab. 4.1 variiert wurden. Im Rahmen der Versuche wurden jeweils die Einflüsse des Energieeintrages auf die Bauteildichte teils zusätzlich in Abhängigkeit der Scanvektorlänge (Variation der Bauteillänge, Scan nur in x-Richtung) sowie auf die mechanischen Eigenschaften innerhalb der Bauebene (x0) sowie in Aufbaurichtung (z90) analysiert. Die Bauteildichte wurde teils durch Vermessen und Verwiegen der erzeugten Dichtewürfel (Standard-PA 12: alle; Arkema-PA 12 und PA 11: 50 mm) sowie teils nach dem archimedischen Prinzip nach DIN EN ISO 1183-1 (Arkema-PA 12 und PA 11: 4 bis 25 mm; Polyethylen) bestimmt. Für jede Parametereinstellung wurden jeweils drei Dichtewürfel untersucht. Der Grund für die unterschiedlichen Messmethoden ergibt sich aus einer Anschaffung eines entsprechenden Messgerätes nach Abschluss der Versuche mit PA 2200 und basierend auf der maximal messbaren Bauteilgröße. Die Zugversuche wurden nach DIN EN ISO 527-1/-2 und DIN EN ISO 10350-1 bei Normklima durchgeführt. Als Abzugsgeschwindigkeit wurde bei PA 12 und PA 11 50 mm/min und bei PE 5 mm/min verwendet. Die Prüfungen wurden für PA 12 (Lagerung bis zum Feuchtegleichgewicht nach DIN EN ISO 291) und PE in einem externen Prüflabor mit einer Zugprüfmaschine vom Typ Zwick Z020 M (MultiXtense) durchgeführt, während die Prüfungen an den Arkema-PA 12 Zugstäben im Labor des Lehrstuhles für Kunststofftechnik (Universität Erlangen-Nürnberg) nach Lagerung bis zum Feuchtegleichgewicht nach DIN EN ISO 291 bzw. an den PA 11 Zugstäben nach Trocknung im Vakuum bei 70 °C vorgenommen wurden. Zur statistischen Absicherung wurden je Orientierung mindestens fünf Zugstäbe geprüft. Zur Auswertung werden die ermittelten Kennwerte jeweils als Funktion der Volumenenergiedichte dargestellt, wobei teilweise weitere Einflüsse wie die Schichtdicke oder der Hatchabstand berücksichtigt werden.

Gl. 4.1 $$\text{Flächenenergiedichte} = \frac{\text{Laserleistung}}{\text{Hatchabstand} \cdot \text{Scangeschwindigkeit}}$$

Gl. 4.2 $$\text{Volumenenergiedichte} = \frac{\text{Laserleistung}}{\text{Hatchabstand} \cdot \text{Scangeschwindigkeit} \cdot \text{Schichtdicke}}$$

Tab. 4.1 Untersuchte Materialien und variierte Parameter

Material	Volumenenergiedichte	Laserleistung	Hatchabstand	Scangeschwindigkeit	Pulverbetttemperatur	Schichtdicke
	J/mm³	W	mm	mm/s	°C	µm
EOS PA 2200	0,10 – 0,44	17,8 19,5 21,8 23,0 24,8	0,10 0,15 0,20 0,25 0,30	2750 3500 4250 5000 5750	173 174 175 176 177	80 100 120 150 180
Arkema Rilsan Invent Black	0,30 – 0,61	21 23 25	0,15 0,20	2500 3000 3500	170	100
EOS PA 1101	0,15 – 0,68	20,6 22,5 24,4	0,15 0,20 0,25	3000 3750 4500	185	80 100 120
Arkema Rilsan Invent Black	0,15 – 0,68	20,6 22,5 24,4	0,15 0,20 0,25	3000 3750 4500	185	80 100 120
EOS PA 2200	0,10 – 0,44	17,8 19,5 21,8 23,0 24,8	0,10 0,15 0,20 0,25 0,30	2750 3500 4250 5000 5750	173 174 175 176 177	80 100 120 150 180

4.4 Versuchsergebnisse

4.4.1 Polyamid 12: EOS PA 2200

Im Rahmen der Versuche werden optimale Energiedichtefenster für die Verarbeitung der untersuchten Laser-Sinter-Materialien bestimmt. Die auf Basis der Versuchsdaten ermittelten Korrelationen aus Volumenenergiedichte und Bauteileigenschaften sind für EOS PA 2200 in Abb. 4.1 bis Abb. 4.4 dargestellt.

Hohe Bauteildichten stellen sich für einen Energieeintrag von über 0,225 J/mm³ ein, Abb. 4.1. Die Höhe der maximal erreichbaren Dichtewerte hängt hierbei stark von der Scanvektorlänge ab. Insbesondere bei kurzen Scanvektoren kann ein Absinken der erreichbaren Dichtewerte festgestellt werden. So können bei Scanvektoren von 25 und 50 mm Dichtewerte von über 0,97 g/cm³ erreicht werden, während bei 5 und 10 mm nur 0,94 bis 0,96 g/cm³ gemessen werden. Als Ursache für dieses Verhalten konnte ein hoher Einfluss der Würfelgröße und somit des Oberflächen-/Volumenverhältnisses ermittelt werden (vgl. [5]).

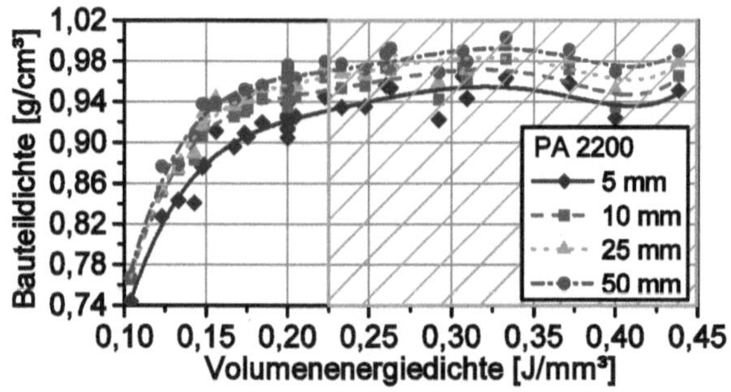

Abb. 4.1 Korrelation zwischen der Bauteildichte in Abhängigkeit der Scanvektorlänge und der Volumenenergiedichte für die Verarbeitung von EOS PA 2200

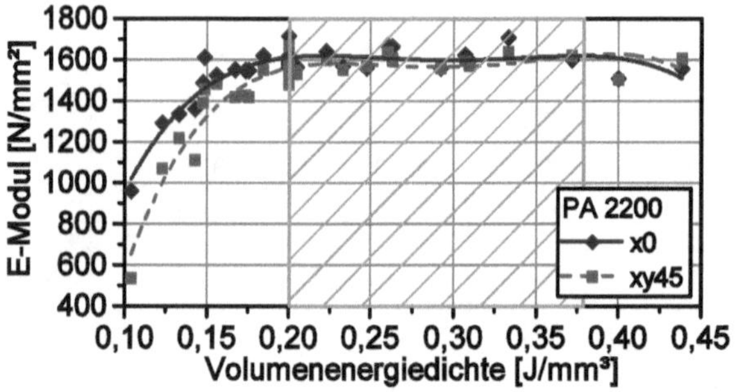

Abb. 4.2 Korrelation zwischen dem E-Modul in Abhängigkeit der Zugstaborientierung und der Volumenenergiedichte für die Verarbeitung von EOS PA 2200

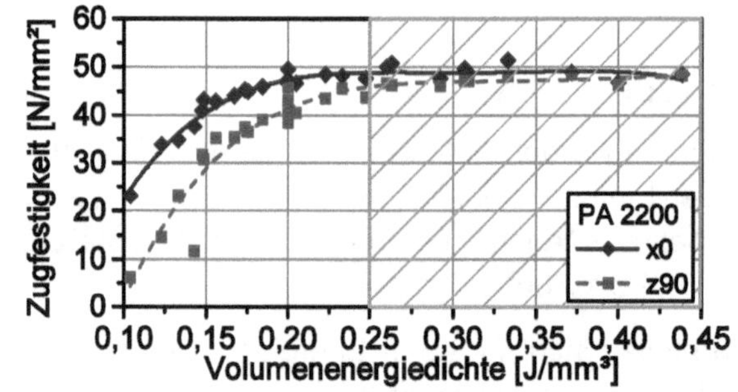

Abb. 4.3 Korrelation zwischen der Zugfestigkeit in Abhängigkeit der Zugstaborientierung und der Volumenenergiedichte für die Verarbeitung von EOS PA 2200

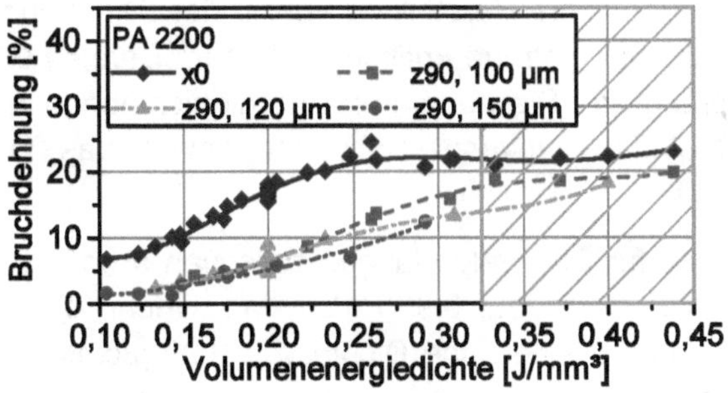

Abb. 4.4 Korrelation zwischen der Bruchdehnung in Abhängigkeit der Zugstaborientierung sowie der Schichtdicke und der Volumenenergiedichte für die Verarbeitung von EOS PA 2200

Hinsichtlich der mechanischen Eigenschaften zeigt sich ein gegenüber der Bauteildichte abweichendes Verhalten. Während für den E-Modul schon bei einem Energieeintrag von 0,20 J/mm³ unabhängig von der Zugstaborientierung hohe Kennwerte zwischen 1500 und 1600 N/mm² erreicht werden (Abb. 4.2), erfordert die Einstellung optimierter Zugfestigkeiten und Bruchdehnungen höhere Energieeinträge. So werden orientierungsunabhängige Werte für die Zugfestigkeit mit Werten zwischen 48 und 51 N/mm² ab einer Volumenenergiedichte von 0,25 J/mm³ erzielt, Abb. 4.3. Insbesondere die Optimierung der Kennwerte in Aufbaurichtung (Orientierung z90) erfordert höhere Energieeinträge. Für die Bruchdehnung verstärkt sich dieser Effekt nochmals. Optimale Bruchdehnungen in Aufbaurichtung von ca. 19 % werden hier erst oberhalb von 0,325 J/mm³ erzielt (Abb. 4.4), während innerhalb der Bauebene (Orientierung x0) Werte von ca. 22 % bereits ab 0,25 J/mm³ erreicht werden. Gleichzeitig ergibt sich im Fall der Bruchdehnung z90 eine signifikante Abhängigkeit von der Schichtstärke. Nur für eine Schichtstärke von 0,1 mm, also dem niedrigsten untersuchten Wert, liegt über einen größeren Energiedichtebereich ein Plateau mit höchsten Kennwerten von ca. 19 % vor, während für 0,12 mm nur für eine einzelne Energiedichte und für 0,15 mm für keinen Energieeintrag ähnliche Werte erreicht werden. Insbesondere für kleine Schichtstärken wird im Fall der Formiga, im Gegensatz zu anderen Anlagen (vgl. [7]) eine geringe Anisotropie der Bruchdehnung von nur ca. 15 % erreicht. Eine obere Grenze für den Energieeintrag findet sich nur für den E-Modul. Hier ist oberhalb von 0,38 J/mm³ ein leichter Abfall der Kennwerte festzustellen, welcher jedoch mit einem Anstieg der Bauteilporosität (vgl. [5]) korreliert. Optimale Kennwerte ergeben sich somit in einem Energiedichtefenster von 0,325 bis 0,38 J/mm³.

4.4.2 Polyamid 12: Arkema Orgasol Invent Smooth

Neben dem Standardmaterial PA 2200 wurde das Orgasol Invent Smooth von Arkema untersucht. Die aufgestellten Korrelationen aus Volumenenergiedichte und Bauteileigenschaften sind in Abb. 4.5 bis Abb. 4.8 dargestellt. Aufgrund einer starken Verzugsneigung konnten niedrigere Energieeinträge als 0,3 J/mm³ nicht prozessstabil realisiert werden. Insbesondere die Herstellung von in der Bauebene platzierten Zugstäben ist für niedrige Energieeinträge kritisch. Selbst im Bereich 0,3 bis 0,4 J/mm³ tritt noch verstärkter Verzug auf. Die nutzbaren Energiedichtebereiche liegen somit deutlich über den von Dupin [15] verwendeten Werten, obwohl das Basismaterial identisch ist.

Die Bauteildichte steigt für Scanvektorlängen zwischen 5 und 25 mm mit zunehmendem Energieeintrag von 0,985 auf 0,995 g/cm³ an, wobei für eine Volumenenergiedichte von über 0,36 J/mm³ eine hohe Dichte von 0,99 g/cm³ erreicht wird, Abb. 4.5. Für eine Scanvektorlänge von 50 mm zeigt sich dagegen aufgrund der anderen Messmethode ein anderes Verhalten mit niedrigeren Kennwerten. Die Bauteildichte nimmt hier auch erst mit zunehmender Energiedichte zu fällt aber oberhalb von 0,50 J/mm³ wieder ab. Hohe Dichten über 0,97 g/cm³ werden hier somit im Intervall von 0,36 J/mm³ bis 0,56 J/mm³ erzielt, was folglich insgesamt betrachtet zu guten Dichtewerten führt.

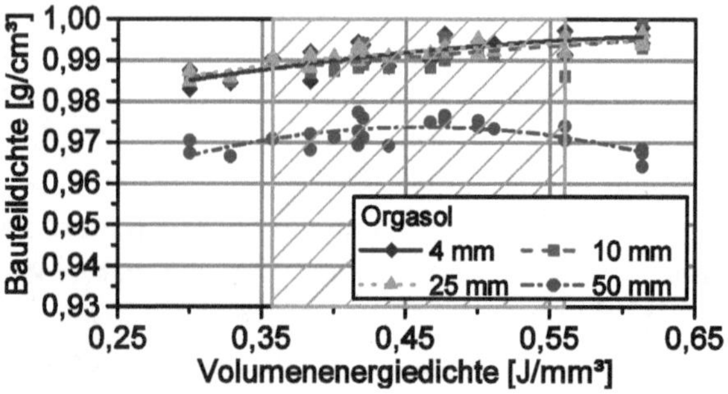

Abb. 4.5 Korrelation zwischen der Bauteildichte in Abhängigkeit der Scanvektorlänge und der Volumenenergiedichte für die Verarbeitung von Arkema Orgasol Invent Smooth

Für den E-Modul (Abb. 4.6) ist unabhängig von der Bauteilorientierung mit zunehmender Volumenenergiedichte ein Anstieg des Kennwertes zu beobachten, welcher bei 0,5 J/mm³ sein Maximum findet. Über diesem Energieeintrag fällt der E-Modul wieder leicht ab. Optimale Kennwerte ergeben sich in einer Energiedichtespanne von 0,42 bis 0,61 J/mm³. Hierbei liegen die Kennwerte in der Bauebene (x0) mit 1600 bis 1650 N/mm² signifikant über den Werten in der Aufbaurichtung (z90) mit 1500 bis 1600 N/mm². Hierbei besteht ein Unterschied von ca. 70 N/mm² zwischen den Orientierungen. Für den Verlauf der Festigkeiten zeigt sich ein etwas anderes Verhalten, Abb. 4.7. Die Kennwerte in x-Richtung steigen nur leicht mit zunehmender Energiedichte von 45 auf 47 N/mm² für 0,61 J/mm³ an. Dagegen ist für die Aufbaurichtung für Energiedichten zwischen 0,3 und 0,45 J/mm³ ein starker Anstieg der Festigkeit von 35 auf 42 N/mm³ zu beobachten. Für einzelne Einstellungen werden bereits bei 0,4 J/mm³ maximale Zugfestigkeiten für z90 im Bereich ca. 43 bis 44 N/mm² erzielt. Für hohe Energieeinträge ist auch hier ein leichter Abfall zu finden. Insgesamt werden in einem

Intervall von 0,4 bis 0,61 J/mm³ optimale Kennwerte im Bereich von 43 bis 47 N/mm² erzielt, wobei stets eine signifikante Abweichung zwischen den Orientierungen von etwa 9 % vorliegt. Hierbei fällt auf, dass die von Dupin in [15] erzielten Werte von 51 N/mm² in der Bauebene (x0) nicht erreicht werden. Gleichzeitig wurden aber keine vergleichbar niedrigen Werte von 30 N/mm² ermittelt.

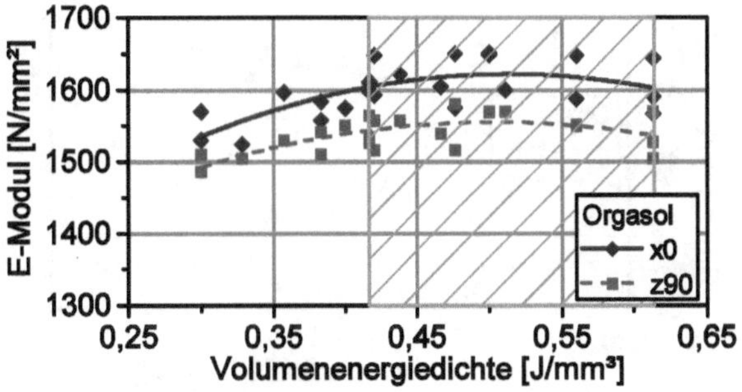

Abb. 4.6 Korrelation zwischen dem E-Modul in Abhängigkeit der Zugstaborientierung und der Volumenenergiedichte für die Verarbeitung von Arkema Orgasol Invent Smooth

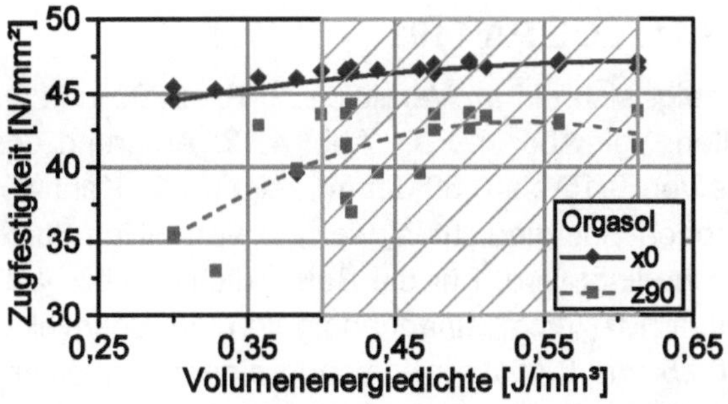

Abb. 4.7 Korrelation zwischen der Zugfestigkeit in Abhängigkeit der Zugstaborientierung und der Volumenenergiedichte für die Verarbeitung von Arkema Orgasol Invent Smooth

Die Bruchdehnung in der Bauebene zeigte einen von allen anderen Kennwerten abweichenden Verlauf, Abb. 4.8. Unabhängig vom Energieeintrag liegt die Bruchdehnung bei Werten zwischen 16 und 20 %, wobei die höchsten gemessenen Werte tendenziell für niedrigere und höhere Energiedichten erzielt werden. In Aufbaurichtung steigen die Werte im Bereich 0,3 bis 0,42 J/mm³ von 2,5 auf ca. 5 % an. Für höhere Energiedichten im Bereich 0,42 bis 0,61 J/mm³ ergibt sich ein annähernd konstantes Niveau mit optimalen Werten im Bereich 5 bis 8 %. Hierbei sind die erzielten Werte stark von den Parametereinstellungen abhängig. Die höchsten ermittelten Werte werden für 0,42 J/mm³ erzielt. Für die Bruchdehnung ergibt sich eine sehr starke Anisotropie zwischen den beiden Orientierungen. Die prozentualen Abweichungen liegen selbst für optimale Kennwerte bei Werten von 50 bis 70 %, obwohl in der Versuchsreihe nur niedrige Schichtstärken von 100 µm verwendet wurden. Insgesamt betrachtet, ergeben sich optimale Kennwerte in einem Energiedichtefenster von 0,42 bis 0,56 J/mm³. Im Vergleich zu PA 2200 stellt sich jedoch ein wesentlich größeres Verarbeitungsfenster mit einer Spanne von 0,24 J/mm³ ein.

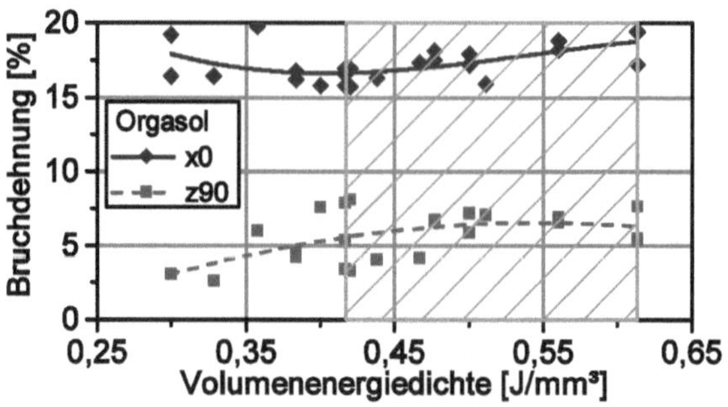

Abb. 4.8 Korrelation zwischen der Bruchdehnung in Abhängigkeit der Zugstaborientierung und der Volumenenergiedichte für die Verarbeitung von Arkema Orgasol Invent Smooth

4.4.3 Polyamid 11: EOS PA 1101

Für EOS PA 1101 zeigt sich ein im Vergleich zu PA 2200 und Orgasol ein stark abweichendes Verhalten, vgl. Abb. 4.9 bis Abb. 4.12. Aufgrund des deutlich größeren Betrachungsraumes von 0,15 bis 0,68 J/mm³ zeigen alle Kennwerte einen Abfall der Kennwerte hin zu hohen Energiedichten, welcher vermutlich durch das Eintreten von Zersetzungseffekten bedingt wird. Für die Bauteildichte (Abb. 4.9) ergeben sich optimale Dichtewerte über 1,01 g/cm³ unabhängig von der Scanvektorlänge für Energieeinträge zwischen 0,25 und 0,45 J/mm³, also in einem vergleichbaren Energiedichtebereich wie für PA 2200, wobei hier keine höheren Energiedichten betrachtet wurden. Die Abhängigkeit von der Scanvektorlänge ist bei PA 1101 deutlich schwächer ausgeprägt. Ursache hierfür ist, dass die Dichte der Würfel mit 4 bis 25 mm Scanvektorlänge mit Hilfe des archimedischen Prinzips gemessen wurden. Dadurch entfällt der Einfluss der hohen Oberflächenrauheit beim Laser-Sintern. Nur die Dichte der Würfel mit 50 mm Scanvektorlänge wurden wie für PA 2200 ebenfalls durch Vermessen der Körper bestimmt, weshalb sich hier ein Unterschied zu den anderen Messwerten einstellt. Auffällig ist das Verhalten beim höchsten Energieeintrag von 0,68 J/mm³. Während sich für längere Scanvektoren von 25 und 50 mm ein deutlicher Abfall der Dichte zeigt, liegen die Dichtewerte für 4 und 10 mm auf einem deutlich höheren Niveau. Dies widerspricht Erkenntnissen aus [5], [10], dass insbesondere zu kurzen Scanvektoren hin die Maximaltemperaturen beim Belichten stark ansteigen und somit im Falle zu hoher Energieeinträge verstärkte Zersetzungseffekte im Material verursachen. Der dargestellte Verlauf könnte wiederum durch das Messverfahren bedingt sein, da bei einer sehr hohen Bauteilporosität die Messflüssigkeit ins Bauteil eindringen kann.

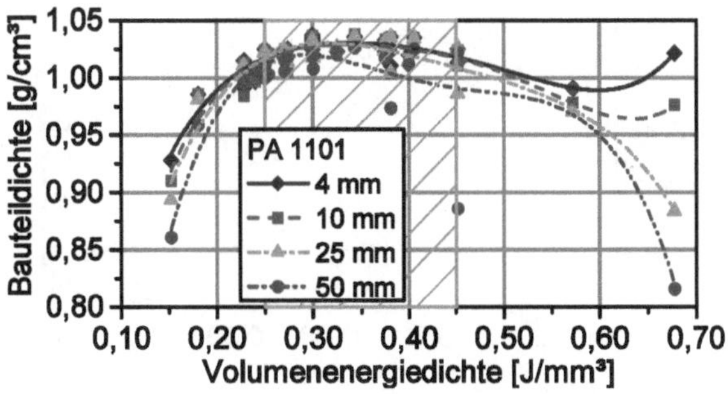

Abb. 4.9 Korrelation zwischen der Bauteildichte in Abhängigkeit der Scanvektorlänge und der Volumenenergiedichte für die Verarbeitung von EOS PA 1101

Für den E-Modul ergibt sich das optimale Energiedichtefenster mit geringer Anisotropie von 0,225 bis 0,46 J/mm³ bei Werten von 1600 bis 1800 N/mm² (Abb. 4.10), wobei die Kennwerte in Aufbaurichtung stets über den Werten innerhalb der Bauebene liegen. Wird die Zugfestigkeit betrachtet, verschiebt sich nur die untere Energiedichtegrenze auf 0,25 J/mm³ (Abb. 4.11). Hierbei zeigt sich, dass nur für Schichtdicken von 80 bzw. 100 µm eine geringe Anisotropie erreicht werden kann, während für 120 µm stets ein Absinken der Kennwerte in Aufbaurichtung zu beobachten ist. Gleichzeitig liegen die Werte bei einer Schichtstärke von 100 µm annähernd auf dem Niveau der Bauebene, sodass sich hier eine geringere Anisotropie einstellt als für 80 µm. Als optimale Kennwerte werden 50 bis 54 N/mm² erzielt. Die Bruchdehnung (Abb. 4.12) zeigt eine noch stärkere Abhängigkeit von der Schichtstärke. Während sich innerhalb der Bauebene optimale Werte von 40 bis 50 % einstellen, hängen die erzielbaren Werte in Aufbaurichtung stark von der verwendeten Schichtstärke ab. Nur für Schichtstärken von 80 bzw. 100 µm werden Bruchdehnungen über 30 % erreicht. Für 120 µm ergeben sich in jedem Fall schlechtere Werte bis maximal 26 %. Optimale Kennwerte ergeben sich in einem, im Vergleich zu den anderen Bauteileigenschaften, deutlich kleineren Energiedichtefenster von 0,3 bis 0,42 J/mm³, wobei für eine Schichtstärke von 100 µm maximale Bruchdehnungen in Aufbaurichtung an der unteren Grenze des Bereiches und für 80 µm an der oberen Grenze gefunden werden. Werden die Flächenenergieeinträge (Gl. 4.1) ausgewertet, zeigen sich allerdings nahezu identische Werte von ca. 0,03 bis 0,034 J/mm². Die prozentuale Abweichung zwischen den Orientierung ergibt sich innerhalb des optimalen Bereiches zu unter 30 % und liegt somit deutlich höher als beim PA 2200, wobei jedoch insgesamt betrachtet deutlich höhere Bruchdehnungswerte wie für PA 12 erreicht werden.

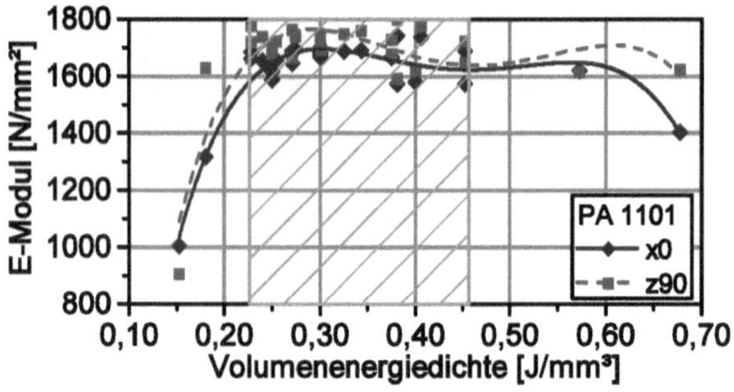

Abb. 4.10 Korrelation zwischen dem E-Modul in Abhängigkeit der Zugstaborientierung und der Volumenenergiedichte für die Verarbeitung von EOS PA 1101

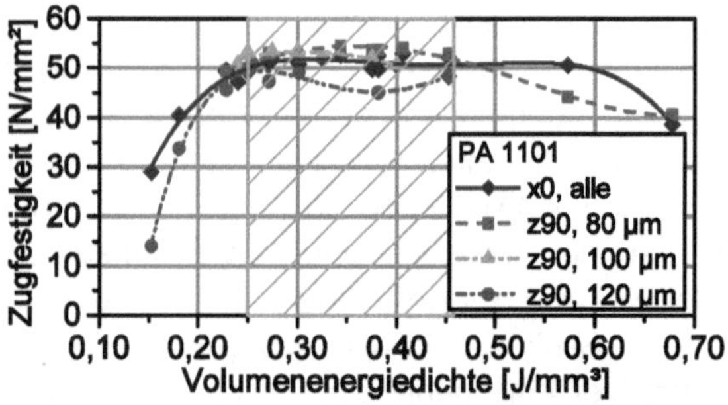

Abb. 4.11 Korrelation zwischen der Zugfestigkeit in Abhängigkeit der Zugstaborientierung und der Schichtstärke und der Volumenenergiedichte für die Verarbeitung von EOS PA 1101

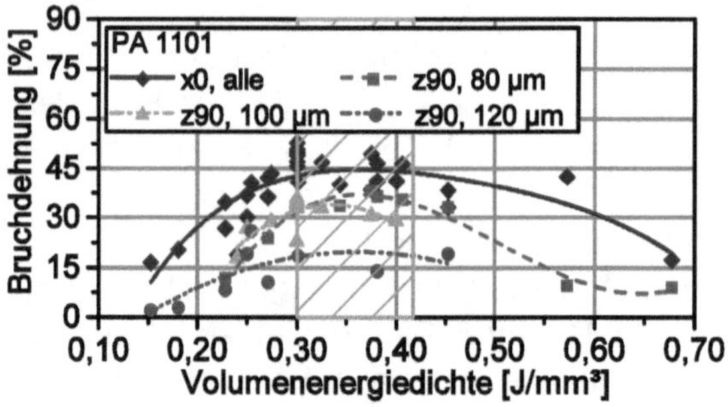

Abb. 4.12 Korrelation zwischen der Bruchdehnung in Abhängigkeit der Zugstaborientierung sowie der Schichtdicke und der Volumenenergiedichte für die Verarbeitung von EOS PA 1101

Das optimale Energiedichtefenster bestimmt sich somit entsprechend der Einstellung optimaler Bruchdehnungswerte zu 0,3 bis 0,42 J/mm³ und ist somit fast doppelt so groß wie für PA 2200. Somit lässt sich für PA 1101 einfacher eine robuste Prozessführung einstellen. Im Vergleich zur Studie aus [14] zum selben Material verschiebt sich das Energiedichtefenster zu niedrigeren Energieeinträgen und verkleinert sich gleichzeitig. Allerdings können entgegen der vorherigen Studie für zahlreiche Parametersätze Bruchdehnungen in Aufbaurichtung mit Werten über 30 % erreicht werden.

4.4.4 Polyamid 11: Arkema Rilsan Invent black

Als weiteres Material wurde ein schwarz eingefärbtes PA 11 vom Typ Arkema Rilsan Invent Black betrachtet. Die zugehörigen Ergebnisse sind in Abb. 4.13 bis Abb. 4.16 dargestellt. Hierbei ergibt sich gegenüber dem uneingefärbten PA 1101 ein noch robusteres Prozessverhalten. Zersetzungseffekte scheinen hier weniger stark in Erscheinung zu treten. Für die Bauteildichte werden in einem Volumenenergiedichtebereich von 0,25 bis 0,63 J/mm³ hohe Werte erreicht, Abb. 4.13. Hierbei zeigen sich kaum Unterschiede zwischen den Verläufen für 4 bis 25 mm Scanvektorlänge. Lediglich die Werte für 50 mm liegen aufgrund des anderen Messverfahrens niedriger.

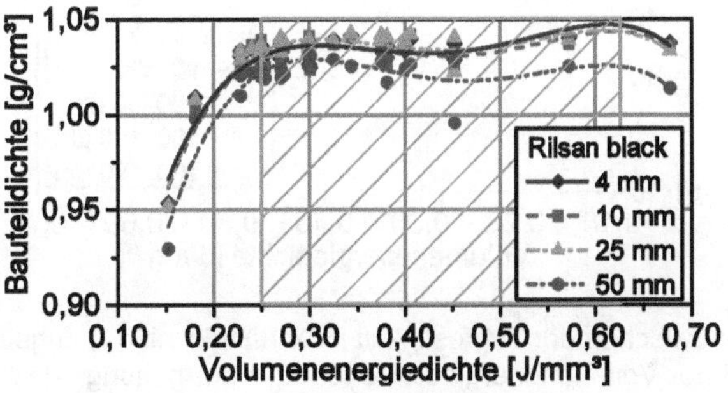

Abb. 4.13 Korrelation zwischen der Bauteildichte in Abhängigkeit der Scanvektorlänge und der Volumenenergiedichte für die Verarbeitung von Arkema Rilsan Invent Black

Auch für den E-Modul zeigt sich ein robusteres Verhalten, Abb. 4.14. Für Energiedichten zwischen 0,23 und 0,58 J/mm³ wird ein annähernd konstantes Kennwertniveau von 1600 bis 1800 N/mm² erzielt, wobei die E-Modulwerte der Aufbaurichtung stets über den entsprechenden Werten der Bauebene liegen. Auch für die Zugfestigkeit ergibt sich ein großes nutzbares Energiedichtefenster zwischen 0,25 und 0,68 J/mm³, wobei optimale Kennwerte in Aufbaurichtung nur für Schichtdicken von 80 bzw. 100 µm erreicht werden, Abb. 4.15. Hierbei werden orientierungs-unabhängig Werte zwischen 52 und 54 N/mm² erzielt. Dagegen zeigt sich für Schichtstärken von 120 µm für Energiedichten von 0,25 bis 0,4 J/mm³ ein Abfall der Kennwerte.

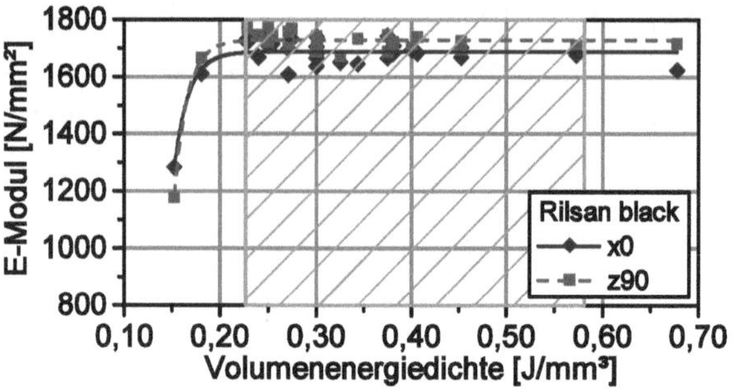

Abb. 4.14 Korrelation zwischen dem E-Modul in Abhängigkeit der Zugstaborientierung und der Volumenenergiedichte für die Verarbeitung von Arkema Rilsan Invent Black

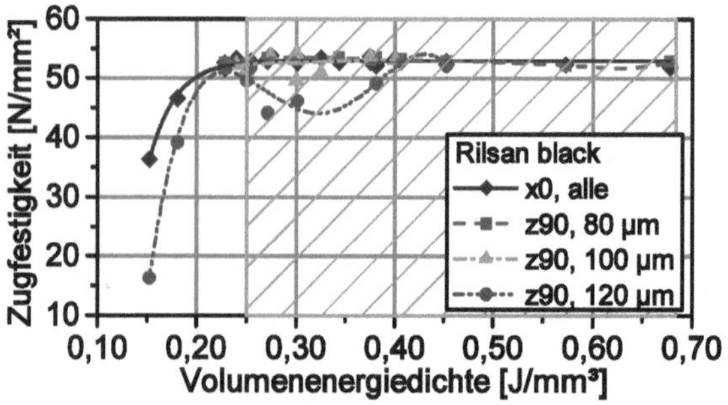

Abb. 4.15 Korrelation zwischen der Zugfestigkeit in Abhängigkeit der Zugstaborientierung sowie der Schichtdicke und der Volumenenergiedichte für die Verarbeitung von Arkema Rilsan Invent Black

Im Fall der Bruchdehnung wird in der Bauebene unabhängig von der Schichtstärke im Bereich von 0,3 bis 0,58 J/mm³ ein konstantes Kennwertniveau von ca. 38 % und damit im Vergleich zu PA 1101 etwas niedrigere Werte erreicht, Abb. 4.16. Die Bruchdehnung in Aufbaurichtung hängt wiederum stark von der Schichtstärke ab. Für eine Schichtstärke von 120 µm kann nur für den höchsten Energieeintrag von 0,45 J/mm³ eine Bruchdehnung von über 30 % eingestellt werden. Ansonsten liegen die Kennwerte hier stets unter 20 %. Für Schichtstärken von 100 µm werden insbesondere in einem Bereich von 0,3 bis 0,4 J/mm³ Kennwerte zwischen 25 und 34 % erzielt. Bei Schichtstärken von 80 µm werden sogar noch höhere Bruchdehnungen von 34 bis 36 % erreicht. Die prozentuale Abweichung beträgt hierbei teilweise unter 10 %, sodass hier die geringste Anisotropie aller Materialien im Vergleich erreicht wird. Hierzu ist im Vergleich zu 100 µm ein höherer Energieeintrag von 0,38 bis 0,58 J/mm³ erforderlich, wobei die notwendigen Flächenenergieeinträge wie für PA 1101 wiederum den Werten für 100 µm ähneln. Insgesamt betrachtet, wird eine optimale und robuste Prozessführung für Energieeinträge zwischen 0,3 und 0,58 J/mm³ und Schichtstärken von 80 bzw. 100 µm erzielt. Somit ist das robuste Energiedichtefenster für Rilsan Invent Black nochmals größer als für PA 1101.

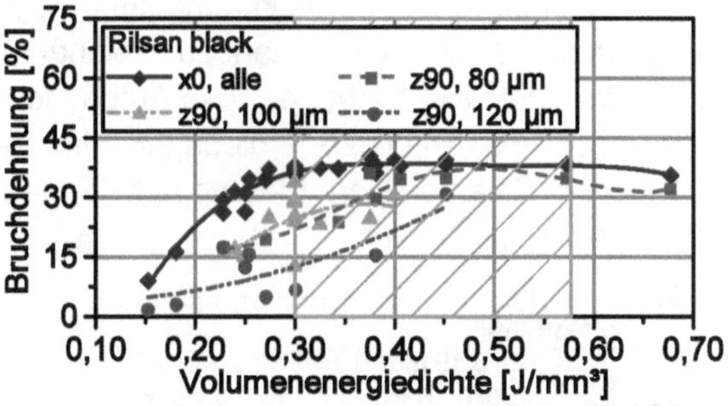

Abb. 4.16 Korrelation zwischen der Bruchdehnung in Abhängigkeit der Zugstaborientierung sowie der Schichtdicke und der Volumenenergiedichte für die Verarbeitung von Arkema Rilsan Invent Black

4.4.5 Polyethylen: ROWAK Rolaserit PE

Des Weiteren wurde ein experimentelles Polyethylen-Pulver untersucht. Die für dieses Material ermittelten Kennwerte sind in Abb. 4.17 bis Abb. 4.20 dargestellt. Trotz vorheriger Studien zu Polyethylen im Laser-Sintern zeigen die dargestellten Kennwerte hierbei erstmals überhaupt Kennwerte für die Aufbaurichtung, während zuvor stets nur die mechanischen Eigenschaften innerhalb der Bauebene betrachtet wurden. Bezüglich der Dichte zeigen die betrachteten Parameter keinen signifikanten Einfluss. Die Bauteildichte liegt unabhängig von der Energiedichte und dem Hatchabstand bei Werten von 0,920 bis 0,925 g/cm³, Abb. 4.17.

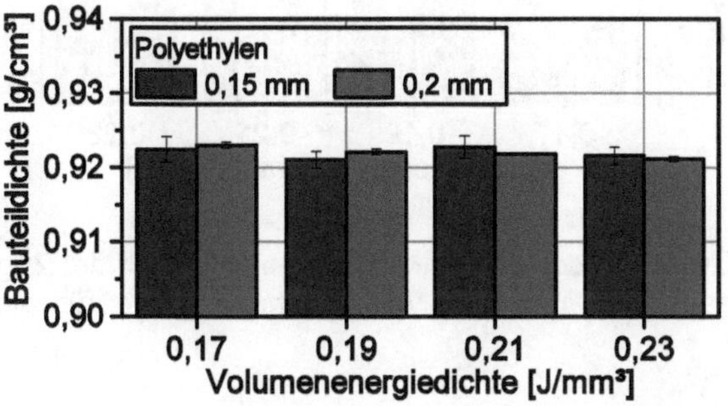

Abb. 4.17 Korrelation zwischen der Bauteildichte für unterschiedliche Hatchabstände und der Volumenenergiedichte für die Verarbeitung von ROWAK Rolaserit PE

Für den E-Modul des untersuchten Polyethylen zeigen sich dagegen deutlichere Unterschiede. Insbesondere für eine Energiedichte von 0,17 J/mm³ und einen Hatchabstand von 0,15 mm kann unabhängig von der Orientierung ein E-Modul von 1240 N/mm² erzielt werden, Abb. 4.18. Für alle anderen Parametersätze sind die Abweichungen zwischen der Bauebene und der Aufbaurichtung dagegen größer. Für die Zugfestigkeit werden innerhalb der Bauebene nahezu unabhängig von den Parametern Werte von 18 bis 20 N/mm² erreicht, Abb. 4.19. In Aufbaurichtung liegen die Werte bei etwa 15 N/mm² und somit ca. 16 bis 25 % niedriger. Eine Variation der Parameter führt hierbei zu keinerlei signifikanten Veränderung der Kennwerte.

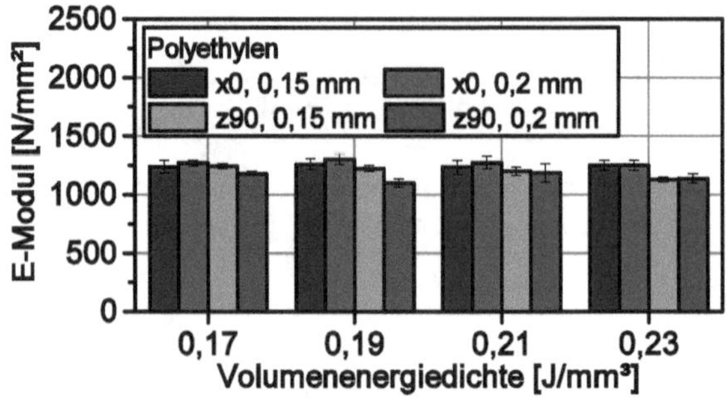

Abb. 4.18 Korrelation zwischen dem E-Modul in Abhängigkeit der Zugstaborientierung für unterschiedliche Hatchabstände und der Volumenenergiedichte für die Verarbeitung von ROWAK Rolaserit PE

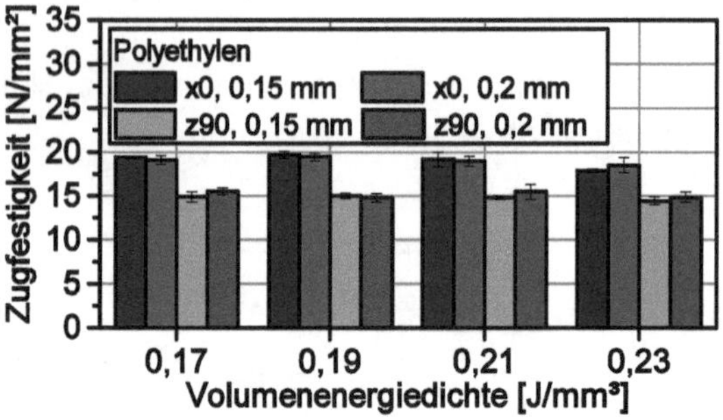

Abb. 4.19 Korrelation zwischen der Zugfestigkeit in Abhängigkeit der Zugstaborientierung für unterschiedliche Hatchabstände und der Volumenenergiedichte für die Verarbeitung von ROWAK Rolaserit PE

Dementgegen bewirken die untersuchten Parametereinstellungen für die Bruchdehnung eine stärkere Veränderung der Kennwerte, Abb. 4.20. Für einen Hatchabstand von 0,15 mm steigt die Bruchdehnung innerhalb der Bauebene mit abnehmendem Energieeintrag auf bis zu 5,5 % bei einer Volumenenergiedichte von 0,17 J/mm³ an. Dagegen wird für einen Hatchabstand von 0,2 mm fast unabhängig von der Energiedichte eine Bruchdehnung für x0 von ca. 4,5 % erreicht. In Aufbaurichtung liegen die

Werte bei ca. 2,5 % für einen Hatchabstand von 0,15 mm bzw. 3,0 % für 0,2 mm, wobei die Kennwerte kaum durch den Energieeintrag beeinflusst werden. Der Grad der Anisotropie schwankt hierbei zwischen 33 und 50 %. Insgesamt betrachtet, werden die besten Bauteileigenschaften jedoch bei einer Parameterkombination von 0,17 J/mm³ und 0,15 mm Hatchabstand erzielt. Hierbei treten größere prozentuale Abweichungen zwischen den Orientierungen auf als bei den anderen untersuchten Materialien. Untersuchungen in [7] zeigen jedoch, dass auch für PA 12 eine ähnlich starke Anisotropie auftreten kann.

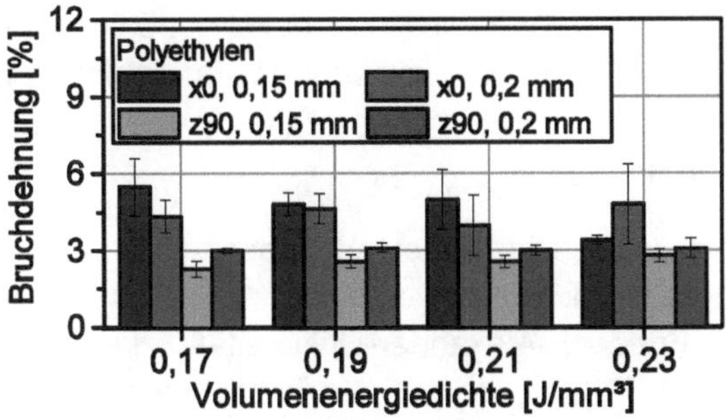

Abb. 4.20 Korrelation zwischen der Bruchdehnung in Abhängigkeit der Zugstaborientierung für unterschiedliche Hatchabstände und der Volumenenergiedichte für die Verarbeitung von ROWAK Rolaserit PE

4.5 Zusammenfassung

Im Rahmen der Studie wurden fünf unterschiedliche Laser-Sinter-Materialien darunter auch ein experimentelles noch nicht kommerzielles Polyethylen-Pulver untersucht. Zu den verschiedenen Materialien wurden jeweils Verarbeitungsversuche mit unterschiedlichen Prozessparametereinstellungen durchgeführt. Auf Basis der Ergebnisse zeigt sich das die beiden betrachteten alternativen kommerziellen Polyamid 11-Materialien sowie das Arkema PA 12 gegenüber dem Standard-Polyamid 12 ein teilweise deutlich größeres Verarbeitungsfenster aufweisen. Insbesondere sind die Materialien weniger anfällig gegen zersetzungsbedingte Effekte und weisen somit eine wesentlich höhere Energiedichtegrenze auf. Dieser Effekt ist beim Arkema Rilsan Invent Black besonders ausgeprägt. Des Weiteren zeigt sich, dass durch Verwendung von Polyamid 11 eine deutlich höhere Bruchdehnung teils sogar mit einer geringeren Anisotropie als bei PA 12 erzielt werden kann, während sich für das alternative PA 12 eine deutlich stärkere Anisotropie einstellt. Dennoch zeigte sich im Rahmen der Verarbeitungsversuche auch, dass bei der Verarbeitung von PA 11 und insbesondere auch dem Arkema PA 12 auf der EOS Formiga P100 vor allem bei massiven Teilen mit einem verstärkten Verzug zu rechnen ist. Für die Verarbeitung von Polyethylen wurde im Rahmen der Studie erstmals eine umfassendere Betrachtung zu den Bauteileigenschaften insbesondere auch zu Kennwerten in Aufbaurichtung durchgeführt.

Es zeigte sich für das noch experimentelle Material eine robuste problemlose Verarbeitung. Die hergestellten Teile zeigen entgegen anderen Ergebnissen zu Polyethylen keine extreme Sprödigkeit. Die Bauteile weisen bei einer sehr guten Formhaltigkeit eine ausreichende Duktilität selbst in Aufbaurichtung sowie für einfache Prototypen gut geeignete Festigkeits- und Steifigkeitskennwerte auf. Insgesamt betrachtet, konnte das Prozesswissen beim Laser-Sintern insbesondere für die Verarbeitung alternativer und neuer Laser-Sinter-Materialien erweitert werden.

In Zukunft soll das Prozesswissen für die untersuchten Materialien noch erweitert werden. So sind Untersuchungen zu den Langzeiteigenschaften der Polyamid 11-Typen geplant. Gleichzeitig sollen die Verarbeitungsbedingungen des Polyethylen noch weiter erforscht und die Kommerzialisierung vorangetrieben werden.

4.6 Danksagungen

Teile der Langfassung wurden in einem gemeinschaftlichen Projekt zwischen dem Lehrstuhl für Fertigungstechnik der Universität Duisburg-Essen und dem Lehrstuhl für Kunststofftechnik der Friedrich-Alexander-Universität Erlangen-Nürnberg erarbeitet. Das IGF-Vorhaben (17945N) mit dem Titel „Ressourcenschonende Kleinserienproduktion durch Kunststoff-Laser-Sintern - Stabilisierung der Langzeiteigenschaften von lasergesinterten Bauteilen" der Forschungsvereinigung Institut für Energie und Umwelttechnik e.V. (IUTA) wurde über die AiF im Rahmen des Programms zur Förderung der Industriellen Gemeinschaftsforschung (IGF) vom Bundesministerium für Wirtschaft und Energie aufgrund eines Beschlusses des Deutschen Bundestages gefördert.

4.7 Literaturverzeichnis Kapitel 4

[1] Abele, E.; Reinhart, G.: Zukunft der Produktion - Herausforderungen, Forschungsfelder, Chancen, München, Carl Hanser Verlag, 2011.

[2] Wohlers, T.: Wohlers Report 2011 – State of the Industry, Fort Collins, Colorado, Wohlers Associates Inc., 2011.

[3] VDI 3405 Blatt 1, Additive Fertigungsverfahren, Rapid Manufacturing – Laser-Sintern von Kunststoffbauteilen: Güteüberwachung, 2012.

[4] Goodridge, R.D.; Tuck, C.J.; Hague, R.J.M.: Laser Sintering of Polyamides and other Polymers, In: Progress in Material Science, Bd. 57 (2012) Nr. 2, S. 229-267.

[5] Wegner, A.: Theorie über die Fortführung von Aufschmelzvorgängen als Grundvoraussetzung für eine robuste Prozessführung beim Laser-Sintern von Thermoplasten, Dissertation, Universität Duisburg-Essen, 2015.

[6] Wegner, A.; Grimm, T.; Witt, G.: Improvement of the Reproducibility of Laser Sintered Polyamide 12 Parts by Establishment of Robust Processing Conditions using Propagation of Error Method, In: Demmer, A. (Hrsg.): Proceedings of the Fraunhofer Direct Digital Manufacturing Conference 2014, Berlin, 2014.

[7] Wegner, A.; Witt, G.: Laser Sintered Parts with Isotropic Mechanical Properties, In: Technical Paper - Society of Manufacturing Engineers TP12PUB43, 2012, S. 1-16.

[8] Wegner, A.; Witt, G.: Ursachen für eine mangelnde Reproduzierbarkeit beim Laser-Sintern von Kunststoffbauteilen, In: RTejournal, Bd. 10 (2013).

[9] Wegner, A.; Witt, G.: Correlation of Process Parameters and Part Properties in Laser Sintering using Response Surface Modeling, In: Physics Procedia, Bd. 39 (2012), S. 480-490.

[10] Wegner, A.; Witt, G.: Understanding the Decisive Thermal Processes in Laser Sintering of Polyamide 12, In: Proceedings of the Polymer Processing Society 30th Annual Meeting PPS-30, Cleveland, Ohio (USA), Polymer Processing Society, 2014, S. S15-228.

[11] Keller, B.: Rapid Prototyping: Grundlagen zum selektiven Lasersintern von Polymerpulver, Dissertation, Universität Stuttgart, 1998.

[12] Goodridge, R.D.; Hague, R.J.M.; Tuck, C.J.: An Empirical Study into Laser Sintering of Ultra-High Molecular Weight Polyethylene (UHMWPE), In: Journal of Materials Processing Technology, Bd. 210 (2010), S. 72-80.

[13] Grießbach, S.: Korrelation zwischen Materialzusammensetzung, Herstellungsbedingungen und Eigenschaftsprofil von lasergesinterten Polyamid-Werkstoffen, Dissertation, Martin-Luther-Universität Halle-Wittenberg, 2012.

[14] Wegner, A.; Harder, R.; Witt, G.; Drummer, D.: Determination of Optimal Processing Conditions for the Production of Polyamide 11 Parts using the Laser Sintering Process, In: International Journal of Recent Contributions from Engineering, Science & IT (iJES), Bd. 3 (2015) Nr. 1, S. 5-12.

[15] Dupin, S.: Etude Fondamentale de la Transformation du Polyamide 12 par Frittage Laser: Mécanismes Physico-Chimiques et Relations Microstructures/ Propriétés, Dissertation, Universitäy Lyon, 2012.

[16] Dupin, S.; Lame, O.; Barrès, C.; Charmeau, J.-Y.: Microstructural Origin of Physical and Mechanical Properties of Polyamide 12 Processed by Laser Sintering, In: European Polymer Journal, Bd. 48 (2012) Nr. 9, S. 1611-1621.

[17] Dupin, S.; Barrès, C.; Lame, O.; Boutaous, M.; Charmeau, J.-Y.: Fundamental Study of the Processing of Polyamide 12 by Selective Laser Sintering: Analysis of the Relations between Polymer Features, Process Conditions and Final Properties of Parts, In: Proceedings of the Polymer Processing Society 29th Annual Meeting PPS-29, Nürnberg (Deutschland), Polymer Processing Society, 2013.

[18] Rietzel, D.: Werkstoffverhalten und Prozessanalyse beim Laser-Sintern von Thermoplasten, Dissertation, Friedrich-Alexander-Universität Erlangen-Nürnberg, 2011.

[19] Hao, L.; Savalani, M.; Zhang, Y.; Tanner, K.E.; Harris, R.A.: Effects of Material Morphology and Processing Conditions on the Characteristics of Hydroxyapatite and High-Density Polyethylen Biocomposites by Selective Laser Sintering, In: Proceedings of the Institution of Mechanical Engineers, Part L: Journal of Materials Design and Applications, Bd. 220 (2006), S. 125-137.

5 Powder ageing and material properties of laser sintered polyamide 12 using low refresh rates

Stefan Josupeit[1,2], Sabine Tutzschky[3], Monika Gessler[3], Hans-Joachim Schmid[1,2]

[1] Direct Manufacturing Research Center (DMRC), University of Paderborn, Warburger Str. 100, 33098 Paderborn, Germany

[2] Particle Technology Group (PVT), University of Paderborn, Warburger Str. 100, 33098 Paderborn, Germany

[3] EOS Electro Optical Systems GmbH, Robert-Stirling-Ring 1, 82152 Krailling, Germany

Abstract: Powder ageing effects due to thermal load usually lead to a limited recyclability of unmolten polyamide 12 powders in the laser sintering process. In this work, the recycling optimized material PA 2221 is analyzed regarding its ageing behavior along a series of more than ten build/refresh cycles using a refresh ratio of about 30 %. Thereby, the melt viscosity is measured before and after every cycle and the "steady-state" condition is determined accordingly. In addition, the material properties of parts manufactured with PA 2221 are discussed dependent on different process parameters and compared to parts made of standard PA 2200 material with a refresh rate of about 50 %. These parameters include the mechanical properties as well as for example the impact strength and geometrical properties as function of layer thickness and testing temperature. As a result, the optimal process conditions and achievable material properties for PA 2221 can be derived from this work.

Keywords: laser sintering, powder ageing, thermal load, part properties, melt volume rate, recycling

5.1 Introduction

Powder ageing in the polymer laser sintering process is an important topic regarding the recyclability of material and the overall process quality in general. Usually, mixtures of new and recycled (aged) polyamide 12 powders are used. However, it is not enough to set a defined "refresh ratio" because the material ages differently, for example dependent on build height and time or the part packing density. If a constant material quality is required, each powder mixture has to be qualified using powder characterization methods. Thereby, the measurement of the melt volume rate (MVR) is a proven and well known method to determine the powder quality.

However, the ageing behavior of polyamide 12 powders and its influence on part quality characteristics after many build and refresh cycles is widely unknown. In addition, a refresh optimized material (PA 2221) came into the market, which allows very low refresh rates of about 30 % compared to 50 % using standard PA 2200 material. Although this new material allows a significantly lower powder consumption, the optimal processing conditions and achievable part properties are not well known so far.

In this work, the ageing behavior of PA 2221 powder processed with a refresh rate of 32 % is analyzed along 13 build/refresh cycles as a first step. Thereby, the long-time conditions of the powder and part quality characteristics are analyzed along the build cycles.

In a second step, the results of the first part are used to obtain a set of advanced material properties, for example the mechanical tensile and impact behavior. In addition, the optimal processing conditions and ageing characteristics during build are investigated. To simplify an applicability of the results, all values are compared to standard PA 2200 material investigated in previous studies [1].

5.2 State of the art

Long process cycle times at very high temperatures close to the melting temperature lead to material ageing of un-sintered polyamide 12 material in the polymer laser sintering process. Thus, the recyclability of the powder is reduced; mixtures of new and recycled powder are the state of the art. The material ageing is steered by a thermal-oxidative induced reduction of the molecular chain length and a cross-linking due to post-polymerization at the same time. Overall, the molecular weight of aged powder increases and thereby increases the melt viscosity of the material. These effects can for example be detected via melt flow rate (MVR), solution viscosity, DSC and gel permeation chromatography measurements. [1],[2],[3],[4],[5] The most used method to specify the powder age are melt flow rate (MVR) measurements, which are also recommended in standardization activities regarding quality control in laser sintering [10].

Dependent on the actual time and temperature conditions during build jobs, especially through different build heights or part packing densities, the material ages differently during the build process and therefore requires individual refresh strategies. Therefore, characterization methods for powder mixtures and a determination of possible limit values have been investigated to ensure a constant build quality. While surface defects are the most obvious criteria, also the mechanical properties were taken into account. Thereby it was shown that – if powder mixtures of different MVR ranges are used – the mechanical properties are quite robust, but surface defects are much more sensible regarding the powder quality. Also, there is a cross influence between powder quality and process parameters. However, no fixed limit MVR values can be specified as they depend on the used equipment and desired part quality. In addition, measured MVR values can deviate from lab to lab. Nevertheless, within one lab, MVR measurements have been proven to be highly reproducible. [5],[8],[9]

The long-time ageing behavior after processing the material during several build cycles has also been in the focus of research: Two studies analyzed the ageing behavior of polyamide 12 after up to 7 build cycles, but without refreshing [6],[7]. The key findings were significantly reduced mechanical properties, part densities and surface qualities over time. Also the MVR value decreased continuously. In another work, a build cycle series was performed using polyamide 12 with a refresh rate of 50 % in every cycle [3]. The melt viscosity of the used powder decreased until the third cycle and then levelled off to a nearly constant value. Interestingly, the mechanical properties of parts produced in the build jobs decreased strongly already after the first cycle [3]. In general, the results show that a constant material quality can only be achieved via refresh strategies.

Another approach is the reduction of ageing effects that increase the average molecular weight over time. For example, the recycling capability can be improved by addition of additives like metal soaps, use of a mono- or dicarboxylic-acid-regulated polyamide, or use of diacid-regulated and/or diamine-regulated polyamide. Thereby, post-condensation effects are reduced, in-process ageing effects are less intense and, as a result, the used material requires significantly lower refresh rates. [11],[12]

To summarize, there is much knowledge on thermal ageing of polyamide 12, its influence on part quality characteristics and also on the chemical and physical background. However, powder and part properties using refresh optimized materials with very low refresh rates are quite unknown. Also ageing effects of the material during the process dependent on significant process parameters need to be investigated in greater depth to understand and improve the overall process quality. Finally, detailed material data sets are required for the qualification of materials for specific applications.

5.3 Experimental set up

In this chapter, the experimental set-up for producing the test specimens and the characterization of powder and parts is described. At first, the job layouts and process parameters are given for both ageing analysis and advanced material property investigations (chapter 5.3.1). In addition, the material used for the tests and its preparation is described in detail. Regarding the determination of powder and part properties, the relevant characterization methods are presented in chapters 5.3.2 and 5.3.3.

5.3.1 Specimen production

For the production of test specimens, the material type and preparation, the machine type and its condition, the process parameters and the build job layout are the most influential factors. These are discussed in the following.

Job layout for part 1: ageing analysis

The build job for the analysis of powder and part properties along a series of many build and refresh cycles is shown in Fig. 5.1a. It contains four warpage plates in the lower build area, one powder box, 18 tensile specimens in flat (x) direction, 20 tensile specimens in upright (z) direction and four plates at the sides. These plates are intentionally located very close (15 mm) to the machine frame and with significant exposure time changes due to the flatwise tensile specimens on the same height. Thereby, the occurrence of surface defects like unevenesses and sink marks is provoked and can therefore be analyzed more detailed. In total, the job contains 47 parts and has a total height of 315 mm.

Job layout for part 2: advanced powder and part properties

Regarding the determination of advanced powder and part properties, the build job is presented in Fig. 5.1b. It is filled significantly denser compared to the other build job due to different part tests to be applied at different ambient temperatures. The bottom and center areas contain four powder boxes each. In between, 45 tensile specimens in upright (z) direction are evenly distributed within a reduced build area of 250 x 250 mm², which had been determined as "homogeneous" build area in previous investigations. The top area of the build job contains additional tensile specimens in flat (x) direction as well as compression and bending specimens in both x and z direction. To keep the exposure time constant for upright built specimens with smaller parts on the same z height, "dummy" parts (same exposure parameters, but 0 W laser powder) are included in the job as well. In total, the job contains 226 parts plus 47 dummy parts and has a total height of 354 mm.

Since the location of hatch lines is fixed regarding the machine coordinate system, the positioning of parts can result in more or less hatch lines per same part. Therefore, the positioning of parts is made "hatch-compliant" with a calculation tool from EOS. To prevent an oversize of thin parts due to overcure effects, flat oriented specimens are reduced by the height of one layer thickness to match the geometrical requirements of the used testing standards.

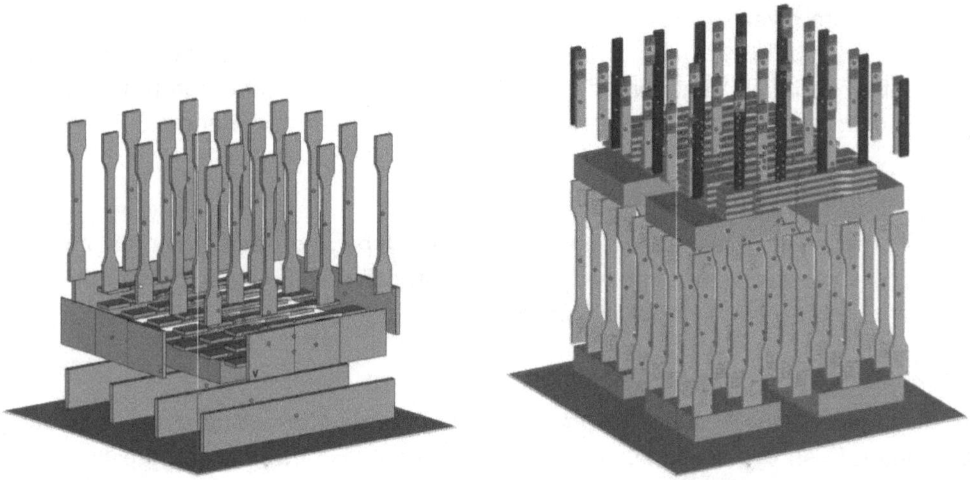

Fig. 5.1 Build job layouts for ageing analysis (a) and advanced powder and part properties (b)

Machine and process parameters

The laser sintering machine used for the production of specimens is an *EOSINT P395* from *EOS Electro Optical Systems GmbH*. It is equipped with a 50 W CO_2 laser and has a maximum build volume of 350 x 350 x 620 mm^3. The exposure parameters used are the "EOS part Property Profiles (PPPs)", which are sets of fixed parameters for the selected layer thickness. The most important process parameters and set temperatures are given in Tab. 5.1.

Tab. 5.1 Process parameters and settings for specimen production

Process parameter	Part 1: Ageing Analysis	Part 2: Advanced powder and part properties		
Material	PA 2221, refreshed with 32 % of new powder after every cycle	PA 2221, once aged "strongly" and refreshed with 29 % of new powder		
Exposure Parameters	EOS Part Property profiles (PPPs)			
Layer thickness	120 µm	100 µm	120 µm	150 µm
Build temperature	178 °C	180 °C	181 °C	182 °C
Resulting build time	~17:30 h	~27:00 h	~18:40 h	~15:00 h
Shrinkage factors	X/Y: 3,2 %, Z: 1,6...2,2 %			
Pre-heating time	4 h			
Removal chamber temperature	130 °C			
Cooling process	10 h within machine (nitrogen) + >24 h outside of machine until core temperature <40 °C			
Post process	Automated blasting within a rotating cage			
Conditioning of specimens	dry	conditioned in standard atmosphere for >4 weeks		

PA 2221 material

The material used in this work is PA 2221, also known as *PrimePart® PLUS* delivered by *EOS Electro Optical systems GmbH*. It is a refresh optimized polyamide 12 powder for application in laser sintering and allows reduced refresh rates of about 30 % compared to 50 % with the "standard" PA 2200 material.

In part 1 of this study, the ageing analysis, the PA 2221 material is used with a constant refresh ratio of 32 %, which is a practical value from customers for that specific batch. Due to the fact that virgin powder is difficult to process, a first "zero watts" ageing job has been performed to obtain used powder to start the build and refresh series. After every job, the used powder is homogenized together with the overflow powder within a modified concrete mixer, then refreshed and again homogenized according to the experimental plan. The overall mixture ratio in each cycle is 32 % new powder, 9 % overflow powder and 59 % partcake powder.

For part 2 of this study, the determination of advanced powder and part properties, one large batch of mixed powder is needed to ensure a constant powder quality along the whole test series. Therefore, the results of part 1 of this study were used: At first, virgin PA 2221 material (~60 cm³/10min) was aged in a P760 laser sintering machine at *EOS*. Thereby, a reduced layer thickness of 60 µm was used to directly age the powder to a "circulatory-like" used powder MVR value of ~12 cm³/10min. In a second step, the aged powder was refreshed with 29 % of virgin powder up to the found steady-state mixed powder MVR value of ~22 cm³/10min. This process was again performed at *EOS* using a *Mixing & Qualification System (MQS, IPCM P plus)*.

5.3.2 Powder characterization (MVR)

Regarding the characterization of powders for application in laser sintering, many different analysis methods can be applied to determine the ageing state. Thereby, the focus is not only on the polymer properties like the melting and crystallization behavior or the melt viscosity, but also on the particle properties like the flowability, particle size distribution or bulk density. Here, the measurement of the melt viscosity (MVR) is described.

The measurement of the melt viscosity is performed using a *Zwick Mflow* testing machine at 235 °C and a piston load of 5 kg. The sample mass is 4 g. Before testing, the material is predried within a laboratory furnace at 105 °C for 30 minutes in standard atmosphere. The testing method is based on the testing standard DIN EN ISO 1133 and *EOS* working instructions. Each given value is the average of a minimum of three single measurements. The samples tested are always well homogenized powders before the build (mixed powder) or after the build (used powder). In addition, the powder removed from the powder boxes is analyzed, which gives information about the ageing intensity as function of the position within the powder cake – and thereby, also the overall process times and individual cooling rates.

5.3.3 Part characterization

In the following sub-chapters, the methods for the analysis of the mechanical part properties (tensile and impact) and geometrical properties regarding warpage effects are presented. In addition, a visual inspection of the part surfaces has been performed in order to find possible unevenesses or defects.

Tensile properties

The static tensile properties of the PA 2221 specimens are determined according to DIN EN ISO 527 with an *Instron 5569* universal testing system with an *Advanced Video Extensometer* (AVE) to detect the strain. The truss speed is set to 1 mm/min for the measurement of the Young's Modulus until an elongation of 0,25 % and then increased to 50 mm/min for the determination of the tensile strength and elongation at break. Test specimens for the ageing analysis are tested dry (vacuumed after build); specimens for the material property investigation are tested conditioned (>4 weeks in standard atmosphere). Tests at temperatures different from standard atmosphere are performed within a removable climate chamber with electric heating and liquid nitrogen cooling functions.

Impact properties

The impact tests are performed on a *Zwick HIT* pendulum impact testing machine according to DIN EN ISO 179 (Charpy test). All specimens are tested flatwise and notched, otherwise very ductile specimens would not break at high temperatures. The pendulum size is chosen dependent on the actual impact strength. Each given value is the average of >6 measurements.

Warpage

Warpage of laser sintered parts especially occurs due to inhomogeneous temperature distributions and cooling rates during the manufacturing and cooling process. Here, a method developed by *EOS* is used: The samples have a size of 250 x 42 x 6 mm³ and are positioned in the "warpage intensive" bottom area of the part cake. The edges of the specimens typically warp up significantly, so that a measurement is possible. At first, the height profile of the top and down side of the plate is measured using a vernier height gauge. Second, a polynomial square function is fitted to the profile according to Fig. 5.2. The mathematical compression factor *a*, here labelled as "warpage factor", represents the warpage intensity. Thereby, a comparison of different powders and process parameters is possible.

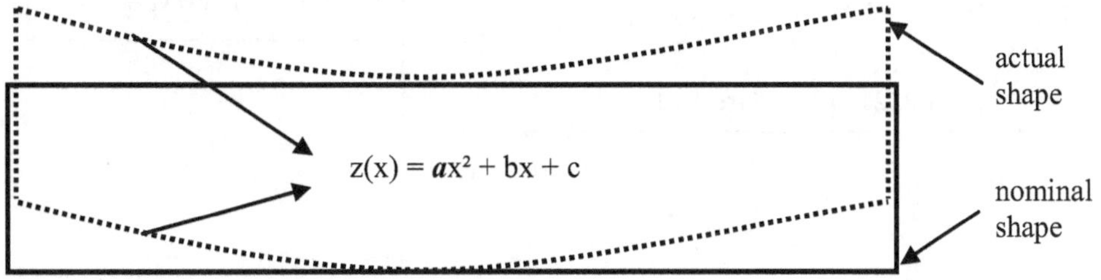

Fig. 5.2 Determination of the warpage intensity

Density

For the measurement of the part density, 3 small samples of about 5 x 5 x 5 mm^3 are cut out of each warpage plate. The density is measured according to the Archimedean law via weighting the samples in air and ethanol. Although the absolute density values measured with this method are discussed controversial, the results can be used for a relative comparison.

5.4 Results and discussion

In the following sub-chapters, the results of the powder and part analyses for both test series are presented and discussed in detail.

5.4.1 Part1: ageing analysis

Fig. 5.3 shows the MVR values of the homogenized mixed and aged powder before and after every build cycle. Starting with the material ageing without parts (ageing cycle 0), the material is refreshed with 32 % of new powder after every build job. As expected, the MVR of the aged and mixed powder decreases from job to job until the third build job. Then, the MVR value levels off at ~21.5 cm^3/10min (refreshed powder) and ~12 cm^3/10min (aged powder). It can be concluded that the powder is in a more or less steady-state condition from the 4th cycle on. The powder from the powder boxes shows a lower MVR, which decreases continuously until the 10th cycle. Possible reasons for the low values in general are the position in the inner part of the build job and the influence of the laser energy from the powder box itself.

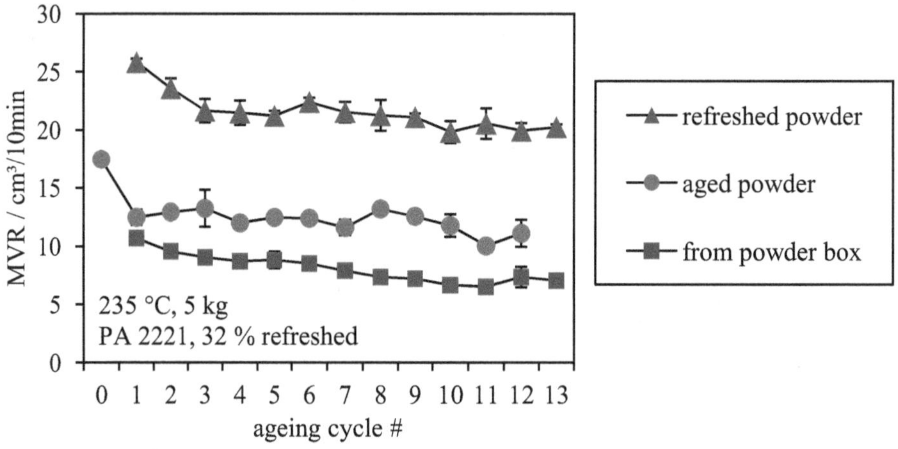

Fig. 5.3 MVR of used and refreshed powder as function of build/refresh cycles

The mechanical tensile properties linked to the presented MVR values are shown in Fig. 5.4. Until the 7th build cycle, the tensile strength and elongation at break are almost constant. Then, a slight but significant trend to more brittle properties is detected between the 7th and 9th build cycle. This trend is visible for both x and z oriented specimens. Besides powder ageing effects, also changes of the machine conditions may be the reason for this effect. However, the mechanical properties are robust considering the overall performance during the build cycles. In addition, no direct dependency between MVR values and mechanical properties is observed.

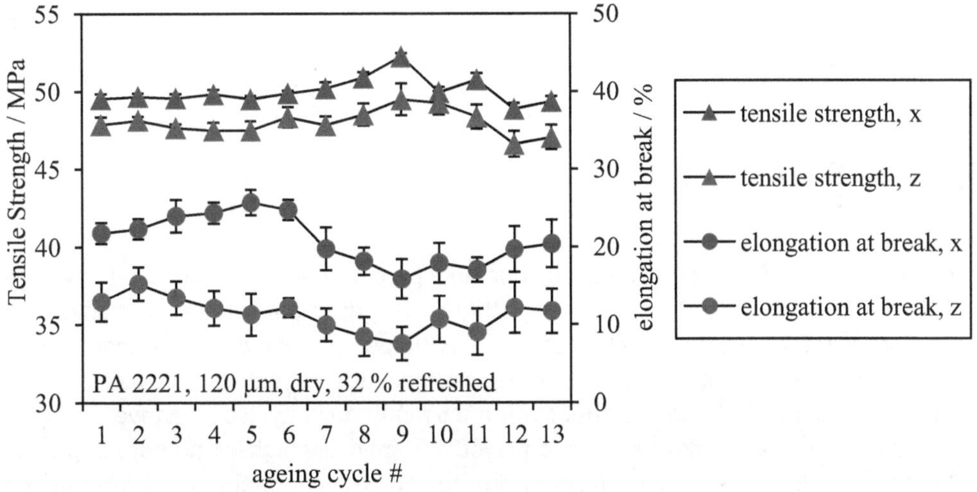

Fig. 5.4 Static tensile properties as function of build/refresh cycles

The part density shown in Fig. 5.5a decreases with a rising number of build cycles and also levels off after 3 ageing cycles. Then, only a slight decreasing trend can be presumed. This effect directly matches with the MVR values. Also the intensity of warpage shown in Fig. 5.5b shows a similar trend: The warpage intensity increases until the 3rd build cycle and levels off afterwards.

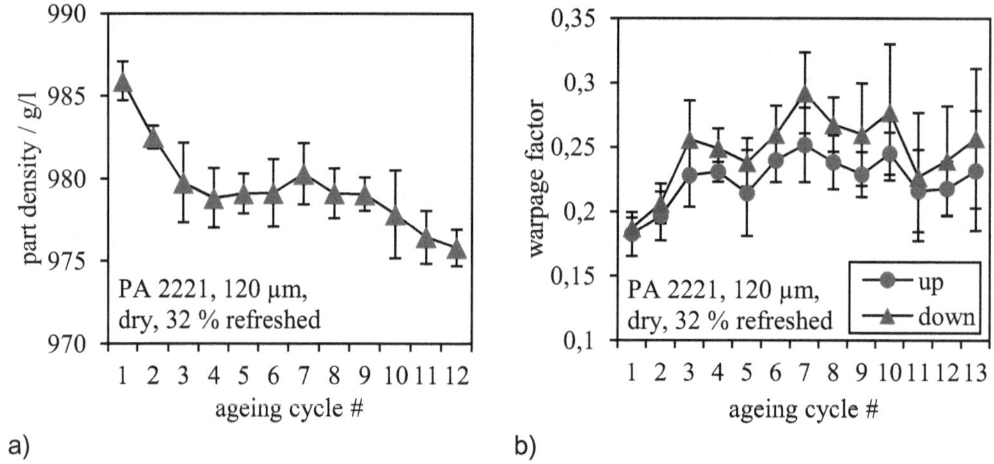

Fig. 5.5 Part density (a) and warpage intensity (b) as function of build cycles

In general, most of the significant powder and part properties reach a steady-state condition after the 3rd build cycle. Then, the investigated part quality characteristics remain constant. A visual inspection of the side plates did not indicate surface defects like unevenesses or sink marks. Therefore, the selected refresh rate of 32 % can be identified as suitable for the material even after many build cycles. However, in application, the influence of different build job layouts, especially higher and denser packed build jobs, has to be taken into account due to a higher thermal load of the material [4].

The steady state MVR of 21,5 cm³/10min for refreshed PA 2221 is significantly lower compared to the optimum MVR for refreshed PA 2200 (31 cm³/10min) determined in previous investigations. Therefore, new limit values for the MVR have to be considered for PA 2221.

5.4.2 Part2: advanced powder and part properties

As described in chapter 5.3.1, the powder used for the determination of advanced material properties is once "strongly" aged and with 29 % of new powder refreshed PA 2221 material. The process parameters investigated are the layer thicknesses 100, 120 and 150 µm and the build orientations x and z (part properties) respectively the position within the part cake (powder properties). The values for PA 2200 are taken from a previously performed study with the same methods for manufacture of specimens and their characterization.

Influence of layer thickness and build direction

At first, the results of the mechanical tests at room temperature for PA 2221 and

PA 2200 are given in Fig. 5.6. The Young's modulus (Fig. 5.6a) is not directly dependent on the used layer thickness. The values for x direction are only slightly higher than in z direction, which makes both materials very isotropic regarding build orientation. The Young's modulus seems to be slightly higher for PA 2221 material, but mostly the deviation between the materials is within the standard deviation and therefore not significant.

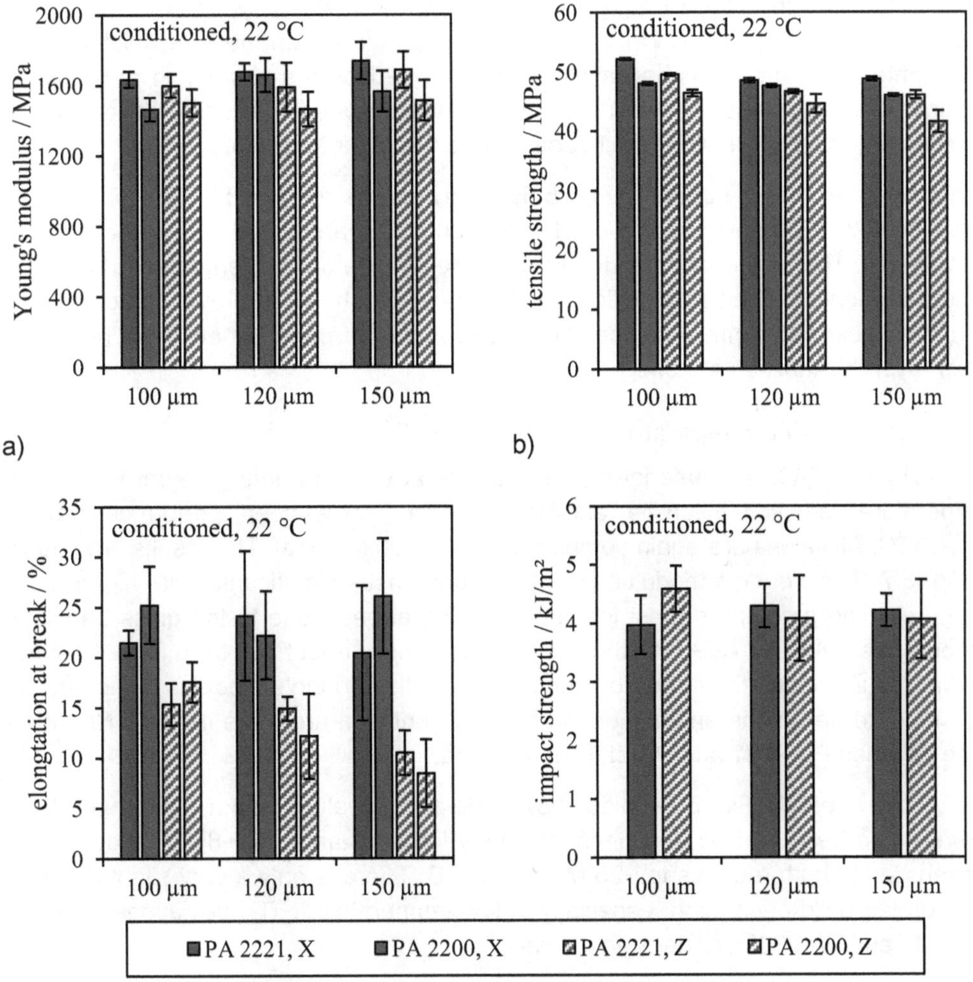

c) d)

Fig. 5.6 (a) Young's modulus, (b) tensile strength, (c) elongation at break and (d) impact strength of PA 2221 and PA 2200 material dependent on layer thickness

The tensile strength (Fig. 5.6b) is marginally dependent on the layer thickness, as higher layer thicknesses result in lower tensile strengths. Also, the absolute values are constantly 2-3 MPa lower in z direction compared to x direction. This effect may be traced back to different interlayer bonding intensities [13]. Regarding the material type, the values for PA 2221 are slightly higher than for PA 2200, but again there is no significance considering typical deviations from job to job or between different machine types.

The typically most sensitive value regarding the process quality is the elongation at break, especially in z direction [1]. Here, the different material types show no significant differences (Fig. 5.6c). While there is no dependency on the layer thickness for flat oriented specimens, higher layer thicknesses reduce the elongation at break for upright built specimens. Therefore, the difference between the tested build orientations is here much more significant compared to the other tensile properties.

Regarding the impact strength (Fig. 5.6d), only values for PA 2221 are shown because the PA 2200 specimens were tested unnotched and are therefore not directly comparable. The tested layer thicknesses as well as the build orientation do not influence the impact properties significantly. However, as shown in previous studies, the layer thickness may influence the impact properties stronger when even higher or lower layer thicknesses are used [1].

Influence of testing temperature and build direction

To qualify the PA 2221 material for applications at temperatures different from room temperature, additional tensile and impact tests have been performed from -30...90 °C. All values are again compared to PA 2200 material. The results are shown in Fig. 5.7. The Young's modulus (Fig. 5.7a) decreases significantly with higher temperatures. The gradient is most intense at temperatures close to the glass transition temperature (~45 °C). At 90 °C, the Young's modulus is about 500 MPa for both materials and build orientations. For low temperatures, the Young's modulus is higher, but the standard deviations and influence of build orientation are more intense. No difference between PA 2221 and PA 2200 is detected.

The tensile strength (Fig. 5.7a) also shows decreasing values with rising temperature, however the trend can be described as nearly linear. Starting at ~65 MPa at -30 °C, the tensile strength reduces to ~25 MPa at 90 °C. There is only a very slight dependency on the build orientation, especially at low temperatures. The deviations between PA 2221 and PA 2200 are negligible small.

As already shown in the chapter before, the elongation at break is here again the most sensible tensile parameter (Fig. 5.7c). For all testing temperatures, flat oriented specimens result in a higher elongation at break than upright oriented specimens. For temperatures below room temperature, PA 2221 and PA 2200 show almost the same values. At higher temperatures, the elongation at break is higher for PA 2221 material. As already observed regarding the Young's modulus, the change of the elongation at break is most intense at about glass transition temperature.

Also the impact strength (Fig. 5.7d) fits to the trend to more brittle properties at low temperatures and more ductile properties at high temperatures: Since the impact strength increases almost linearly between -30...60 °C, it increases intensely at even higher temperatures. Again, the build orientation has only a very slight influence, ensuring a good isotropy of the material.

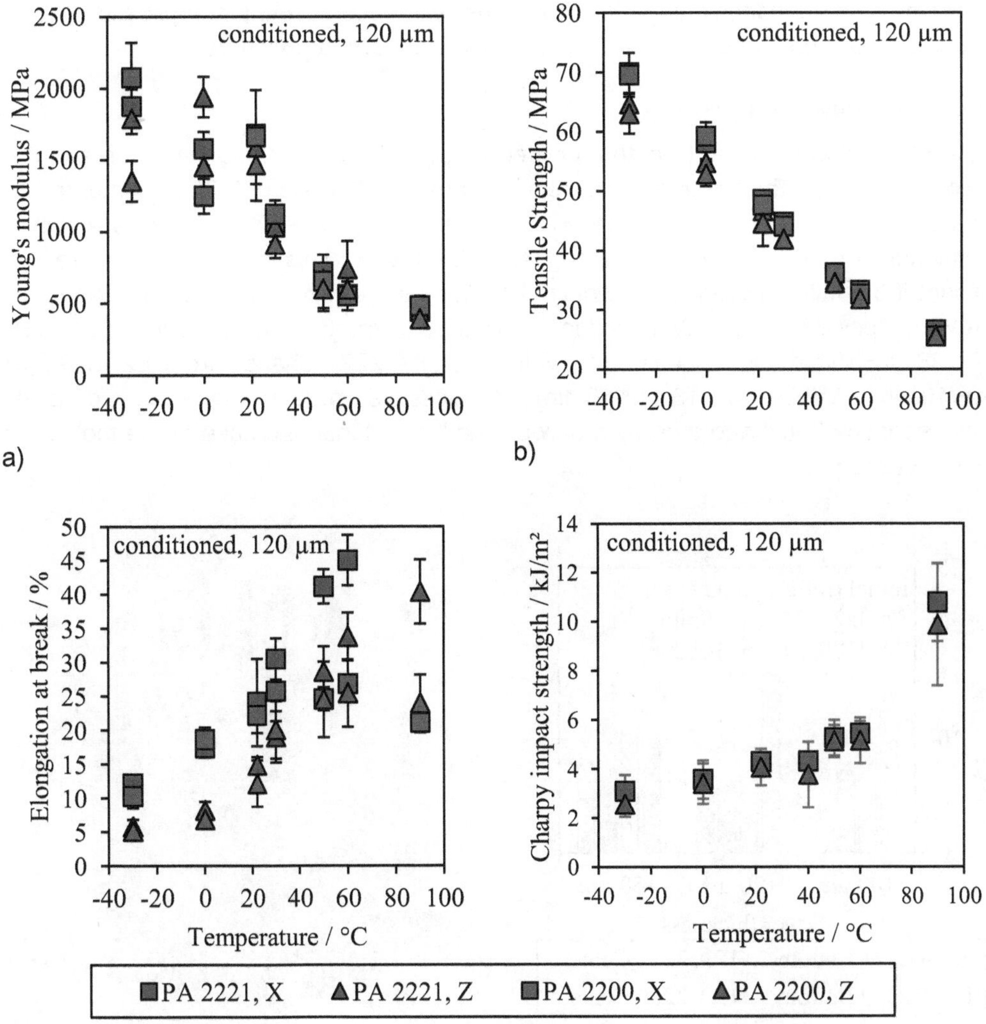

c) d)

Fig. 5.7 (a) Young's modulus, (b) tensile strength, (c) elongation at break and (d) impact strength of PA 2221 and PA 2200 material dependent on testing temperature

To summarize the mechanical properties of both materials dependent on layer thickness, build orientation and testing temperature, the values are – with exception of the elongation – nearly isotropic and mostly independent on the used layer thickness. The refresh optimized material PA 2221 processed with a refresh rate of 29 % shows almost the same properties as the standard PA 2200 material used with a refresh rate of 50 %. As a conclusion, PA 2221 material can be processed with a lower material consumption and without disadvantages regarding static mechanical part properties. However, also the conditioning state has to be taken into account in application. Here, all specimens were conditioned for >4 weeks in standard atmosphere.

In-process powder ageing

An analysis of the powder from the powder boxes in the bottom and center area of the build job confirms the occurrence of reduced ageing effects of PA 2221 compared to PA 2200. As shown in Fig. 5.8a, the MVR values of aged PA 2221 powder are significantly higher than the values for aged PA 2200 material. This effect is even more significant if the initial (refreshed powder) MVR values are taken into account: While for PA 2200 powder the MVR reduces from 31 to 3…14 $cm^3/10min$ (ΔMVR: 17…28 $cm^3/10min$) during build, the values for PA 2221 change from 22 to 9…19 $cm^3/10min$ (ΔMVR: 3…13 $cm^3/10min$). A possible reason are reduced post-condensation effects and thereby a slower and less intense increase of the molecular weight over time.

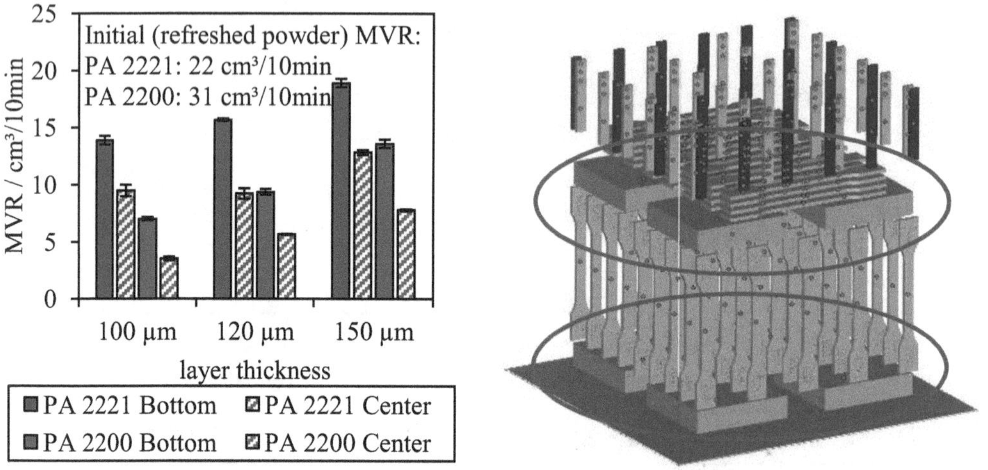

a) b)

Fig. 5.8 Comparison of used powder MVR values dependent on layer thickness (a) at defined positions (b)

The relative dependency of the material ageing on the position (Fig. 5.8b) within the build area and the layer thickness is equal for both materials. These effects can be traced back to different temperature-time profiles during build and cooling of the part cake: The smaller the layer thickness, the longer the build job and the "centered" the sample, the lower the cooling rate [14].

5.5 Conclusions and outlook

The ageing behavior and material properties of laser sintered polyamide 12 have been analyzed along a series of 13 build and refresh cycles. Thereby, refresh optimized PA 2221 material was used with a refresh rate of 32 %. It was found out that the material ageing regarding the melt viscosity, the mechanical properties as well as warpage effects level off to a steady-state condition after the third build cycle. Also, no surface defects could be observed even after 13 build cycles. However, the powder and part property history may be different if other build job layouts, especially other build heights and part packing densities, are used.

Secondly, a material data set has been obtained using 29 % refreshed PA 2221 material. The static mechanical and impact properties are only partly dependent on the used layer thickness and build orientation. In addition, the values are almost equal for PA 2221 and PA 2200. The good recyclability of PA 2221 material can be traced back to two effects: On the one hand, the optimum MVR for refreshed material is significantly lower compared to PA 2200 material. On the other hand, in-process ageing effects are reduced considerably. Thus, very low refresh rates are possible, here without any disadvantages regarding part quality characteristics.

In the future, an investigation of the precise temperature-time-dependency of the ageing kinetics is needed to predict the ageing behavior as function of actual temperature profiles during the build and cooling process. Therefore, a temperature measurement system has already been set up in order to understand and improve the overall process temperature characteristics [14].

5.6 Acknowledgement

The authors want to thank all industry partners of the DMRC as well as the federal state of North Rhine-Westphalia and the University of Paderborn for the financial and operational support within the project "AMP²: Advanced Additive Material and Part Properties – Reduced Refresh Rates & Cooling Process Regarding LS". Special thanks for the continuous assistance and contribution of EOS GmbH and Evonik Industries.

5.7 References chapter 5

[1] Rüsenberg S, Josupeit S, Schmid HJ (2014) A Method to Characterize the Quality of a Polymer Laser Sinter Process. Advances in Mechanical Engineering, Volume 6, ID 185374. doi:

10.1155/2014/185374

[2] Drummer D, Kühnlein F, Rietzel D, Hüdler G (2010) Untersuchung der Materialalterung bei pulverbasierten Schichtbauverfahren. RTejournal 7. http://www.rtejournal.de/ausgabe7/2601. Accessed 29 May 2015

[3] Wudy K, Drummer D, Kühnlein F, Drexler M (2014) Influence of degradation behavior of polyamide 12 powders in laser sintering process on produced parts. AIP Conf. Proc. 1593:691-695. doi: 10.1063/1.4873873

[4] Pham DT, Dotchev KD, Yusoff WAY (2008) Deterioration of polyamide powder properties in the laser sintering process. Proceedings of the Institution of Mechanical Engineers, Part C: Journal of Mechanical Engineering Science 222/11:2163-2176. doi: 10.1243/09544062JMES839

[5] Dotchev K, Yusoff W (2009) Recycling of polyamide 12 based powders in the laser sintering process. Rapid Prototyping Journal 15/3:192-203. doi: 10.1108/13552540910960299

[6] Wegner A, Witt G (2012) Betrachtung zur Pulvernutzungsdauer beim Laser-Sintern und Einfluss der Prozessführung auf die Entstehung von Ausschussbauteilen. RTejournal 9. http://www.rtejournal.de/ausgabe9/3356. Accessed 29 May 2015

[7] Gornet TJ, Davis KR, Starr TL, Mulloy KM (2002) Characterization of laser sintering materials to determine process stability, Proceedings of the Solid Freeform Fabrication Symposium, pp 546-553. http://sffsymposium.engr.utexas.edu/Manuscripts/2002/2002-62-Gornet.pdf. Accessed 29 May 2015

[8] Josupeit S, Rüsenberg S, Rupp N, Gessler M, Schmid HJ (2014) Thermal Ageing of Polyamide 12 used for Polymer Laser Sintering - Influence on Part Quality Characteristics. Proceedings of the Annual Technical Conference of the American Society of Plastics Engineers (ANTEC), pp 2383-2388

[9] Wegner A, Grimm T, Witt G (2014) Improvement of the Reproducibility of Laser Sintered Polyamide 12 Parts by Establishment of Robust Processing Conditions using Propagation of Error Method. Proceedings of the Fraunhofer Direct Digital Manufacturing Conference (DDMC), pp 1-8

[10] VDI guideline 3405, page 1 (2013) Additive manufacturing processes, rapid manufacturing Laser sintering of polymer parts - Quality control

[11] Monsheimer S et al. (2012) Powder with improved recycling properties, process for its production, and use of the powder in a process for producing three-dimensional objects, Patent US 8173258 B2, registered Oct. 10, 2004

[12] Wudy K, Drexler M, Drummer D (2013) Strategien zur Realisierung konstanter Pulver- und Bauteileigenschaften beim selektiven Laserstrahlschmelzen von Kunststoffen. 2. Industriekolloquium des Sonderforschungsbereichs 814 – Additive Fertigung, pp. 27-48

[13] Cooke W, Tomlinson RA, Burguete R, Johns D, Vanard G (2011) Anisotropy, homogeneity and ageing in an SLS polymer. Rapid Prototyping Journal 17/4:269-279. doi: 10.1108/13552541111138397

[14] Josupeit S, Schmid HJ, (2014) Three-Dimensional In-Process Temperature Measurement of Laser Sintered Part Cakes. Proceedings of the Solid Freeform Fabrication Symposium (SFF), pp. 49-58. http://sffsymposium.engr.utexas.edu/sites/default/files/2014-006-Josupeit.pdf. Accessed 29 May 2015

6 Untersuchung von Bauteilverzug und Kristallisation beim Laser-Sintern von Polyamid 12

Janick Ambrosy[1], Gerd Witt[1], Fabian Neugebauer[2]

[1] Universität Duisburg-Essen, Institut für Produkt Engineering, Lehrstuhl für Fertigungstechnik

[2] Universität Bremen, Airbus Stiftungsprofessur für Integrative Simulation und Engineering von Materialien und Prozessen

Abstract: Additive Fertigungsverfahren weisen, bedingt durch den schichtweisen Aufbauprozess, viele Vorteile gegenüber konventionellen Fertigungsverfahren auf. Allerdings tritt bei laser-gesinterten Kunststoffbauteilen häufig ein Verzug der Bauteilgeometrie in unterschiedlichen Ausprägungen auf. Bedingt durch die Anlagenheizungssysteme entstehen Temperaturunterschiede im Bauteil, sodass Bereiche des Bauteils zu unterschiedlichen Zeitpunkten während des Prozesses oder in der anschließenden Abkühlung kristallisieren. Somit tritt die spezifische Volumenänderung während der Kristallisation ungleichmäßig ein, wodurch Bauteilverzug entsteht. Ziel der vorliegenden Untersuchungen war die Betrachtung des entstandenen Bauteilverzugs in Abhängigkeit von der Positionierung in der Baukammer, der Probekörpergeometrie und der Entnahmetemperatur des Pulverkuchens aus der Laser-Sinter-Anlage. Um die experimentellen Beobachtungen zu stützen, wurde der Kristallisationsverlauf mit einem FEM-Modell berechnet. Die Ergebnisse lassen auf einen Zusammenhang zwischen Ausprägungsrichtung des Verzugs und Kristallisationsverlauf schließen.

6.1 Einleitung und Stand der Technik

Mit den additiven Fertigungstechnologien können dreidimensionale komplexe Bauteile und Baugruppen in einem Herstellungsprozess auf Basis von CAD-Daten hergestellt werden [1],[2]. Für den Prozess des Laser-Sinterns von Kunststoffen werden diese Daten i.d.R. in Schichten mit einer Stärke von 100 µm zerlegt. Zur Bauteilgenerierung werden die Schichten mit einem CO_2-Laser Schicht für Schicht belichtet und somit wird das physische Bauteil erstellt. Da beim Laser-Sintern die Stützfunktion durch das bauteilumgebende Pulverbett gewährleistet wird, ist eine verhältnismäßig restriktionsfreie Positionierbarkeit der Bauteile in der Baukammer möglich. Somit kann der gesamte bebaubare Raum der Laser-Sinter-Anlage genutzt und mehrere Bauteile und Baugruppen in einem Herstellungsprozess hergestellt werden [3]. Zudem können die Bauteile und Baugruppen ohne geometrische Einschränkungen, die durch Stützstrukturen entstehen würden, im Prozess generiert werden.

Während des Laser-Sinter-Prozesses wird thermoplastisches Kunststoffpulver durch Heizstrahler bis knapp unterhalb des Materialschmelzpunktes aufgeheizt [4]. Der Laser bringt die zum Phasenübergang des Materials notwendige Restenergie in den Prozess ein [5]. Im realen Laser-Sinter-Prozess treten jedoch lokale Temperaturunterschiede auf [2]. Wegner und Witt identifizierten eine inhomogene Temperaturverteilung mit Temperaturunterschieden von 10,6 K auf der Pulverbettoberfläche einer DTM Sinterstation 2500 [6]. Für diese Untersuchungen wurde ein Thermografiekamerasystem InfraTec Image IR 5300 mit einer optischen Auflösung von 320 x 256 Pixeln und einem Wellenlängenbereich von 2,5 - 5,5 µm in die Anlage integriert. Durch diesen Aufbau konnte unter einem Betrachtungswinkel von 0° zur Oberflächennormalen des Pulverbetts die Temperaturverteilung der gesamten Pulverbettoberfläche der Anlage unter Verwendung eines mit Ruß versetzten PA 2200 untersucht werden. Weiterführende Betrachtungen der Heizstrahlertemperaturen ergaben, dass für die jeweiligen Heizringe Temperaturdifferenzen von bis zu 20 K auftraten [7], [8].

Eine punktuelle Untersuchung der Pulverbettoberflächentemperatur während der Kalibrierung einer EOS P700 mittels Pyrometer zeigte Temperaturunterschiede von 7 K auf [9]. In Untersuchungen von Diller et al. [10] wurde die Temperaturverteilung im Pulverkuchen mit Resistance Temperature Detectors (RTD´s) betrachtet. Es wurden Temperaturen von 25 K unterhalb der Oberflächentemperatur gemessen, wobei die geringsten Werte im Randbereich in unmittelbarer Nähe zur metallischen Baukammer auftraten. Eine weitere Untersuchung zur Temperaturverteilung im Pulverkuchen während des Laser-Sinter-Prozesses wurde von Steinberger et al. [11],[12] durchgeführt. Dabei wurde im Prozess eine Wand generiert, in die von außen 12 Temperatursensoren mit Dübeln eingebracht wurden. Die Ergebnisse dieser Untersuchung zeigten Temperaturdifferenzen von bis zu 40 K in der Baukammer bei der Verarbeitung von Polymethylmethacrylat (PMMA) Copolymer.

Im Prozess des Laser-Sinterns kommt es aufgrund der inhomogenen Temperaturverteilung im Pulverkuchen zu unterschiedlichen Abkühlverläufen innerhalb der generierten Bauteile. Diese und die unterschiedlichen Verweildauern der jeweiligen Bauteilbereiche bzw. -schichten können bereits während des Prozesses oder in der an den Prozess anschließenden Abkühlphase zu zeitlich verschieden ablaufender Kristallisation führen. Während des Kristallisationsvorgangs erfährt der thermoplastische Kunststoff vom Typ Polyamid 12 eine spezifische Volumenänderung von 2,9 % [5]. Diese inhomogene Kristallisation innerhalb eines Bauteils kann zu der Entstehung von Bauteilverzug führen.

Eine Untersuchung von Soe [9] zeigte, dass eine boxenähnliche Struktur besonders kritisch für Verzug ist, wobei die seitlichen Wände als ausschlaggebende Größe detektiert wurden. Aufbauend wurde ein Probekörper entwickelt, der die seitlichen Wände der verzugskritischen Geometrie darstellte. Die Ergebnisse der Untersuchung zeigten, dass die Pulverbetttemperatur die wesentliche Einflussgröße für die Entstehung von Bauteilverzug darstellt. Weiterhin wurde eine Verzugsabnahme mit zunehmender Bauhöhe festgestellt, wobei diese am deutlichsten bei den mittig im Bauraum positionierten Probekörpern auftrat. Neben der Abhängigkeit von der Bauhöhe wurde eine Positionsabhängigkeit durch die Generierung von Probekörper im vorderen, mittleren und hinteren Bereich der Baukammer erkannt. Die aus den betrachteten Materialien PA 2200 und PA 3200 GF gefertigten Probekörper wiesen bei den durchgeführten Untersuchungen dieselbe Höhe des Verzugs auf, sodass keine Materialabhängigkeit festgestellt wurde. Andere Studien von Berzin et al. [13] und Jamal [14] nutzen flache rechteckige Platten als Probekörper.

6.2 Vorgehensweise

Für die folgenden Untersuchungen wurde ein Probekörper genutzt, der entsprechend dem Stand der Technik gestaltet war. Die Geometrie des Basisprobekörpers entsprach einer flachen quadratischen Platte mit einer Kantenlänge von 90 mm und einer Stärke von 5 mm, die nachfolgend zur Steigerung der Verzugssensitivität mit weiteren Merkmalen versehen wurde. Die Probekörper wurden auf einer modifizierten DTM Sinterstation 2500HS hergestellt und anschließend mit einer Koordinatenmessmaschine auf Bauteilverzug untersucht. Zur Fixierung der Probekörper auf dem Messtisch der Koordinatenmessmaschine wurde eine Haltevorrichtung entwickelt, die eine mögliche Beeinträchtigung des entstandenen Bauteilverzugs durch die Aufspannung verhinderte. Durch Koordinatenmesstechnik wurden 100 Messpunkte auf den Probekörpern erfasst und somit die resultierende Form der Probekörper ermittelt. Die Ergebnisse zeigten den Einfluss der Positionierung innerhalb der Baukammer und den Einfluss der Geometrie auf den Verzug. Weiterführend wurde der Einfluss der Entnahmetemperatur des Pulverkuchens auf den resultierenden Bauteilverzug untersucht.

6.2.1 Beschreibung der Probekörper und der Haltevorrichtung

Für die Untersuchungen des Bauteilverzugs wurden zunächst die Basisprobekörper genutzt, um eine Referenz für die weiteren Untersuchungen zu schaffen. In einem anschließenden Prozess wurde diese Geometrie zur Steigerung der Verzugssensitivität mit zusätzlichen Rippen ausgestattet. Der für die Vermessung im Aufnahmemodul fixierte verzugssensitive Probekörper ist in Abb. 6.1 gezeigt.

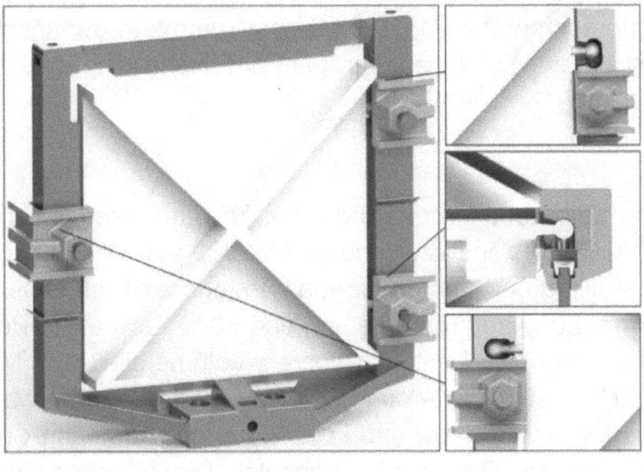

Abb. 6.1 Verzugssensitiver Probekörper fixiert in dem Aufnahmemodul für die Untersuchung auf Bauteilverzug durch Koordinatenmesstechnik

Um die Auslenkung des Probekörpers bei dem Kontakt der Tastkugel bei einer einseitigen Aufspannung zu verhindern, wurde der Probekörper über mehrere Kontaktpunkte fixiert, wodurch der Hebelarm des jeweiligen Antastpunktes zur Aufspannung reduziert wurde. Hierfür wurden an dem Probekörper seitlich drei Elemente in Kugelform konstruktiv vorgesehen, die über eine konische Ausformung mit dem eigentlichen Probekörper verbunden waren.

In dem Aufnahmemodul wurden die Negativformen dieser Elemente als Muster eingebracht, wodurch eine Beeinträchtigung der Probekörperform durch den entstandenen Bauteilverzug kompensiert wurde.

6.2.2 Herstellung der Probekörper

Laser-Sinter-Anlage

Die für die Untersuchungen des Bauteilverzugs benötigten Probekörper wurden auf einer DTM Sinterstation 2500 HS hergestellt. Die Laser-Sinter-Anlage ist mit einem High-Speed-Upgrade mit 70 W CO_2-Laser (LSS Laser-Sinter-Service GmbH, Kapfenberg, Austria) ausgestattet. Zusätzlich verfügt die Anlage über ein Advanced Temperature Guiding (ATG) System, das aus einem Multizonenheizer mit optimierten Temperatureinstellungen und einer optimierten Behälterheizung mit 15 separierten Heizkreisen besteht. Die Probekörper wurden mit einem optimierten Parametersatz (Fill laser power 50 W, Fill scan speed 10.000 mm/s, Outline laser power 5 W, Outline scan speed 1.778 mm/s, Outline scan count 1, Slicer fill scan spacing 0,2 mm, layer thickness 0,1 mm) hergestellt. Für die Untersuchungen wurde das modifizierte Temperatursystem der Anlage auf 150 °C für die Bauplattform, 130 °C für den Zylinder und 105 °C für die Pulvervorratsbehälter eingestellt. Die Pulverbettoberfläche wurde im Prozess auf 171 °C geregelt. Vor der eigentlichen Aufheizphase der Anlagensteuerung wurde die Anlage mit dem optimierten Temperatursystem zwei Stunden auf eine Pulverbettoberflächentemperatur von 150 °C vorgewärmt. In der anschließenden Aufheizphase wurden 10 mm Pulver aufgetragen. Die Höhe der Abkühlphase betrug 4 mm.

Werkstoff

Für die Herstellung der Probekörper wurde das für das Laser-Sintern gebräuchliche Kunststoffpulver PA 12 mit der Bezeichnung PA 2200 von EOS (EOS GmbH Electro Optical Systems, Krailling / München, Germany) eingesetzt. Im Laser-Sinter-Prozess wurde eine Pulvermischung aus 50 % neuem und 50 % recyceltem Pulver verwendet. Die Pulverqualität wurde hierbei mittels Schmelz-Volumenfließrate (Melt Volume-flow Rate MVR) nach DIN EN ISO 1133-1 und DIN EN ISO 1133-2 überwacht. Als Messinstrument wurde hierfür ein MeltFlow @on von Karg Industrietechnik (Emmeram Karg Industrietechnik, Krailingen, Germany) eingesetzt. Drei Messungen ergaben einen arithmetischen Mittelwert von 33,30 cm^3/10min mit einer Standardabweichung von 2,59 cm^3/10min. Zusätzlich wurde zum Nachweis der Reproduzierbarkeit ein Bauprozess wiederholt und die Ergebnisse ausgewertet. Hierfür wurde ebenfalls eine Pulvermischung aus 50 % neuem und 50 % recyceltem Pulver verwendet. Die drei für dieses Pulver durchgeführten Messungen ergaben einen Mittelwert von 33,96±2,99 cm³/10min.

Prozesskonfiguration

Untersuchungen zu der Temperaturverteilung im Pulverkuchen einer Laser-Sinter-Anlage haben gezeigt, dass die höchsten Temperaturunterschiede im Bereich nahe der Bauplattform bis zu einer Höhe von 100 mm auftreten [11],[12]. Dieses lässt sich auch in Simulationsergebnissen erkennen [15] und kann aufgrund des Temperaturunterschiedes zwischen Bauplattform und der Aufheiztemperatur der Oberfläche sowie der langsamen thermischen Diffusion im Pulverkuchen erklärt werden.

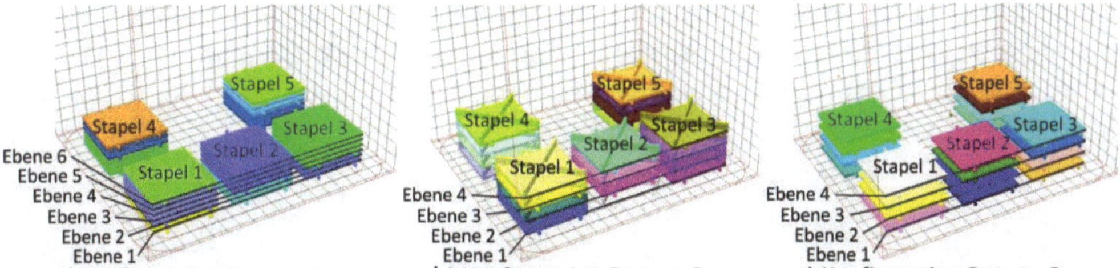

Abb. 6.2 Prozesskonfiguration auf der betrachteten DTM Sinterstation 2500 HS ATG für die Untersuchung des Positions-, Geometrie- und Temperatureinflusses auf den Bauteilverzug

Um diesen kritischen Bereich zu betrachten, wurden für die vorliegende Untersuchung die in Abb. 6.2 gezeigten Prozesse konfiguriert. Im ersten Bauprozess (a) wurden 30 Probekörper in fünf Stapeln und sechs Ebenen parallel zur Bauplattform in der Baukammer der Laser-Sinter-Anlage platziert. In Prozess 2 (b) wurde der Basisprobekörper mit zwei diagonalen Rippen auf der Oberseite ausgestattet. Prozess 3 (c) enthielt wiederum die Basisprobekörper, wobei diese identisch zu denen aus Prozess 2 positioniert waren.

Die erreichten Ergebnisse der Verzugsuntersuchung werden anhand der Ergebnisse von Prozess 1 im Folgenden in Abhängigkeit der Positionierung innerhalb der Baukammer interpretiert. Die Gegenüberstellung der Ergebnisse von Prozess 2 und Prozess 3 geben Aufschluss über den Einfluss der Geometrie auf den Bauteilverzug. Nach diesen Untersuchungen werden die Auswirkungen der Entnahmetemperaturen auf den Bauteilverzug betrachtet. Hierfür wird die Konfiguration von Prozess 2 genutzt und der Pulverkuchen samt der darin enthaltenen Probekörper aus der Anlage bei 100 °C, 80 °C und 60 °C entnommen. Der passive Abkühlvorgang erfolgte anschließend bei Umgebungsbedingungen mit einer durchschnittlichen Temperatur von 22,97±0,44 °C und einer durchschnittlichen relativen Luftfeuchtigkeit von

27,13±4,12 %.

6.2.3 Vermessung der Probekörper

Für die Messungen des Bauteilverzugs wurde eine CNC-gesteuerte Koordinatenmessmaschine Nikon C3 V 5.4.4. (Nikon GmbH, Düsseldorf, Germany) mit motorischem Dreh-/ Schwenkkopf vom Typ PH10M (Renishaw plc, New Mills, Wotton-under-Edge, Gloucestershire, GL12 8JR, United Kingdom) verwendet. Als definierte Referenz für die grafische Auswertung wurden acht Messpunkte in den mittleren Bereich der Verzugsprobekörper gelegt. Während des Messvorgangs wurden jeweils 100 Messpunkte auf den Probekörpern aufgenommen und aus den Ergebnissen die Ebenheitsabweichung der Probekörper berechnet. Diese ist nach DIN EN ISO 12781-1 als "Wert der größten positiven örtlichen Ebenheitsabweichung addiert zum Betrag der größten negativen örtlichen Ebenheitsabweichung" definiert [16].Die Ergebnisse wurden zur statistischen Sicherheit bei jedem Probekörper dreimal gemessen und der arithmetische Mittelwert wurde errechnet. Die Umgebungsbedingung im Messraum betrug 22,17±0,44 °C mit einer relativen Luftfeuchtigkeit von 30,85±4,41 % gemittelt über alle Vermessungen.

6.3 Ergebnisse

Einfluss der Positionierung der Probekörper auf den Bauteilverzug

Die Ergebnisse der Ebenheitsmessungen der Probekörper aus Prozess 1 sind in Abb. 6.3 dargestellt. Die arithmetischen Mittelwerte der Ebenheitsabweichungen der fünf Stapel im ersten Prozess liegen zwischen 0,28 mm und 0,51 mm. Hierbei zeigt Stapel 5 den geringsten (0,28±0,16 mm) und Stapel 4 den höchsten (0,51±0,06 mm) Wert. Somit liegen Maximum und Minimum im hinteren Bereich der Baukammer.

Das Verzugsverhalten der im vorderen Bereich der Baukammer positionierten Stapel ist gegenüber Stapel 4 und 5 im hinteren Bereich deutlich homogener ausgebildet. Von Stapel 1 (0,47±0,06 mm) ist über Stapel 2 (0,40±0,10 mm) bis Stapel 3 eine Verringerung der Ebenheitsabweichung auf einen Wert von 0,37±0,15 mm feststellbar. Aus den Ergebnissen wird ersichtlich, dass der Verzug der Probekörper in diesem Prozess eine Abhängigkeit von der Positionierung innerhalb der Baukammer hat.

Die Ebenheitsabweichung der Probekörper in Ebene 1 liegt bei einem arithmetischen Mittelwert von 0,33±0,11 mm im Bereich von 0,20 bis 0,46 mm. Bereits in dieser Ebene wird das Minimum in Stapel 5 gemessen. Von Ebene 1 zu Ebene 2 ist keine Änderung der Ebenheit der Probekörper messbar. Bei Ebene 3 tritt eine Zunahme der Ebenheitsabweichung von 24,24 % auf. In den Ebenen 4 und 5 ist eine Abnahme der Ebenheitsabweichung von 4,88 % (Ebene 4) und 9,76 % (Ebene 5) gegenüber Ebene 3 festzustellen. Die Ebenheitsabweichung der in Ebene 6 positionierten Probekörper beträgt 0,62±0,05 mm in einem Bereich von 0,57 bis 0,70 mm. Dieser Wert stellt das Maximum dieser Messungen dar.

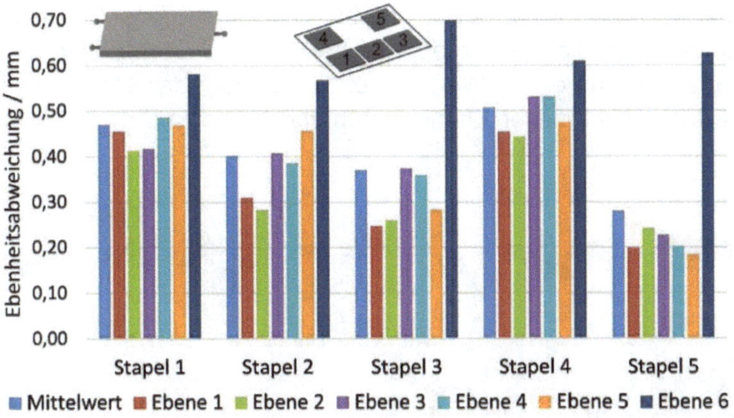

Abb. 6.3 Messergebnisse des Bauteilverzugs der Probekörper in Prozess 1

Zusätzlich ist der Bauteilverzug der Probekörper in Ebene 6 und der Probekörper in Stapel 1, 2 und 4 von Ebene 5 in entgegengesetzte Richtung zu der Verzugsrichtung von Ebene 1 bis 4 ausgeprägt. Der entstandene Bauteilverzug ist in Richtung Bauplattform gerichtet, wohingegen der Verzug der unteren Ebenen in Richtung Pulverbett ausgeprägt ist.

Einfluss der Probekörpergeometrie auf den Bauteilverzug

Um den Einfluss der Geometrie auf den Bauteilverzug zu untersuchen, wurden in Prozess 2 der verzugssensitive Probekörper und in Prozess 3 der Basisprobekörper in identischer Prozesskonfiguration hergestellt. Die Ergebnisse für den verzugssensitiven Probekörper sind in Abb. 6.4a und für den Basisprobekörper in Abb. 6.4b zusammengefasst.

Der arithmetische Mittelwert der fünf Stapel in Prozess 2 liegt zwischen 0,29 mm und 0,42 mm. Hierbei zeigt Stapel 5 den geringsten (0,29±0,05 mm) und Stapel 4 den höchsten Mittelwert mit 0,42±0,07 mm. Somit treten Minimum und Maximum bei diesem Prozess äquivalent zu Prozess 1 im hinteren Bereich der Baukammer auf. Dieses Verhalten ist ebenfalls in Prozess 3 festzustellen. Das Minimum wird hierbei mit 0,11±0,02 mm in Stapel 5 und das Maximum von 0,20±0,05 mm in Stapel 4 gemessen. Die im vorderen Bereich der Baukammer positionierten Stapel zeigen in beiden Prozessen ein ähnliches Verhalten. Die höchsten Mittelwerte werden jeweils in Stapel 1 der Prozesse gemessen. Stapel 2 und Stapel 3 weisen jeweils geringere Ebenheitsabweichungen auf. Die Probekörper in Ebene 1 von Prozess 2 weisen einen arithmetischen Mittelwert von 0,33±0,04 mm auf, wohingegen in Prozess 3 ein Wert von 0,13±0,04 mm auftritt. Bei den folgenden Probekörpern in den jeweiligen zweiten Ebenen ist bei Prozess 2 keine und bei Prozess 3 eine deutliche Zunahme der Ebenheitsabweichung von 53,85 % auszumachen. Bei beiden Prozessen ist in den anschließenden dritten Ebenen eine Verringerung der Ebenheitsabweichung messbar.

Bei Prozess 2 liegt diese bei 21,21 % und bei Prozess 3 bei 25 %. Auffällig sind bei der Gegenüberstellung die Messergebnisse der jeweils vierten Ebene. Bei Prozess 2 wird in dieser Ebene mit einem Wert von 0,46±0,09 mm das Maximum erreicht. Bei Prozess 3 fällt der Wert dieser Ebene annähernd wieder auf das Niveau der ersten Ebene zurück.

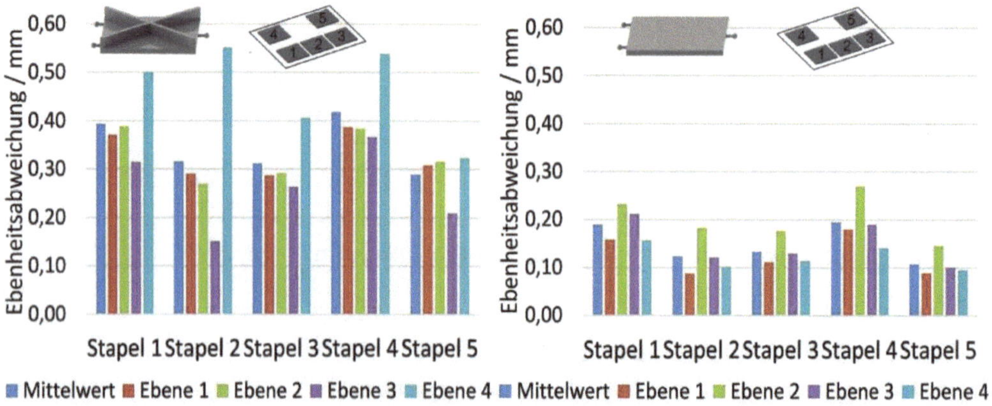

a) Messergebnisse der verzugssensitiven Probekörper in Prozess 2

b) Messergebnisse der Basisprobekörper in Prozess 3

Abb. 6.4 Gegenüberstellung der Ebenheitsabweichung der verzugssensitiven Probekörper und der Basisprobekörper

Durch diesen direkten Vergleich des Basisprobekörpers mit der verzugssensitiven Gestaltung durch diagonale Rippen wird der Einfluss der Geometrie auf den Bauteilverzug ersichtlich. Der Mittelwert aller Probekörper aus Prozess 3 beträgt 43,35 % des Mittelwertes aus Prozess 2. Der höchste Einfluss wird hierbei bei den Probekörpern in den obersten Ebenen festgestellt. Die Verzugsausrichtung der Probekörper der 4. Ebene in Prozess 2 ist ebenfalls in entgegengesetzte Richtung zu den Probekörpern in Ebene 1 bis 3 ausgeprägt. Bei Prozess 3 ist dieses Verhalten nicht so deutlich ausgebildet. In diesem Prozess ist die Verzugsrichtung der Probekörper in den Stapeln 1, 3 und 4 identisch zu den Probekörpern in den Ebenen 1 bis 3. Lediglich die Probekörper in den Stapeln 2 und 5 zeigen eine entgegengesetzte Verzugsausrichtung.

Einfluss der Entnahmetemperatur auf den Bauteilverzug

Für die Untersuchung des Einflusses der Entnahmetemperatur wurde der verzugssensitive Probekörper genutzt und der Pulverkuchen bei 100 °C, 80 °C und 60 °C aus der Laser-Sinter-Anlage entnommen und bei Raumtemperatur passiv abgekühlt. Die Ergebnisse der Ebenheitsmessungen zeigen keine signifikante Auswirkung auf den entstandenen Bauteilverzug. Die bei 80 °C entnommenen Probekörper weisen gegenüber der Entnahme bei 100 °C sogar eine geringfügig höhere Ebenheitsabweichung von 4,14 % gemittelt über alle Probekörper des jeweiligen Prozesses auf. Zwischen der Entnahme bei 80 °C und 60 °C ist nur eine Abweichung von 0,85 % der Mittelwerte feststellbar. Auch die beobachtete Verzugsrichtung der bis auf Raumtemperatur in der Anlage abgekühlten Probekörper (Prozess 2) ist bei den zu höheren Temperaturen entnommenen Probekörpern zutreffend.

6.4 Thermische Simulation des Aufbauprozesses

Zur Untersuchung des Temperaturverlaufs und einer möglichen Korrelation der Kristallisation bzw. Abkühlungsrichtung mit der Verzugsausprägung bei der Generierung mehrerer Bauteile wurde ein Simulationsmodell [15] genutzt, welches die Richtung des Wärmeflusses und die Kristallisation berechnet. Es wurde der Aufbau von einem Stapel mit 5 parallel angeordneten Platten in einem Bauraum mit der Breite von 200 mm betrachtet. Die Platten besaßen eine Höhe von 5 mm, eine Breite von 50 mm und einen Abstand von 4 mm zueinander. Analog zum Prozess betrugen die Höhen der Vorheiz-und Abkühlphase 10 mm bzw. 4mm. Die Abkühlung wurde durch einen konvektiven Wärmeübergang über alle Grenzflächen zu den Wänden mit einem Koeffizienten von 50 W/mK realisiert. Da der Wärmefluss und die Abfolge der Kristallisation in Aufbaurichtung im Fokus stehen, wurde ein vereinfachtes Modell des Bauraumes in 2d betrachtet. Entsprechend stellt der Ausschnitt einen Schnitt quer durch die Mitte des Bauraumes dar. Der Stapel ist nicht zentriert, sondern zum rechten Rand gerückt, um eine etwaige Beeinflussung aufgrund der Positionierung in der Nähe des Randes zu berücksichtigen. In Abb. 6.5 sind Momentaufnahmen verschiedener Zeitpunkte während des Prozesses und der Abkühlphase dargestellt.

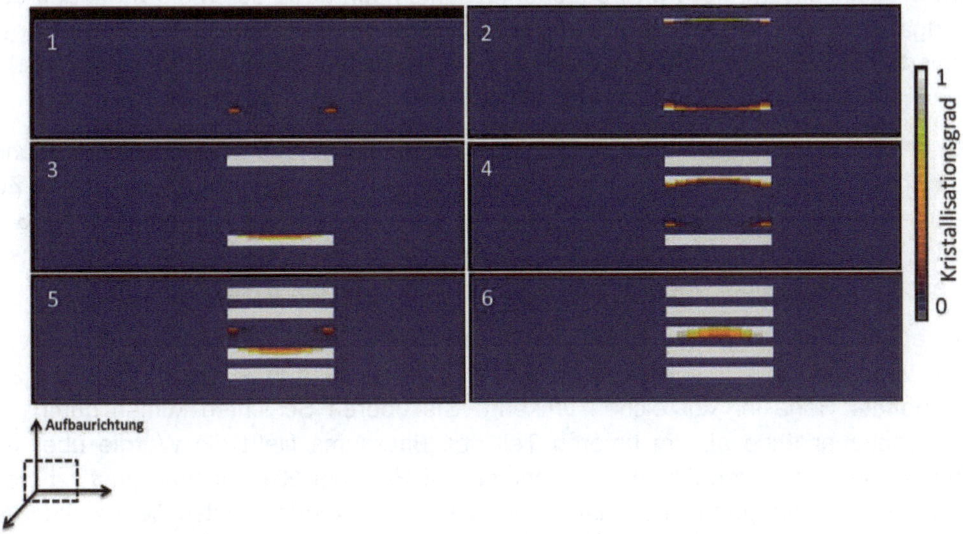

Abb. 6.5 Kristallisationsverlauf zu verschiedenen Phasen im Prozess (1) bzw. der Abkühlung (2-6)

Die Simulationsergebnisse zeigen, dass bereits während des Aufbauprozesses Teile der unteren Platte kristallisieren (Momentaufnahme 1). Noch bevor die Kristallisation dieser Platte abgeschlossen ist, beginnt die oberste Platte zu kristallisieren (Momentaufnahmen 2-3). Im weiteren Verlauf kristallisiert zunächst die Platte der zweithöchsten Ebene (Momentaufnahme 3), danach die der zweituntersten Ebene (Momentaufnahmen 4-5) und zuletzt die mittlere Platte (Momentaufnahmen 5-6). Die Kristallisationsfronten breiten sich dabei abhängig von der Höhe aus unterschiedlichen Richtungen aus. Die unteren beiden Platten kristallisieren vom Boden aus, die oberen drei Platten kristallisieren von der Pulverbettoberfläche. Da die Kristallisation vornehmlich während der Abkühlphase stattfindet und sich die Temperatur in dieser stetig ändert, entsprechen die Kristallisationslinien auch nahezu den Isothermen.

Aufgrund der symmetrischen Kristallisation innerhalb der Bauteile kann für diese Konfiguration eine Beeinflussung durch den Rand ausgeschlossen werden. Dementsprechend ist die Ausbreitungsrichtung der Kristallisation hauptsächlich durch den Wärmefluss in Aufbaurichtung gegeben.

6.5 Diskussion der Ergebnisse

Die Ergebnisse zeigen, dass die Positionierung der Probekörper innerhalb der Baukammer einen wesentlichen Einfluss auf die Verzugsentstehung aufweist. In allen drei Prozessen zeigen die Probekörper aus Stapel 4 die höchste Ebenheitsabweichung. Die ebenfalls im hinteren Bereich der Baukammer positionierten Probekörper in Stapel 5 stellen das Minimum der jeweiligen Prozesse dar. Eine mögliche Ursache könnte die lokale Beeinflussung der Pulverbettoberflächentemperaturen durch die Strömung des Inertgases innerhalb der Anlage darstellen. Die im vorderen Bereich der Anlage positionierten Stapel zeigen hingegen ein homogener ausgeprägtes Verzugsverhalten. Die Ebenheitsabweichungen werden von Stapel 1 über Stapel 2 bis Stapel 3 geringer.

Bei der Betrachtung der xz-Ebene fällt auf, dass die Ebenheitsabweichung zunächst von Ebene 1 zu Ebene 2 nicht ansteigt. Bei Ebene 3 ist gegenüber Ebene 1 eine Zunahme von 24,24 % zu erkennen. Ebenen 4 und 5 weisen eine Abnahme um 4,88 % und 9,76 % bezogen auf Ebene 3 auf. Die Probekörper in Ebene 6 zeigen die höchste Ebenheitsabweichung, wobei dieser Wert das Maximum der Messungen darstellt.

Die entgegengesetzte Ausprägung des Verzugsverhaltens in der obersten Ebene lässt vermuten, dass die Komponente des Wärmeflusses in Aufbaurichtung mit zunehmender Höhe ihr Vorzeichen umkehrt. Die oberen Schichten kühlen durch die Pulverbettoberfläche ab. Im unteren Teil des Bauraums fließt die Wärme über die Bauplattform ab. Diese Annahmen konnten mit Hilfe der Simulationen gestützt werden. Aufgrund der guten Übereinstimmung zwischen experimentellen Beobachtungen und den Simulationsergebnissen lässt sich das Ausbreiten der Kristallisationsfront innerhalb eines Bauteils als Treiber für die Ausprägung des Verzugs ausmachen.

Mit Bauprozess 2 und 3 wurde der Einfluss der Probekörpergeometrie durch die Gegenüberstellung des Basisprobekörpers und des verzugssensitiven Probekörpers untersucht. Die Ergebnisse für den verzugssensitiven Probekörper zeigen, dass die Verzugsrichtung der Probekörper in der obersten Ebene in entgegengesetzte Richtung zu den Probekörpern in Ebene 1 bis 3 ausfällt. Bei der gleichen Prozesskonfiguration mit dem Basisprobekörper ist die Verzugsausprägung der obersten Ebene nicht homogen ausgeprägt. Bei diesem Prozess ist die Verzugsrichtung von drei Probekörpern der obersten Ebene identisch mit den Probekörpern in den unteren Ebenen. Zwei Probekörper weisen eine entgegengesetzte Verzugsrichtung auf. Die Gegenüberstellung der Messergebnisse zeigt, dass die durchschnittliche Ebenheit des Basisprobekörpers nur 43,35 % des Mittelwertes der verzugssensitiven Probekörper beträgt.

Entgegen vorheriger Annahmen zeigen die Untersuchungen zur Auswirkung der Entnahmetemperatur auf den Bauteilverzug keinen signifikanten Einfluss dieser Größe. Es konnte sogar eine geringfügig höhere Ebenheitsabweichung der bei 80 °C entnommenen Probekörper gegenüber der Entnahme bei 100 °C festgestellt werden. Auch diese Ergebnisse lassen die Ableitung zu, dass für die Verzugsentstehung nur der Ablauf der Kristallisation innerhalb eines Bauteils von Bedeutung ist, welche im Bereich um 155 °C abgeschlossen ist. Aufgrund der freien Verformbarkeit des Bauteils wirkt die thermische Dehnung, die beim Abkühlen auf Raumtemperatur eintritt, isotrop auf jedes Volumenelement ein und ruft keinen weiteren Verzug hervor.

6.6 Zusammenfassung und Ausblick

Innerhalb der vorliegenden Untersuchung wurde der Verzug laser-gesinterter Bauteile anhand der entwickelten und hergestellten Probekörper betrachtet. Die Probekörper wurden auf einer DTM Sinterstation 2500 HS ATG hergestellt und mit einer Koordinatenmessmaschine die Ebenheitsabweichung der 160 Probekörper vermessen. Die Ergebnisse zeigen, dass die Position innerhalb der Baukammer einen wesentlichen Einfluss auf den Bauteilverzug hat. Es wurde festgestellt, dass insbesondere die Ausprägung eine Höhenabhängigkeit besitzt. Diese äußert sich in einer Umkehr der Verzugsrichtung mit zunehmender Höhe im Bauraum. Basierend auf der Methode der finiten Elemente wurde der Kristallisationsverlauf bei der Generierung eines Stapels berechnet. Die Simulationsergebnisse lassen darauf schließen, dass die Verzugsrichtung mit der Ausbreitungsrichtung der Kristallisationsfront korreliert.

Weiterführend wurde der Einfluss der Bauteilgeometrie durch die Ausstattung des Basisprobekörpers mit zusätzlichen Rippen untersucht. Die Gegenüberstellung der Ergebnisse für den Basisprobekörper und den verzugssensitiven Probekörper ergab, dass die Bauteilgeometrie sich signifikant auswirkt. Ein Einfluss der Entnahmetemperatur (bis 100 °C) auf den Verzug wurde nicht beobachtet. Dieses stützt die Annahme, dass nur die Kristallisation für den Verzug verantwortlich ist, da diese bei den Entnahmetemperaturen bereits vollständig abgeschlossen war.

In zukünftigen Untersuchungen sollte die Bedeutung der Bauteilposition und der -geometrie auf den Bauteilverzug beim Einsatz anderer Laser-Sinter-Anlagen betrachtet werden. Zudem können durch eine Korrelationsanalyse des Bauteilverzugs mit

Temperaturuntersuchungen die Auswirkungen der Temperaturverteilung untersucht werden. Weiterführend sollten auch andere Größen betrachtet werden, um aus diesen Erkenntnissen Maßnahmen zur Reduzierung des Bauteilverzugs beim Laser-Sintern ableiten zu können.

6.7 Danksagung

Das IGF-Vorhaben 18091 N der Forschungsvereinigung Schweißen und verwandte Verfahren e.V. des DVS, Aachener Straße 172, 40223 Düsseldorf wurde über die AiF im Rahmen des Programms zur Förderung der industriellen Gemeinschaftsforschung (IGF) vom Bundesministerium für Wirtschaft und Energie aufgrund eines Beschlusses des Deutschen Bundestages gefördert.

6.8 Literaturverzeichnis Kapitel 6

[1] Gebhardt, A. (2007): Generative Fertigungsverfahren. Rapid Prototyping - Rapid Tooling - Rapid Manufacturing. 3. Aufl. München: Hanser.

[2] Goodridge, R. D.; Tuck, C. J.; Hague, R. J. M. (2012): Laser sintering of polyamides and other polymers. In: Progress in Materials Science 57 (2), S. 229–267.

[3] Breuninger, J.; Becker, R.; Wolf, A.; Rommel, S.; Verl, A. (2013): Generative Fertigung mit Kunststoffen. Konzeption und Konstruktion für Selektives Lasersintern. Berlin Heidelberg: Springer.

[4] Gibson, I.; Rosen, D. W.; Stucker, B. (2010): Additive Manufacturing Technologies. Rapid Prototyping to Direct Digital Manufacturing. New York Heidelberg Dordrecht London: Springer.

[5] Rietzel, D. (2011): Werkstoffverhalten und Prozessanalyse beim Laser-Sintern von Thermoplasten. Dissertation. Technisch-wissenschaftlicher Bericht. Universität Erlangen-Nürnberg, Lehrstuhl für Kunststofftechnik.

[6] Wegner, A.; Witt, G. (2013): Ursachen für eine mangelnde Reproduzierbarkeit beim Laser-Sintern von Kunststoffbauteilen, In: RTejournal – Forum für Rapid Technologie 10.

[7] Wegner, A.; Witt, G. (2011): Thermographie zur Temperaturmessung beim Laser-Sintern – ein Beitrag zur Qualitätssicherung?. In: RTejournal - Forum für Rapid Technologie 8.

[8] Wegner, A.; Witt, G. (2011): Process Monitoring in Laser Sintering using Thermal Imaging. In: Bourell, D. L.; Crawford, R. H.; Seepersad, C. C.; Beaman, J. J.; Marcus, H. (Hrsg.): Solid Freeform Fabrication Proceedings. S. 405-414, Austin (Texas), USA.

[9] Soe, S. P. (2012): Quantitative analysis on SLS part curling using EOS P700 machine. In: Journal of Materials Processing Technology 212 (11), S. 2433–2442.

[10] Diller, T. T.; Sreenivasan, R.; Beaman, J.; Bourell, D.; LaRocco, J. (2010): Thermal Model of the Build Environment for Polyamide Powder Selective Laser Sintering, In: Bourell, D. L.; Crawford, R. H.; Seepersad, C. C.; Beaman, J. J.; Marcus, H. (Hrsg.): Solid Freeform Fabrication Proceedings. S. 539-548, Austin (Texas), USA.

[11] Shen, J.; Steinberger, J.; Göpfert, J.; Gerner, R.; Daiber, F.; Manetsberger, K.; Ferstl, S. (2000): Inhomogeneous Shrinkage of Polymer Materials in Selective Laser Sintering. In: Bourell, D. L.; Beaman, J. J.; Crawford, R. H.; Marcus, H. L.; Barlow, J. W. (Hrsg.): Solid Freeform Fabrication Proceedings. S. 298-305, Austin (Texas), USA.

[12] Steinberger, J. (2001): Optimierung des Selektiven-Laser-Sinterns zur Herstellung von Feingußteilen für die Luftfahrtindustrie. Dissertation. Düsseldorf: VDI-Verlag.

[13] Berzin, M.; Childs, T. H. C.; Dalgarno, K. W.; Ryder, G. R.; Stein, G. (1995): Densification and Distortion in Selective Laser Sintering of Polycarbonate. In: Marcus, H. L.; Beaman, J. J.; Bourell, D. L.; Barlow, W. J.; Crawford, R. H. (Hrsg.): Solid Freeform Fabrication Proceedings. S. 196–203, Austin (Texas), USA.

[14] Jamal, N. M. (2001): Finite element analysis of curl development in the selective laser sintering process. Ph.D. Thesis. University of Leeds.

[15] Neugebauer, F. (2015): FEM simulation of temperature and crystallization in laser sintering of polyamide 12. In: Ploshikhin, V.; Neugebauer, F. (Hrsg.): Materials Science and Technology of Additive Manufacturing; 2014; Bremen: DVS Media GmbH, Düsseldorf.

[16] DIN EN ISO 12781-1:2011-07, Geometrische Produktspezifikation (GPS) - Ebenheit - Teil 1: Begriff und Kenngrößen der Ebenheit (ISO 12781-1:2011).

7 Studie zur Umsetzbarkeit der Laserdirektstrukturierung von lasergesinterten Bauteilen

Dipl.-Ing. Christian Gath, Prof. Dr.-Ing. Dietmar Drummer**

**Lehrstuhl für Kunststofftechnik, Universität Erlangen-Nürnberg*

Abstract: Additive Verfahren besitzen die Möglichkeit Bauteile direkt aus CAD-Datenmodellen ohne formgebende Werkzeuge zu generieren. Zur industriellen Etablierung von additiven Verfahren muss eine möglichst hohe Verfahrensintegration in einigen Branchen, wie der Elektronikindustrie, erzielt werden. Exemplarisch hierfür ist die Integration der etablierten Laserdirektstrukturierung (LDS) in den Prozess des selektiven Lasersinterns (SLS) mit der es möglich werden soll komplexe dreidimensionale Schaltungslayouts zu generieren. Möglich soll dies durch ein spezielles dem Kunststoff zugefügtes Wirkadditiv werden welches durch eine laserinduzierte Spaltung Metallkeime freilegt die wiederum in einem Metallisierungsbad zum entsprechenden Leiterbahnlayout heranwachsen. Da sich sowohl der Strahlschmelzprozess als auch der Strukturierungsprozess eines Lasers bedient besteht die Herausforderung darin eine Aktivierung des Additivs während der Bauteilfertigung zu verhindern. Durch die Kombination des selektiven Lasersinterns mit der nachgeschalteten Laserdirektstrukturierung ergibt sich ein komplexes Anforderungsprofil an pulverförmige Werkstoffe.

Während für den Spritzguss diese Anforderungen an den Werkstoff bereits erforscht werden sind sie für die additive Fertigung von laserdirektstrukturierten Bauteilen unbekannt. Daher soll in diesem Beitrag die Grundlage für eine prinzipielle Machbarkeit der Laserdirektstrukturierung von lasergesinterten Bauteilen erbracht werden. Zur Analyse dieser Fragestellung wird in einem Versuch trockengemischtes PA12-LDS-Pulver zu Plattengeometrien verarbeitet. An diesen Platten wird eine Strukturierung mit einer Parameterstudie vorgenommen anhand derer sich erste Erkenntnisse über das Aktivierungsverhalten, anhand der Metallschichtdicke und des Metallisierungsindexes, von additiv hergestellten Bauteilen gewinnen lassen. Hierdurch kann eine erste Studie zur Umsetzbarkeit einer Prozessintegration von SLS und LDS angestellt werden.

7.1 Einleitung und Motivation

Der Trend zu komplexen funktionalisierten Produkten mit hohem Individualisierungsgrad und kürzeren Lebenszyklen gibt die aktuelle Popularität von additiven Verfahren, wie dem Fertigungsverfahren des selektiven Lasersinterns (SLS), wieder. Alleine im Bereich der Additiven Fertigung konnten über die letzten vier Jahre gesehen die Einnahmen aus Dienstleistungen und Produkten nahezu verdreifacht werden. Doch auch in der Elektronikbranche befinden sich additive Verfahren, wie das Strukturierungsverfahren der Laserdirektstrukturierung (LDS), im Aufschwung. So findet aktuell in der Elektroindustrie, die das globale Marktvolumen in den vergangenen zehn Jahren fast verdoppeln konnte, die Weiterentwicklung von Molded Interconnect Devices (MID) zu

Mechatronic Integrated Devices statt. [1],[2]

Durch eine Kombination beider Verfahren ergibt sich für die Elektronikbranche die Möglichkeit komplexe und dreidimensionale mechatronische Systeme ohne Werkzeugeinsatz zu fertigen und die Vorteile und Potentiale beider Verfahren zu vereinigen. Diese Systeme können infolge des additiven Fertigungsverfahrens bereits einfache integrierte Funktionen vorweisen (Befestigungselemente, Scharniere, etc.). Dank der dreidimensionalen Gestaltungsfreiheit kann ressourcenschonend im Sinne des Leichtbaus (Gitterstrukturen, Versteifungen, etc.) designed und gefertigt werden, wodurch sich letztendlich die Anzahl der Baugruppen reduzieren und die Prozesskette verkürzen lässt. Ferner werden individualisierte Produkte in kleinen Losgrößen möglich, die besonders für die Bereiche Medizin und Design interessant sind. Durch die Möglichkeit mittels Additiver Fertigung feine Strukturen herzustellen kann auch dem Trend einer Miniaturisierung von Produkten gefolgt werden. Über die LDS lassen sich im Anschluss nach der Fertigung oberflächennah an Bauteilen sowohl Kontaktflächen, als auch Antennenstrukturen applizieren und partielle Schirmungen realisieren. [2],[3],[4]

Für eine Umsetzung fehlen jedoch kommerzielle Werkstoffe, die die Anforderungen der Prozesse erfüllen. So wird für eine Verarbeitung mit dem selektiven Lasersintern zum einen ein pulverförmiger Ausgangswerkstoff benötigt, der auch bezüglich seiner Eigenschaften für den Prozess geeignet sein muss. Zum anderen benötigt der Prozess der Laserdirektstrukturierung ein im Werkstoff enthaltenes spezielles metallisches Wirkadditiv, das durch den Strukturierungsprozess an der Bauteiloberfläche aktiviert werden kann. Jedoch sind die Anforderungen an den Werkstoff für die additive Fertigung von laserdirektstrukturierten Bauteilen unbekannt.

Daher soll in diesem Beitrag die Grundlage für eine prinzipielle Machbarkeit der Laserdirektstrukturierung von lasergesinterten Bauteilen erbracht werden. Hierdurch kann eine erste Studie zur Umsetzbarkeit einer Prozessintegration von SLS und LDS angestellt werden.

7.2 Grundlagen

7.2.1 Prozessablauf und Werkstoffverhalten beim selektiven Lasersintern

Das selektive Lasersintern von Kunststoffen kann in die sich wiederholenden Prozessschritte Materialauftrag, Belichtung und Konsolidierung unterteilt werden. Im Anschluss an diesen Fertigungsprozess erfolgt der Strukturierungsprozess (Abschn. 7.2.2) mit den Schritten Strukturierung und Metallisierung (Abb. 7.1).

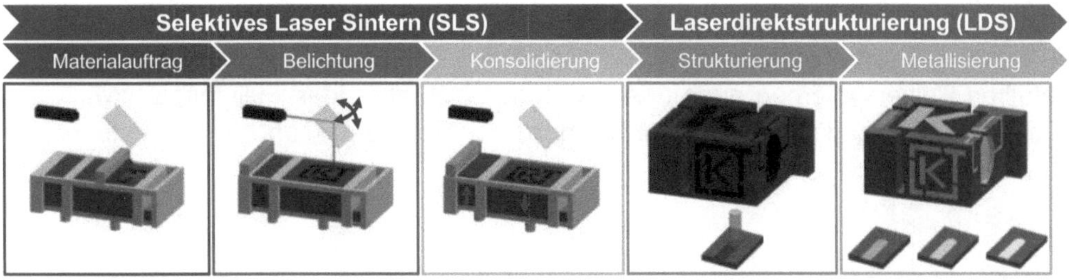

Abb. 7.1 Schematischer Prozessablauf der additiven Fertigung des Grundkörpers und der oberflächennahen Laserdirektstrukturierung mit abschließendem Metallisierungsbad

Für das selektive Lasersintern von Thermoplasten sind bestimmte Anforderungen an den Werkstoff essentiell für dessen Verarbeitung. Neben einer definierten Bauraumtemperatur ist ein homogener Materialauftrag des Kunststoffpulvers in Form von Schichtdicken im Bereich von 100 – 200 µm wichtig [5],[6]. Dieser wird entscheidend von den Schüttguteigenschaften des verwendeten Pulvers bestimmt. Kommerziell erhältliche, gut rieselfähige Pulver besitzen eine durchschnittliche Partikelgröße von 60 µm. Mit einem entsprechenden geringen Feinanteil im Bereich von 10 µm lässt sich die Agglomerationsneigung der Pulver reduzieren [7]. Ferner minimiert eine runde Partikelform und eine glatte Partikeloberfläche die Reibung zwischen den Partikeln und verhindert ungewollte Pulververdichtungen während des Auftrages. Die genannten Pulvereigenschaften wirken sich letztendlich auf die Rieselfähigkeit aus, die das Fließverhalten eines pulverförmigen Schüttgutes definiert und den Materialauftrag und die erreichbare Schüttgutdichte maßgeblich beeinflusst (Abb. 7.2). [3],[4],[5],[6],[7], [8],[9]

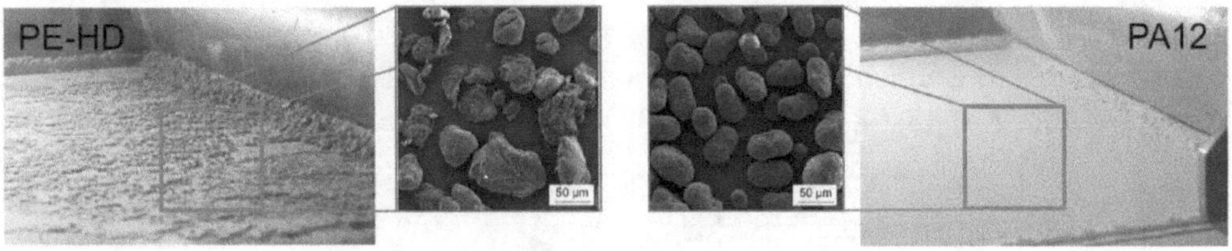

Abb. 7.2 Einfluss der Partikelform auf das Materialauftragsverhalten im selektiven

Während des Belichtungsvorganges von Pulverschüttungen, besonders bei Pulvermischungen, mit einem CO2-Laser (λ = 10600 nm) spielt sowohl das thermische als auch das optische Werkstoffverhalten eine große Rolle. Auf der Pulveroberfläche auftreffende Strahlung wird absorbiert (1), reflektiert (2) oder transmittiert. Bei kompakten Pulverschüttungen kann zusätzlich davon ausgegangen werden, dass die Transmission nach einigen Schichten gleich Null angenommen werden kann, da an der Oberfläche transmittierte Strahlung in tieferen Schichten absorbiert wird (3) (Abb. 7.3). So wird die zum Aufschmelzen des Kunststoffes nötige Energiemenge unter anderem durch das Absorptionsverhalten des Werkstoffes bestimmt. Dementsprechend ist bei gefüllten Pulversystemen auch das Absorptionsverhalten des Füllstoffes bzw. Additives zu berücksichtigen, deren durchschnittliche Partikelgrößen oft weit unter denen des Kunststoffpulvers liegen.

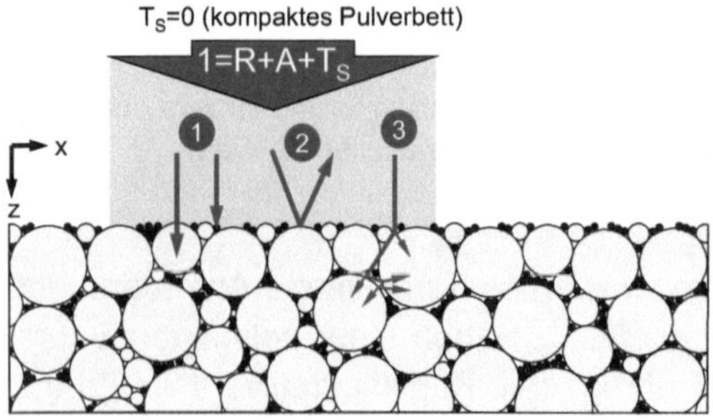

$$d_{3,50;\,P} \gg d_{3,50;\,A}$$
$$A = A_P + A_A$$

$d_{3,50;\,P}$ = mittlerer Partikeldurchmesser des Kunststoffpulvers
$d_{3,50;\,A}$ = mittlerer Partikeldurchmesser des LDS-Additivs
A = Absorption
A_P = Absorptionsanteil des Kunststoffpulvers
A_A = Absorptionsanteil des LDS-Additivs
R = Reflexion
T_S = Transmission des Schüttgutes

Abb. 7.3 Schematische Darstellung der Absorption von gefüllten Pulversystemen

Gemäß dem Lambert-Beerschen Gesetz verliert der in die Pulverschüttung eindringende Strahlteil mit dem im Material zurück gelegten Weg an Intensität. Dieser Intensitätsverlust beeinflusst unter dem Einfluss des Absorptionsverhaltens das Aufheizverhalten des Kunststoffpulvers während des Belichtungsprozesses und nimmt daher auch Einfluss auf die Ausprägung des Schmelzebades.

Da teilkristalline Thermoplaste ein Temperaturintervall aufweisen indem sie in den Fließ- oder Schmelze-Zustand überführt werden können wird die Bauraumtemperatur, dem Modell des quasi-isothermen Lasersinterns nach, für ein definiertes Aufschmelzverhalten an die obere Grenze des prozessrelevanten Zwei-Phasen-Mischgebietes gelegt. In diesem Bereich kann der Werkstoff sowohl fest als auch schmelze-förmig vorliegen (Abb. 7.4). [3],[4],[5],[6],[7],[8],[9]

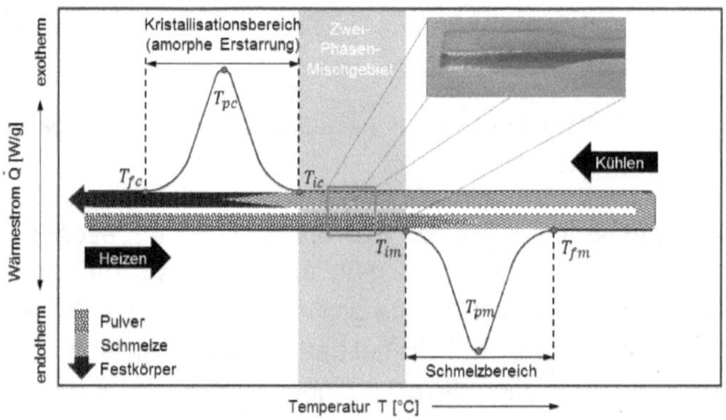

Abb. 7.4 Schematischer Verlauf einer DSC-Kurve eines teilkristallinen Thermoplasten

7.2.2 Prozessablauf und Aktivierungsverhalten von LDS-Werkstoffen

Die Grundidee der Laserdirektstrukturierung beruht auf der laserinduzierten Aktivierung eines speziellen im Kunststoff enthaltenen Wirkadditivs. Dieses wird im chemisch passivierten Zustand in einen thermoplastischen Kunststoff feinstverteilt eingebracht. Im Anschluss an die Verarbeitung kann dieses Additiv mit einem ND:YAG-Laser (λ = 1064 nm) selektiv und homolytisch an der Bauteiloberfläche gespalten werden. Dabei entstehen unter anderem katalytisch wirksame Metallkeime an der Oberfläche an denen sich in einem außenstromlosen Kupferbad an den strukturierten Stellen Kupfer abscheiden lässt (Abb. 7.5). [2],[10]

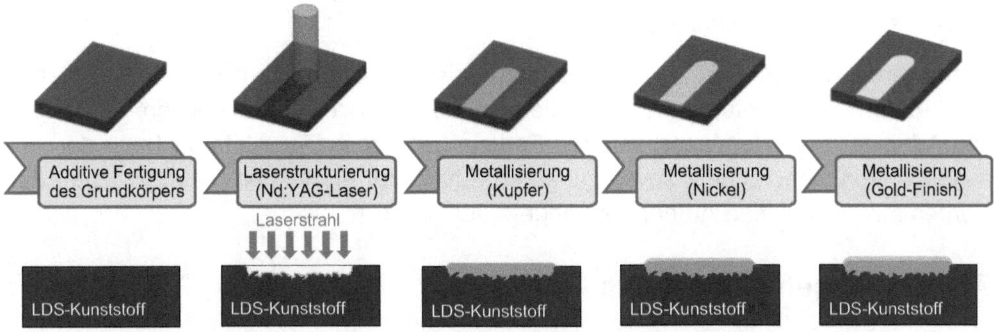

Abb. 7.5 Schematischer Ablauf der Laserdirektstrukturierung von Thermoplasten

Zur Ausbildung einer ausreichenden Haftfestigkeit wird der Laser synchron auf eine zweite Art und Weise genutzt. Die Lasereinwirkung führt zu einem Materialabtrag an der Kunststoffoberfläche wodurch zum einen Metallisierungskeime freigelegt werden und zum anderen infolge der photochemischen Ablation eine aufgeraute Oberfläche entsteht, deren Topologie als Verankerung der anschließend aufgebrachten Metallisierung dient. [2],[10]

Dies ist vor allem in Anbetracht einer additiven Fertigung der Grundbauteile sehr interessant, da auch bereits durch den Prozess des selektiven Lasersinterns an der Oberfläche von Bauteilen eine raue Struktur vorherrscht. Diese bildet sich zum einen durch angesinterte Pulverreste und zum anderen aufgrund der leicht porösen Struktur von gesinterten Kunststoffbauteilen aus.

Aktuell lassen sich zwei Ansätze zur additiven Fertigung von komplexen mechatronischen Bauteilen durch die Kombination aus dem selektiven Lasersintern und der Laserdirektstrukturierung verfolgen. Jedoch wurden im Rahmen dessen noch keine Untersuchungen veröffentlicht. Der erste Ansatz ist den Schaltungsträger additiv herzustellen und in einem Folgeschritt diesen Grundkörper mit einem LDS-Lack zu besprühen. Nach der Trocknung des Lacks kann das Bauteil strukturiert und metallisiert werden. Der Vorteil dieses Vorgehens ist, dass sowohl die Verfahrens- als auch die Materialvielfalt aller additiven Verfahren ausgeschöpft werden können. Dennoch bringt dieses Vorgehen die Nachteile, dass sich dieses Vorgehen schlecht automatisieren lässt und sich mit dem zusätzlichen manuellen Lackierungsschritt der Fertigungsprozess verlängert. Dadurch ist die Möglichkeit einer reproduzierbaren gleichmäßigen Lackierung nicht gegeben wodurch eventuell feine Strukturen nicht mehr aufgelöst werden können. Deswegen findet dieses Vorgehen vor allem im Prototyping Anwendung [11]. Der andere Ansatz, der auch in diesem Beitrag verfolgt wird, ist der Einsatz von LDS-Pulverwerkstoffen um direkt LDS-fähige Bauteile zu fertigen und so die Behandlung mit dem Lack überflüssig zu machen. Neben der Möglichkeit über eine Compoundierung und kryogenem Mahlen entsprechende Pulver zu erhalten besteht ebenso die Möglichkeit, wie in diesem Beitrag dargestellt, über Dryblends LDS-Pulverwerkstoffe herzustellen.

Daher wird in diesem Beitrag zunächst das Aktivierungsverhalten von lasergesinterten PA12-LDS-Platten untersucht. Essentiell ist die Frage einer vorzeitigen Aktivierung des Additivs durch den laserbasierten Fertigungsprozess. Zur Untersuchung der sich ausbildenden Oberflächen, sowie zur Überprüfung der ermittelten Metallschichtdicken werden mikroskopische Aufnahmen angefertigt. [2],[10]

7.3 Durchgeführte Untersuchungen

7.3.1 Optisches Werkstoffverhalten

Durch die unterschiedlichen Werkstoffeigenschaften des Kunststoffpulvers und des LDS-Additives vor allem im Bereich der Partikelgröße und der Farbgebung wird eine Beeinflussung des optischen Werkstoffverhaltens erwartet. Daher wird an Pulverschichten der Absorptions-, Reflexions- und Transmissionsanteil während der Bestrahlung mit einem CO_2-Laser gemessen. Diese Messungen wurden am Bayerischen Laserzentrum Gemeinnützige Forschungsgesellschaft mbH (blz) in Erlangen durchgeführt.

7.3.2 Pulvereigenschaften

Da das verwendete LDS-Additiv einen durchschnittlichen Partikeldurchmesser von 700 nm besitzt und zur Agglomeration neigt ist auch eine Beeinflussung der Pulvereigenschaften infolge des Mischprozesses mit dem PA12-Pulver zu erwarten. Daher werden zur Charakterisierung der Pulvereigenschaften die Schütt- und Stampfdichte sowie die Rieselfähigkeit von Dryblends untersucht um die Verarbeitbarkeit mittels SLS besser einschätzen zu können.

7.3.3 Thermisches Werkstoffverhalten

Infolge der DryBlend-Herstellung aus PA12-Pulver (Typ: PA2200, Hersteller: EOS GmbH) und dem LDS-Additiv4 (Hersteller: LPKF) ist eine Veränderung der thermischen Eigenschaften zu erwarten. So führt das schwarze Additiv zu einer Veränderung des Absorptionsverhaltens, weshalb etablierte Prozessparameter für die Fertigung mit PA12 nicht ansatzlos übernommen werden können. Daher werden, wie für die Ermittlung des thermischen Werkstoffverhaltens von teilkristallinen Thermoplasten für das selektive Lasersintern üblich, differenzkalorimetrische (DSC) Untersuchungen durchgeführt. Diese werden zum einen bei einer Aufheizgeschwindigkeit von 10 K/min durchgeführt, um den Einfluss des Additivs auf das thermische Werkstoffverhalten zu untersuchen und zum anderen bei unterschiedlichen Heiz- und Kühlraten, da aus der Literatur der Heiz- bzw. Kühlrateneinfluss auf das thermische Werkstoffverhalten bekannt ist [12]. Des Weiteren werden Messungen der Melt Volume Rate (MVR) durchgeführt, um auch hier einen Einfluss des Additivs auf die Rheologie der Schmelze nachzuweisen.

7.3.4 Lasersinterversuche und Strukturierung

Nach einer abschließenden DryBlend-Herstellung von PA2200 und 10 Gew.-% LDS-Additiv4 auf einem MP-Standmischer (Hersteller: Somakon) wurden auf einer Sinterstation 2000 aus diesem Pulver Plattengeometrien gefertigt. Hergestellt wurden diese Platten bei einer eingestellten Bauraumtemperatur von 179 °C, einer Laserleistung von 3 W, einer Belichtungsgeschwindigkeit von 1257,3 mm/s, einer Schichtdicke von 0,1 mm und einem Spurversatz (Hatch) von 0,15 mm. Der hohe LDS-Füllgrad dient in diesem Zusammenhang vor allem dem Ziel eine Aktivierung bei der üblichen Höchstgrenze an Additiv zu realisieren. Im Anschluss an die Herstellung wurde an einer Platte eine Parameterstudie zur Ermittlung der besten Prozessparameter für die Laserdirektstrukturierung vorgenommen. Dazu wurden die Proben von LPKF mit unterschiedlichen Kombinationen aus Laserleistung und Frequenz strukturiert und in einem außenstromlosen Kupferbad (Dauer: 66 min) metallisiert. Eine Auswertung des besten Parametersatzes erfolgte über die Ermittlung der Metallschichtdicke und des Metallisierungsindexes mittels Röntgenfluoreszenz.

7.4 Ergebnisse

7.4.1 Optisches Werkstoffverhalten

Die folgende Abbildung (Abb. 7.6) zeigt die Absorptions-, Reflektions- und Transmissionsanteile einer 200 µm dicken Pulverschicht bei einer Bestrahlung mit einem CO2-Laser (λ = 10,6 µm). Während der Absorptionsanteil bei reinem PA12 bei ca. 67 % liegt, absorbiert das LDS-Additiv ca. 98%. Die daraus hergestellten Dryblend-Pulver mit Füllgraden von 4 bis 8 Gewichtsprozent absorbieren trotz der geringen Füllgrade ebenfalls ca. 96 %. Dadurch ändert sich die Aufnahme der Wärme infolge der Belichtung erheblich, weshalb bei einer Fertigung mit diesem Pulver auf keine bestehenden Parametersätze zurückgegriffen werden kann. Aufgrund der höheren Absorption müsste für die Verarbeitung dieser Pulver eine geringere Energieeinbringung für das Aufschmelzen der Pulver ausreichend sein.

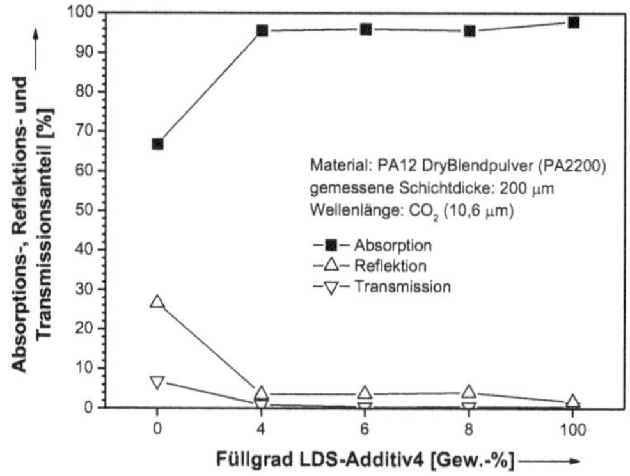

Abb. 7.6 Absorptions-, Reflektions- und Transmissionsanteil an Pulverschichten unterschiedlichen Füllgrades bei einer Belichtung mit einem CO2-Laser

7.4.2 Pulvereigenschaften

Die zur Einschätzung der Verarbeitbarkeit mittels SLS ermittelten Pulvereigenschaften Rieselfähigkeit sowie Schütt- und Stampfdichte sind im Abb. 7.7 dargestellt. Während in Abb. 7.7 (links) die Zeit des Ausrieselns aus einem Trichter mit einer Düsenöffnung von 25 mm über den Füllgrad an LDS-Additiv aufgetragen ist, wird in Abb. 7.7 (rechts) die Entwicklung der Schütt- und Stampfdichte über den Füllgrad dargestellt.

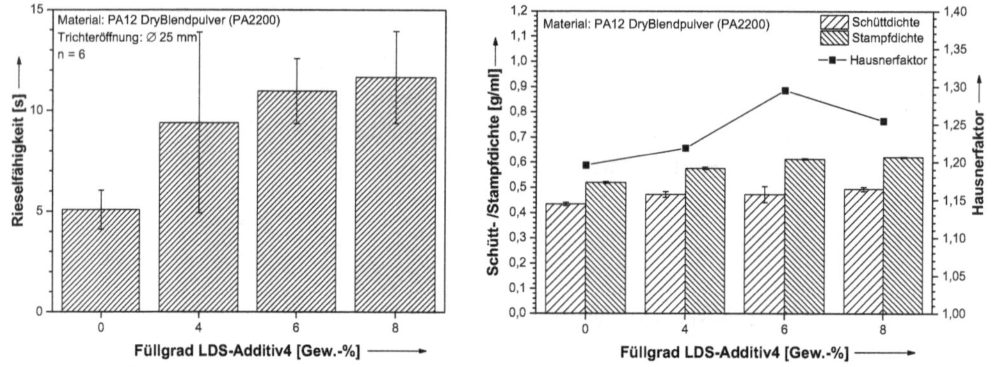

Abb. 7.7 Analyse der Pulvereigenschaften von PA12-LDS-Dryblends in Abhängigkeit des Füllgrades anhand der Rieselfähigkeit (links) sowie der Schütt- und Stampfdichte (rechts)

Im Falle der Rieselfähigkeit wird deutlich, dass trotz der mit Messunsicherheiten behafteten Messung die Ausflusszeiten infolge einer schlechteren Rieselfähigkeit bei höheren LDS-Füllgraden ansteigen. Mit zunehmenden Füllgrad erhöht sich durch die LDS-Additivpartikel der Feinanteil des Dryblends, wodurch sich die Agglomerationsneigung infolge von wachsenden Van-der-Waals-Kräften erhöht. Dadurch haftet das Pulver stärker aneinander und resultiert in schlechteren Rieselfähigkeiten, die letztendlich zu einem zunehmend schlechteren Materialauftrag führen.

Durch die Zunahme des Feinanteils im Dryblend infolge von wachsenden LDS-Füllgraden lässt sich auch die Zunahme der Schütt- und Stampfdichte bei höheren LDS-Additivfüllgraden begründen. So wird besonders infolge der Verdichtung des Pulvers durch das Stampfen die Packungsdichte durch das Ausfüllen von Zwischenräumen durch das LDS-Additiv erhöht, was die entsprechenden Werte ansteigen lässt. Der Hausner-Faktor, der aus dem Quotienten der Stampf- und Schüttdichte berechnet wird, kann ebenfalls für Aussagen zur Fließfähigkeit des Schüttgutes herangezogen werden. Dieser hat den Wert 1, wenn sich die Pulverschüttung nicht weiter verdichten lässt und demnach gut fließt. Mit dem erkennbaren Anstieg des Hausner-Faktors geht daher eine Abnahme der Rieselfähigkeit einher.

7.4.3 Thermisches Werkstoffverhalten

In Abb. 7.8 werden zum einen die Ergebnisse der DSC-Messungen zur Ermittlung des Aufschmelz- und Kristallisationsverhaltens in Abhängigkeit des LDS-Füllgrades bei konstanter Kühlrate von 10 K/min dargestellt (links). Zum anderen wird der Einfluss der Heiz- und Kühlrate auf das thermische Werkstoffverhalten des additivierten Dryblends dargestellt (rechts).

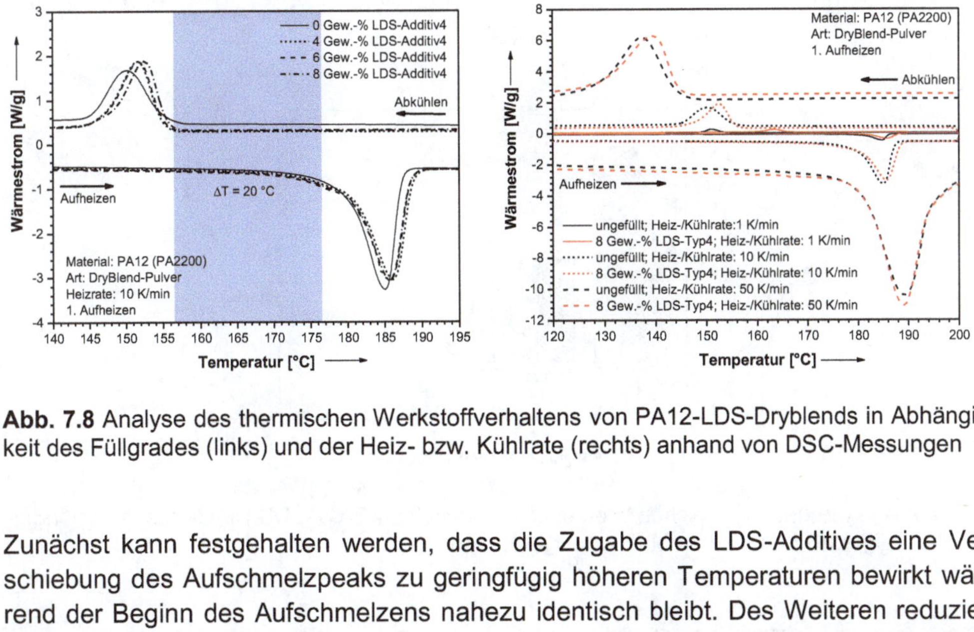

Abb. 7.8 Analyse des thermischen Werkstoffverhaltens von PA12-LDS-Dryblends in Abhängigkeit des Füllgrades (links) und der Heiz- bzw. Kühlrate (rechts) anhand von DSC-Messungen

Zunächst kann festgehalten werden, dass die Zugabe des LDS-Additives eine Verschiebung des Aufschmelzpeaks zu geringfügig höheren Temperaturen bewirkt während der Beginn des Aufschmelzens nahezu identisch bleibt. Des Weiteren reduziert sich die nötige Energieeinbringung infolge der Additivzugabe. Im Falle des Kristallisationsverhaltens zeigen die untersuchten Proben ebenfalls eine Verschiebung des Kristallisationspeaks zu höheren Temperaturen und eine höhere freiwerdende Energiemenge beim Kristallisieren. Daher ist anzunehmen, dass die LDS-Additivpartikel als Kristallisationskeime wirken und dadurch die Geschwindigkeit der Kristallisation begünstigen. Der Beginn der Kristallisation bleibt dabei nahezu unbeeinflusst weshalb festgehalten werden kann, dass die Additivzugabe keinen Einfluss auf die Größe des thermischen Prozessfensters zu haben scheint.

Dies ist grundsätzlich auch bei unterschiedlichen Heiz- und Kühlraten erkennbar, auch wenn die gefüllten Systeme eine Verschiebung des Kristallisationspeaks zu höheren Temperaturen zeigen. Die Ausnahme dabei bildet der Werkstoff bei einer Kühlrate von 1 K/min. Hier kommt es zu einem signifikanten Sprung des Kristallisationsbeginns. Die Möglichkeit einer Verschiebung der Aufschmelzpeaks infolge steigender Heizraten durch die thermische Trägheit des Werkstoffes ist aus der Literatur bekannt und lässt sich anhand der Aufnahmen bestätigen [13]. Neben der Heizratenabhängigkeit des Werkstoffes zeigt sich ebenfalls eine sehr starke Abhängigkeit des Werkstoffes von der Kühlrate. So verschieben sich mit zunehmender Kühlrate die Kristallisationspeaks zu wesentlich niedrigeren Temperaturen. Dies dürfte bei einer Verarbeitung den Effekt haben, dass zum einen während der Belichtung, bei der der Werkstoff sehr hohe Heiz- und Kühlraten erfährt, der Werkstoff nicht frühzeitig kristallisieren sollte, aber bei geringen Schwankungen der Bauraumtemperatur oder beim Abkühlvorgang nach Beendigung der Fertigung sehr sensibel auf Temperaturschwankungen reagieren und frühzeitig kristallisieren kann.

Der Einfluss des LDS-Füllgrades auf die Rheologie der Schmelze wird anhand des MVR-Wertes dargestellt, welcher bei einer Prüftemperatur von 210 °C und einer Belastung von 21,6 kg ermittelt wurde (Abb. 7.9).

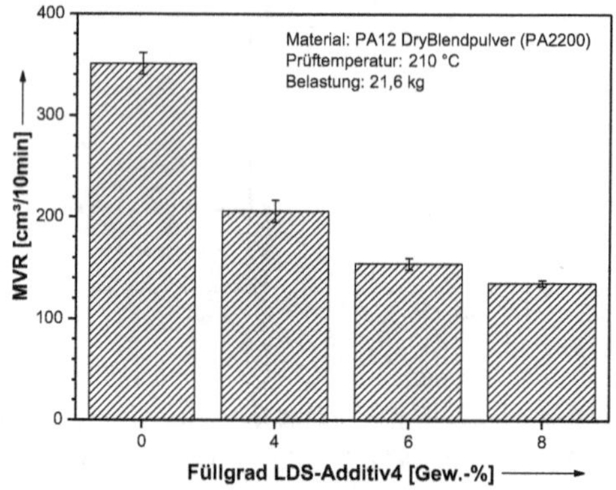

Abb. 7.9 Analyse des thermischen Werkstoffverhaltens von PA12-LDS-Dryblends in Abhängigkeit des Füllgrades anhand von MVR-Untersuchungen

Infolge steigender Füllgrade lässt sich hier ein deutlicher Abfall der MVR-Werte detektieren. Aufgrund der wesentlich schlechteren Rheologie der Schmelze bei steigenden LDS-Füllgraden ist zu erwarten, dass sich entsprechend beim Prozess des selektiven Lasersinterns die Homogenität des Schmelzebades zunehmend verschlechtert. Dies wirkt sich auf sichtbare Bereiche wie die Oberflächenbeschaffenheit von Bauteilen aber auch auf optisch nicht erfassbare Bereiche wie die Schichtanbindung oder die

Bauteildichte aus.

7.4.4 Lasersinterversuche und Strukturierung

Während der Verarbeitung kam es vor allem in den ersten Schichten infolge von auftretendem Curling immer wieder zu Prozessabbrüchen. Jedoch konnten für eine Strukturierung und fortführende Analyse der resultierenden Metallisierung durch die Fa. LPKF GmbH Probekörper gewonnen werden. Abb. 7.10 zeigt einen solchen durch selektives Lasersintern hergestellten, strukturierten und metallisierten Probekörper. Ferner lässt sich aufgrund der durch den Fertigungsprozess entstehenden rauen Oberflächenbeschaffenheit eine schlechte Strukturauflösung der Metallisierung erkennen. Um zu überprüfen inwiefern diese Auflösung an additiv hergestellten Bauteilen verbessert werden kann wurde eine weitere Platte überschliffen bevor diese die Strukturierung und Metallisierung durchlaufen hat. So lässt sich bereits im direkten Vergleich in Abb. 7.10 rechts ein Unterschied in der Strukturauflösung erkennen. Damit wurde gezeigt, dass über eine anschließende Oberflächenbehandlung von lasergesinterten Kunststoffbauteilen die Qualität der Auflösung nochmals gesteigert werden kann.

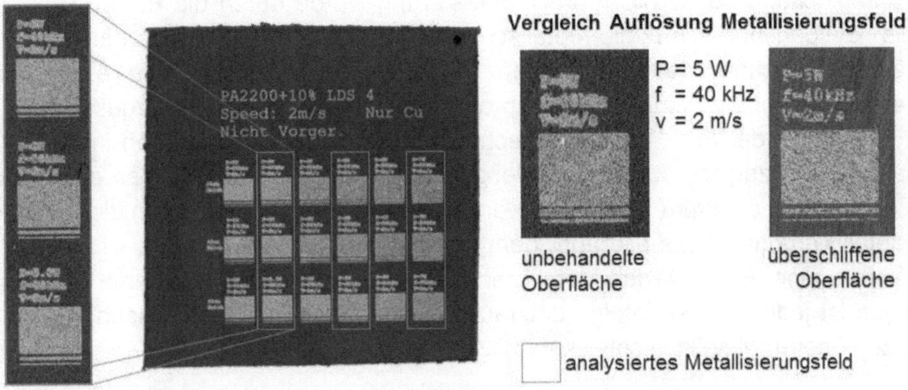

Abb. 7.10 Mittels SLS hergestellter, strukturierter und metallisierter Probekörper (links); Vergleich eines Metallisierungsfeldes an einem Probekörper mit unbehandelter und überschliffener Oberfläche

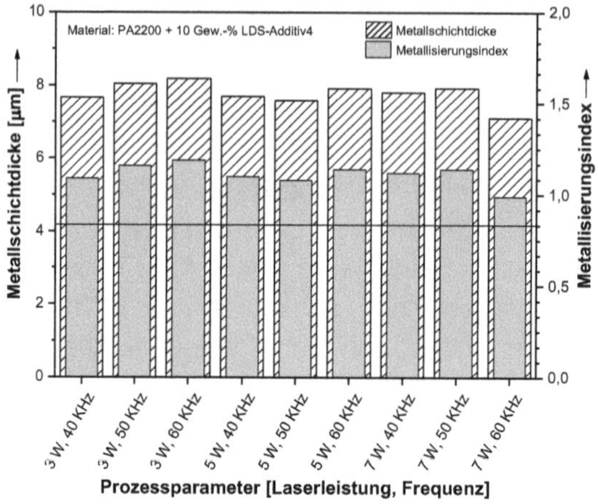

Abb. 7.11 Ergebnisse der Analyse der metallisierten Felder auf dem mittels SLS hergestellten Probekörpers

Zur Untersuchung der Qualität der Metallisierung wurde durch die Fa. LPKF GmbH mittels Röntgenfluoreszenz die Metallschichtdicke ermittelt und daraus der Metallisierungsindex errechnet, der sich aus dem Verhältnis der Metallschichtdicke der additiv hergestellten Probe zu einer Referenzprobe aus dem etablierten Spritzgusstyp Pocan DPT 7102 LDS der Fa. Lanxess berechnet. Diese Ergebnisse werden in Abb. 7.11 dargestellt und zeigen, dass über alle getesteten Metallisierungsfelder eine Metallschichtdicke von ca. 8 µm gemessen werden konnte. Damit liegen auch die berechneten Metallisierungsindizes alle über dem üblichen Benchmark von 0,8, wodurch allen Testfeldern eine ausreichende Metallisierung zugeschrieben werden kann. Zu berücksichtigen ist jedoch, dass infolge der rauen Oberfläche eine Beeinflussung der Messung zu höheren Metallschichtdicken möglich ist.

7.5 Zusammenfassung und Ausblick

Im Rahmen des Beitrages konnte gezeigt werden, dass über einen Trockenmischvorgang hergestellte PA12-LDS-Dryblends mittels selektiven Lasersintern zu Probekörpern verarbeitet werden können. Basierend auf der durchgeführten Pulveranalytik konnte festgestellt werden, dass das LDS-Additiv einen wesentlichen Einfluss auf die Pulvereigenschaften besitzt. So wird das optische Werkstoffverhalten infolge der Additivzugabe entscheidend verändert. Bereits geringe Füllgrade reichen aus um den Absorptionsanteil des Pulvers von 67 % (ungefüllt) auf 96 % (Füllgrade: 4, 6, 8 Gew.-%) zu steigern. Damit ist eine Verarbeitung mit bekannten Parametersätzen nicht möglich. Ferner sinkt durch steigende Füllgrade an LDS-Additiv die Rieselfähigkeit und die Schüttdichte nimmt infolge der besseren Packungsdichte zu. Weiterführende Untersuchungen zum Einfluss auf das thermische Werkstoffverhalten dieser Dryblends zeigten zwar keinen Einfluss auf das thermische Prozessfenster infolge des Füllgrades, konnten aber vor allem einen signifikanten Einfluss der Kühlrate auf das Kristallisationsverhalten der Werkstoffe aufzeigen. Zusätzlich beeinflussen steigende Additivfüllgrade die Fließfähigkeit der Schmelze negativ, wodurch die Verarbeitung von Dryblends mit höheren Füllgraden anfälliger für Prozessfehler wird. Die an die Fertigung anschließende Strukturierung und Metallisierung sowie deren Analyse anhand der Metallschichtdicke und des Metallisierungsindexes zeigt bei einer mit 10 Gewichtsprozent gefüllten Probe durchwegs eine Metallschichtdicke von ca. 8 µm und dadurch auch einen Metallisierungsindex, der den getesteten Feldern eine ausreichende Metallisierung attestiert.

In zukünftigen Untersuchungen soll zunächst der Einfluss der rauen gesinterten Oberfläche von Bauteilen auf die Metallisierung weiter herausgearbeitet werden, da diese sich wie bereits angedeutet auf die Auflösung der Leiterbahnstrukturen auswirkt.

Zusätzlich soll in zukünftigen Untersuchungen der Einfluss des Additivfüllgrades auf die realisierbaren Metallschichtdicken untersucht werden, um so gezielt den Füllgrad für ein besseres Werkstoffverhalten im Prozess zu reduzieren und somit eine Verarbeitung von PA12-LDS-Dryblends stabiler zu gestalten.

7.6 Danksagungen

Die Autoren danken der Industriellen Gemeinschaftsforschung (IGF) für die Förderung der Arbeiten im Rahmen des AiF-Projektes „Additive Fertigung laserdirektstrukturierter PBT-Bauteile“.

7.7 Literaturverzeichnis Kapitel 7

[1] Wohlers, T.: Wohlers Report 2014 – 3D Printing and Additive Manufacturing State of the Industry, Wohlers Associates, 2014.

[2] Franke, J.: Räumliche elektronische Baugruppen (3D-MID) – Werkstoffe, Herstellung, Montage und Anwendungen für spritzgegossene Schaltungsträger, München, Carl Hanser Verlag, 2013.

[3] Grießbach, V.: Praxis Rapid Technologien – Handbuch für Produktentwickler, Techniker, Kaufleute, 1. Auflage, V.G. Kunststofftechnik GmbH, Chemnitz, 2009.

[4] Gebhardt, A.: Generative Fertigungsverfahren – Additive Manufacturing und 3D Drucken für Prototyping – Tooling – Produktion, 4. neu bearbeitete und erweiterte Auflage, München, Carl Hanser Verlag, 2013.

[5] Nöken, S.: Technologie des Selektiven Lasersinterns von Thermoplasten, Dissertation, RWTH AACHEN, 1997.

[6] Kühnlein, F.: Verarbeitung teilkristalliner Thermoplaste mittels selektivem Maskensintern, Dissertation, FAU Erlangen-Nürnberg, 2013.

[7] Drummer, D.; Rietzel, D.; Kühnlein, F.: Additive Fertigung – Vom Prototyp zur Serie; In: Tagungsband – Fachtagung Additive Fertigung, FAU Erlangen-Nürnberg, 2009, S. 1-15.

[8] Breuninger, J.; Becker, R.; Wolf, A.; Rommel, S.; Verl, A.: Generative Fertigung mit Kunststoffen - Konzeption und Konstruktion für Selektives Lasersintern, Berlin, Springer Verlag, 2013.

[9] Rietzel, D.: Werkstoffverhalten und Prozessanalyse beim Laser-Sintern von Thermoplasten, Dissertation, FAU Erlangen-Nürnberg, 2011.

[10] Wißbrock, H.: Laser-Direkt-Strukturieren von Kunststoffen – Ein neues Verfahre im Spiegel eingeführter MID-Technologien, In: Kunststoffe, 92. Jahrgang, 11 (2002), S. 101-105.

[11] Festo: „BionicANTs – Kooperatives Verhalten nach natürlichem Vorbild“, Broschüre, Unter: http://www.festo.com/cms/de_corp/14252.htm (aufgerufen am 21.04.2015)

[12] Drummer, D.; 3. Industriekolloquium des Sonderforschungsbereichs 814 – Additive Fertigung – Von der Innovation zum Produkt, Erlangen, 2014, S. 15-34

[13] Ehrenstein, G.W.; Riedel, G.; Trawiel, P.: Praxis der thermischen Analyse von Kunststoffen Carl Hanser Verlag, München, 2003.

Teil 3 Neue metallische Materialen für das Laser-Strahlschmelzen

8 Möglichkeiten der funktionellen lokalen Konfiguration von Mikroaktoren aus Nickel-Titan für medizinische Implantate durch selektives Laserstrahlmikroschmelzen

Ronny Hagemann[1], Thomas Rau[2], Silke Hügl[2], Wilhelm Rust, Christian Noelke[1], Stefan Kaierle[1], Ludger Overmeyer[1], Volker Wesling[3], Wim Wolkers[4]

[1]Laser Zentrum Hannover e.V., Hannover, Deutschland

[2]Institut für Audioneurotechnologie, Medizinische Hochschule Hannover, Deutschland

[3]Institut für Schweißtechnik und Trennende Fertigungsverfahren, Technische Universität Clausthal, Clausthal-Zellerfeld, Deutschland

[4]Institut für Mehrphasenprozesse, Leibniz Universität Hannover, Hannover, Deutschland

Abstract: Auf dem Gebiet der therapeutischen Behandlung von Patienten mit innenohrbedingter Taubheit stellen Cochlea-Implantate (CI) die einzige erfolgreiche und etablierte Behandlungsmethode dar. CI sind Neuroprothesen, deren Elektrode in die Scala tympani der Hörschnecke (Cochlea) des Innenohres implantiert wird. Das Membrangewebe wird mittels einer Vielzahl von in der CI-Elektrode integrierten Kontakten zur Erzeugung eines Höreindrucks elektrisch stimuliert. Bei Vorhandensein eines Resthörvermögens werden Cochlea-Implantate wegen des hohen Risikos der intraoperativen Ertaubung durch mechanische Traumatisierung der Hörschnecke nur selten eingesetzt. Der Erfolg dieses Eingriffs ist maßgeblich vom persönlichen Geschick und der Erfahrung des operierenden Arztes abhängig. Diese Limitation soll durch Integration additiv mittels Selective Laser Melting (SLM) hergestellter Mikroaktoren aus Nickel-Titan-Formgedächtnis-Legierung (NiTi-FGL), zur steuerbaren Deformation von CI-Elektroden, überwunden werden. Auf Basis der Ergebnisse einer CI-Insertions-Simulation ist im Rahmen dieser Arbeit die Realisierbarkeit der lokalen Konfiguration der mechanisch-funktionellen Eigenschaften von NiTi-FGL zu untersuchen. Abhängig von den Prozessparametern sind die mechanisch-funktionellen Materialeigenschaften der hergestellten Mikroaktoren reproduzierbar bzw. in Grenzen lokal einstellbar.

Keywords: Selektives Laserstrahlschmelzen, shape memory, Formgedächtnis, Cochlea Implantat, NiTi, DSC

8.1 Einleitung und Stand der Technik

Auf dem Gebiet der therapeutischen Behandlung von Patienten mit innenohrbedingter Taubheit stellen sogenannte Cochlea-Implantate (CI) die einzige erfolgreiche und etablierte Behandlungsmethode dar. Cochlea-Implantate sind komplexe, aus einer Mehrzahl von Einzelkomponenten bestehende, Neuroprothesen, die operativ in die Hörschnecke (Cochlea) eingeführt werden. Die Schallsignale der Umgebung werden von einem Signalprozessor digital aufbereitet und in Form schwacher elektrischer Impulse an die Kontakte der Elektrode in der Cochlea geleitet. Dort stimulieren sie direkt den noch intakten und funktionsfähigen Hörnerv, wodurch das Sprachverstehen bei betroffenen Patienten ermöglicht wird. Zum Einsatz kommen CI fast ausschließlich bei innenohrbedingter Taubheit und stellen dort die einzige erfolgreiche und etablierte Behandlungsmethode dar. Die, den Schall von der Basilarmembran auf den Hörnerv übertragenden Haarzellen dieser Patienten sind nicht mehr funktionsfähig. Im Gegensatz dazu steht für Patienten mit hochgradiger Schwerhörigkeit keine adäquate Versorgung zur Verfügung. Cochlea-Implantate kommen bei dieser Indikation wegen des hohen Risikos der intraoperativen Ertaubung durch mechanische Traumatisierung der Hörschnecke nur in seltenen Fällen in Frage. Zum einen ist der Erfolg eines derartigen Eingriffs dabei maßgeblich vom persönlichen Geschick und der Erfahrung des operierenden Arztes abhängig. Zum anderen ist der Verlauf der Krümmungsbewegung aktuell eingesetzter Stilett-Elektroden nicht reproduzierbar [1]. Daraus erwächst die Forderung nach einer Technologie, welche eine, die intracochleären Membranstrukturen schonende, Insertion einer CI-Elektrode ermöglicht. Es soll der Ansatz einer im Krümmungsverhalten steuerbaren CI-Elektrode verfolgt werden, um die Kontaktkräfte zwischen der CI-Elektrode und dem intracochleären Gewebe während der Insertionsprozedur zu reduzieren.

Als vielversprechender Ansatz wird die Integration von Aktoren aus Nickel-Titan-Formgedächtnis-Legierungen (NiTi-FGL) in CI-Elektroden gesehen. Beim sogenannten Einweg-Effekt erfolgt die Phasenumwandlung wärmeinduziert. Sie erlaubt beträchtliche Formänderungen von bis zu 8 %, die für Stellbewegungen in der Aktorik genutzt werden können. Eine in der Deformation steuerbare CI-Elektrode wäre damit realisierbar. Auf Basis einer FE-Simulation von Kardas et al. leitet sich die Forderung nach NiTi-FGL Mikro-Aktoren mit örtlich differenzierten Phasenumwandlungseigenschaften ab [2]. Abb. 8.1 zeigt die simulierte Insertion eines Nickel-Titan Aktor-Elements in die Scala tympani eines digitalen Modells des humanen Innenohres. Die Spitze des Aktors am apikalen Ende erwärmt sich, z. B. durch Körperwärme, dabei frühzeitig und führt zu einem Temperaturgradienten zwischen apikalem und basalem Ende.

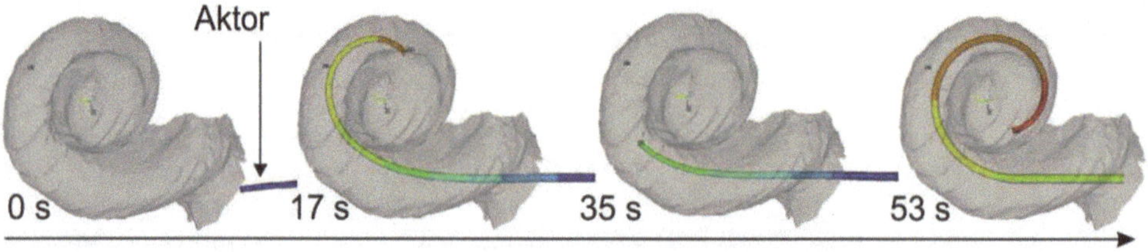

Abb. 8.1 FE-Simulation der Insertion eines NiTi-FGL-Aktors [2]

Im Ausgangszustand bei niedrigen Temperaturen ist das Materialgefüge von NiTi martensitisch verzwillingt. Die Deformation ist offensichtlich nicht elastischer, sondern sogenannter pseudo-plastischer (d. h. scheinbar plastischer) Natur, da sie zunächst bei konstanter Temperatur verbleibt. Die Bezeichnung „pseudo-plastisch" rührt daher, dass die vorgenommene Deformation nicht auf der klassischen Theorie der Versetzungsbewegung basiert, sondern auf einer Verzerrung der Martensit-Zwillingsstruktur [3]. In Metallen erfolgt der Abbau der bei großen Dehnungen eingebrachten inneren Spannungen durch die Entstehung von Gitterdefekten wie z. B. Versetzungen und Fehlstellen. NiTi-FGL hingegen können Dehnungen von bis zu 8 %, ohne Entstehung irreversibler Gitterdefekte, allein durch Spannungsabbau in Folge der Verschiebung von Zwillingsgrenzen erfahren. Um das „Formgedächtnis" aufzurufen, wird das Material nun bis über die Austenit-Start-Temperatur AS bis zur Austenit-Finish-Temperatur AF erwärmt, ab welcher das Gefüge vollständig austenitisch ist. Die Umwandlung des Gefüges von Martensit in Austenit durch Abkühlung verläuft diffusionslos, d. h. die relative lokale Anordnung der Atome bleibt bestehen, es erfolgt keine „Wanderung" der Atome. Ein weiteres wichtiges Kriterium ist der hohe Grad der Symmetrie des Kristallgitters im austenitischen Zustand [4]. Daraus folgt, dass die Struktur des Kristalls auf der Mikroebene mit einer definierten Anordnung der Atome räumlich festgelegt ist. Ausgehend von dieser Ordnung auf der mikrokristallinen Ebene muss demzufolge auch auf makroskopischer Ebene die Anordnung der Atome zu einer zum Ursprungszustand identischen Ausgangsform führen. Dies bedeutet, dass die makroskopische äußere Form wiederhergestellt wird.

Es existieren bereits mehrere Ansätze zur praktischen Realisierung gesteuert deformierbarer CI-Elektroden, die zumeist auf drahtförmigen NiTi-Aktoren [6],[7] bzw. auf einem hydraulischen Mechanismus [5] basieren. Nachteil dieser Varianten ist deren notwendige individuelle anatomische Formgebung, welche die kostenintensive und aufwendige Herstellung von Formwerkzeugen inklusive einer nachgeschalteten Wärmebehandlung verlangt. Des Weiteren sind die funktionellen FG-Eigenschaften von Halbzeugen wie Drähte nicht oder nur sehr aufwendig durch spezielle Wärmebehandlungsverfahren lokal zu beeinflussen. Diese Umstände verlangen nach einem Fertigungsverfahren, welches neben einer extrem hohen geometrischen Auflösung im Sub-Millimeter-Bereich sowie einer hohen Flexibilität in der Bauteilgestaltung das Potential der integrierten, kontrollbierbaren thermischen Konfiguration der funktionellen Eigenschaften des zu bearbeitenden NiTi-Werkstoffes bietet. Das additive Verfahren des selektiven Laserstrahlschmelzens kann diesen Anforderungen durch Kenntnisse über Zusammenhänge zwischen Prozessparametern und Werkstoffeigenschaften von Formgedächtnis-Legierungen gerecht werden. Wissenschaftliche Arbeiten diverser Arbeitsgruppen [8],[9],[10],[11],[13],[14] fokussierten sich auf die Ermittlung der Zusammenhänge zwischen den Eingangsparametern des laserbasierten Fertigungsprozesses sowie des Pulvermaterials und den resultierenden Eigenschaftsparametern der aus dem Prozess hervorgehenden Volumenkörper. Zu den maßgeblich beitragenden Mechanismen gehört lt. den Autoren das selektive Verdampfen von Legierungsbestandteilen, insbesondere von Nickel. Als ursächlich werden die unterschiedlichen partiellen Gleichgewichtsdampfdrücke der Elemente Nickel und Titan betrachtet [12]. Demnach hat Nickel einen deutlich höheren Gleichgewichtsdampfdruck als Titan bei gleichen Temperaturen. Folglich wird von einer deutlich höheren Verdampfungsrate des Nickelanteils aus der Nickel-Titan-Schmelze ausgegangen. Zweitens führt die Reaktion von Sauerstoff mit der Schmelze zur Ausscheidung von Fremdphasen im Gefüge. Beide Mechanismen können zu einer Änderung des Legierungsverhältnisses und damit zu Differenzen der resultierenden Phasenumwandlungstemperaturen im Vergleich zum Ausgangswerkstoff führen.

Im Ergebnis zeigten diese Arbeiten bisher auf, dass additiv hergestellte Volumenkörper qualitativ deutlich ausgeprägte Formgedächtnis-Eigenschaften zeigen können. Dennoch weisen im gleichen Zuge nahezu alle Arbeiten auf quantitativ abweichende Formgedächtnis-Eigenschaften hin. Konforme Erklärungen für diese Abweichungen existieren bislang nicht bzw. die jeweils erzielten Ergebnisse werden kontrovers diskutiert. Einhellig wird jedoch die Meinung vertreten, dass der Laserstrahlschmelzprozess durch Verdampfungseffekte geprägt ist, die zu einer Nickelverarmung und damit zu Änderungen der Formgedächtnis-Eigenschaften führen. Konkrete einzuhaltende Parameterbereiche bzw. praktische Handlungsanweisungen zur Vermeidung oder Herbeiführung bestimmter Eigenschaftsänderungen fehlen bislang.

8.2 Methoden und Versuchstechnik

Ziel der Untersuchungen ist eine Erweiterung des Verständnisses der auf die maßgeblichen Werkstoffeigenschaften wirkenden Prozessmechanismen des Laserstrahlschmelzprozesses sowie die Evaluierung neuer prozesstechnischer Möglichkeiten zur Einflussnahme auf die resultierenden Werkstoffeigenschaften von NiTi-FGL. Dazu zählen das Laserstrahlschmelzen sowohl mit kontinuierlich als auch mit gepulst emittierenden Strahlquellen und die Verwendung unterschiedlicher Schutzgasatmosphären.

8.2.1 Versuchstechnik

Wie im vorherigen Abschnitt erläutert, besteht die Möglichkeit, Legierungsbestandteile selektiv zu verdampfen. Speziell zu diesem Zweck wurde am Laser Zentrum Hannover e.V. eine vakuumtaugliche Laserstrahlschmelzanlage entwickelt, um erstmalig gezielt durch Erzeugung eines Grobvakuums selektive Verdampfungs-Effekte beim Laserstrahlschmelzen von NiTi-FGL nachzuweisen. Als Laserstrahlquellen dienten ein 25 W cw-Faserlaser der Firma SPI mit einer Wellenlänge von 1070 nm, ein Nanosekunden-System, welches Laserpulse mit einer Dauer im Nanosekunden-Bereich emittiert, sowie ein Milli-Sekunden-System mit einer Wellenlänge von jeweils 1064 nm zur Proben-Herstellung.

8.2.2 Analysemethoden und Prozessparameter

Elementanalysen zur anteiligen Ermittlung der Legierungskomponenten Nickel und

Titan erfolgen mittels des integrierten EDS (Energiedispersive Röntgenspektroskopie)-Moduls „Genesis" der Firma EDAX Inc. Aufgrund der zu erwartenden sehr geringen Gehalte an Sauerstoff wird zu dessen Analyse das Verfahren der Heißträgergasextraktion herangezogen. Die gängige Standard-Methode zur Ermittlung der charakteristischen Temperaturen von NiTi-FGL ist die Methode der Differenzkalorimetrie, mit welcher die Ausprägung der funktionellen Eigenschaften quantifizierbar wird.

Heißträgergasextraktion

Die Heißträgergasextraktion wird zur Bestimmung der Gehalte von Sauerstoff, Stickstoff und Kohlenstoff metallischer Proben verwendet. Im Rahmen dieser Arbeit wurde der Sauerstoffgehalt der NiTi-FGL-Proben mittels Heliumstrom extrahiert. Anschließend wird am Extraktionsgut durch eine Wärmeleitfähigkeitsmessung der Sauerstoffanteil bestimmt. Der Messfehler beträgt ca. 1%. Die Untersuchungen wurden an einer Anlage der Firma Bruker GmbH, Typ G8 Galileo durchgeführt. Die Flachproben, 30 mm quadratisch mit einem Spurabstand 0,04 mm, wurden mit variabler Laserleistung, Scangeschwindigkeit und in unterschiedlichen Prozessatmosphären hergestellt. Die Fertigung erfolgte direkt im Pulverbett ohne Substratanbindung, um Einflüsse der Wärmeableitung durch unterschiedliche Anbindungsquerschnitte an das Substrat bedingt durch die unterschiedlichen Laserparameter zu vermeiden. Die Schutzgasatmosphäre wurde durch Fluten der Prozesskammer kontinuierlich mit einem Gasdruck von 2 bar mit dem jeweiligen Inertgas aufrechterhalten. Untersucht wurde die Abhängigkeit des Sauerstoffgehaltes der Proben von der Laserleistung, der Scangeschwindigkeit sowie der Art der Prozessatmosphäre.

Dynamische Differenzkalorimetrie

Zur quantitativen Bestimmung der funktionellen Eigenschaften von NiTi-FGL ist die Dynamische Differenzkalorimetrie (engl. Differential Scanning Calorimetry, DSC) die Standardmethode. Das in dieser Arbeit verwendete Gerät zur Bestimmung der charakteristischen Phasenumwandlungstemperaturen ist das Kalorimeter DSC 204 F1 Phoenix® des Herstellers Netzsch. Das Prinzip basiert auf einer definierten, zeitlich parallelen Erwärmung zweier Probentiegel. Einer der Tiegel enthält das Probenmaterial, der zweite verbleibt leer und dient als Referenz. Kommt es beim Erwärmen des Probenmaterials nun zu exo- oder endothermen Aktivitäten, z.B. durch Veränderungen des Gefüges oder anders geartete Reaktionen, registriert der Wärmestromsensor den Temperaturgradienten und vergleicht diesen mit den Messwerten der Referenzprobe. Zur Erläuterung ist in Abb. 8.2 der typische Verlauf einer DSC-Messung einer lasergeschmolzenen NiTi-Probe dargestellt. Jeder Messzyklus beginnt mit einem Aufheizen der Probe auf $T \approx 75$ °C, um sicherzustellen, dass das Gefüge sich vollständig im austenitischen Zustand befindet. Der eigentliche Messzyklus beginnt in Punkt 1 bei einer Temperatur $T \approx 75$ °C. Es erfolgt eine Abkühlung bis auf $T \approx -30$ °C. Die Probe durchläuft dabei eine austenitisch-martensitische Gefügeumwandlung, dargestellt durch den Peak bei $T \approx 25$ °C. Es werden die in diesem Bereich auftretenden charakteristischen Temperaturen, MS - Martensit-Start, MP - Martensit-Peak und MF -

Martensit-Finish graphisch mit Hilfe der Auswertungssoftware Proteus® ermittelt. In Punkt 2 bei einer Temperatur T ≈ -35 °C beginnt das Aufheizen der Probe. In diesem Temperaturbereich befindet sich das Material vollständig im martensitischen Zustand. Der Beginn der ansteigenden Flanke kennzeichnet die martensitisch-austenitische Gefügeumwandlung. Es werden die in diesem Bereich auftretenden charakteristischen Temperaturen, AS - Austenit-Start, AP - Austenit –Peak und AF - Austenit – Finish ermittelt. In Punkt 3 bei T ≈ 100 °C wird der Messzyklus beendet.

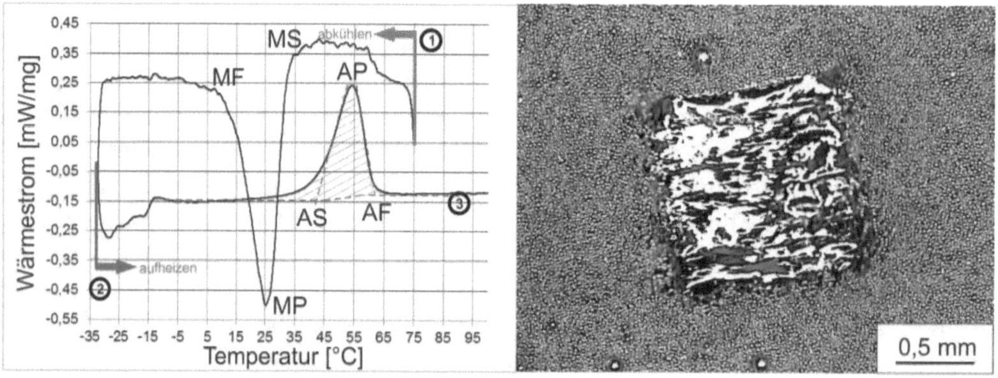

Abb. 8.2 a) Typisches Diagramm einer DSC-Analyse einer pseudo-plastischen NiTi-FGL b) NiTi-FGL Probe im Pulverbett für DSC-Analyse

Die Probekörper für die Dynamische Differenzkalorimetrie (DSC) wurden nicht auf einer Substratplatte, sondern ohne Anbindung frei im Pulverbett liegend auf einer Pulverschicht höher als 1 mm aufgebaut, um Einflüsse der Wärmeableitung durch unterschiedliche Anbindungsquerschnitte zu vermeiden. Unter Variation der Laserparameter wurden flächige, quadratische Einzelschichtproben mit einer Kantenlänge von 1,2 mm gefertigt. Für ein einfaches Füllmuster zum flächigen Aufschmelzen wurde mit einem Spurabstand von 0,03 mm gefertigt. Sämtliche Probekörper für die DSC-Analyse wurden in gleicher Weise gefertigt, um vergleichbare Ergebnisse zu erhalten.

Zunächst erfolgte eine grundlegende Untersuchung der aktiven Prozessparameter Laserleistung und Scangeschwindigkeit des Laserstrahlschmelzprozesses im Bereich 5,3 bis 12,3 W bzw. 5 bis 40 mm/s unter Zunahme einer 25 W Strahlquelle (cw) mit 1070 nm Wellenlänge (siehe Ergebnisse in Abb. 8.3a). Unter Verwendung dieser vergleichsweise geringen Streckenenergiedichten sind aufgrund der geringen Schmelzbadausdehnung die höchsten räumlichen Auflösungen zur Herstellung von Mikrobauteilen erreichbar. In erweiterten Prozessuntersuchungen nach Tab. 8.1 wurden Proben mit deutlich höheren Laserleistungen (maximal 25 W) bzw. Scangeschwindigkeiten (120 mm/s) hergestellt, um auch diesen Laserparameterbereich experimentell abzudecken. Anschließend wurde der Einfluss passiver Prozessparameter wie die Prozessatmosphäre und die Art der Strahlquelle eingehend untersucht.

Tab. 8.1 Erweiterte Untersuchungen aktiver und passiver Laserparameter

Betriebs-modus	Schutz-atmosphäre	Laserleistung [W]	Scange-schwindigkeit [mm/s]	Pulsdauer [ns]	Frequenz [kHz]
gepulst	Argon	20	60	50	600
gepulst	Argon	20	60	200	600
gepulst	Argon	20	100	$2 \cdot 10^5$	1000
gepulst	Argon	20	25	$2 \cdot 10^5$	300
gepulst	Argon	20	25	$2 \cdot 10^5$	300
gepulst	Argon	20	25	$2 \cdot 10^5$	500
gepulst	Argon	20	5	$2 \cdot 10^5$	100
cw	Argon	25	60	-	-
cw	Argon	16	120	-	-
cw	Argon	25	120	-	-
cw	Luft	16	120	-	-
cw	Luft	25	60	-	-
cw	($2 \cdot 10^{-2}$ mbar)	25	60	-	-
cw	($2 \cdot 10^{-2}$ mbar)	16	120	-	-

8.3 Ergebnisse

8.3.1 Ermittlung der Ausgangsbedingungen

Legierungskomponenten Ingots und Pulver

Es wurde Stangenmaterial (Ingot) eines Herstellers zu Pulver verarbeitet. Das Pulver wird durch Sieben fraktioniert. Anschließend werden die Anteile der Legierungskomponenten in Abhängigkeit von Partikelgrößenfraktion mittels EDS ermittelt, dargestellt in Abb. 8.3.

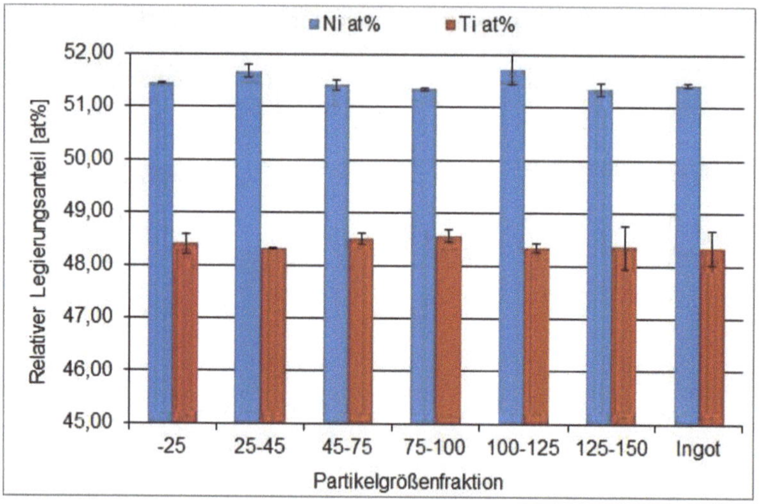

Abb. 8.3 Abhängigkeit der Ni- und Ti-Gehalte vom Pulverpartikeldurchmesser

Qualitativ stimmt der Verlauf Ni- und Ti-Gehalte in Abhängigkeit vom Pulverpartikeldurchmesser für die Legierung nicht mit den Ergebnissen von Dudziak [12] überein. Die Nickel-Gehälter entwickeln sich unabhängig von der ansteigenden Partikelgröße auf annähernd konstantem Niveau. Ähnlich konstant zeigt sich der Verlauf der Titan-Gehälter. Auch sind die Ni- und Ti-Gehalte im Vergleich zum Ingot nicht verändert. Besonderes Augenmerk ist hier auf den Nickelgehalt der Fraktion 25 bis 45 µm zu legen, da diese im weiteren Verlauf detaillierter bezüglich der FG-Funktionalität untersucht werden.

Funktionalität Ingots und Pulver-Legierung

Vergleichend enthält die nachfolgende Abb. 8.4 die charakteristischen Temperaturen eines weiteren Ingot 1, es liegen dem Datenblatt jedoch keine Wiederholungsmessungen bei. Im Aufheizzyklus sind die charakteristischen Temperaturen gegenüber Ingot 2 geringfügig verringert, was jedoch in guter Relation mit der Standardabweichung für Ingot 2 liegt. Zur Untersuchung der FG-Funktionalität wurden mittels DSC die charakteristischen Temperaturen der Phasenumwandlung des Pulvers 25 bis 45 µm (Pulver 2 aus Ingot 2) ermittelt, da mit diesem alle weiteren Untersuchungen zu Prozess und FG-Funktionalität durchgeführt werden. Sämtliche charakteristischen Temperaturen von Pulver 2 sind gegenüber denen des Ingots deutlich verringert, in der Regel um ca. 10 K.

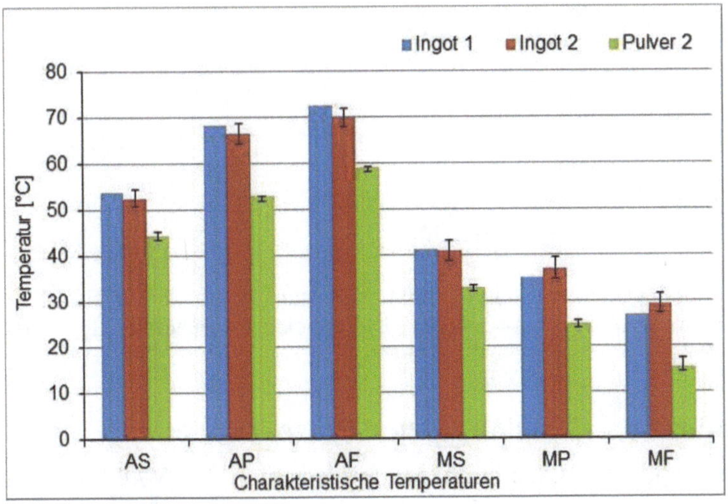

Abb. 8.4 Charakteristische Temperaturen der Ausgangswerkstoffe Ingots und Pulver

Strahlschmelzprozess

In Abb. 8.5a sind die Austenit-Peak-Temperaturen (AP) der DSC-Messungen der additiv gefertigten NiTi-FGL Proben in dem untersuchten Parameter-Bereich von Laserleistung und Scangeschwindigkeit aufgetragen. In den farbig hervorgehobenen Bereichen wird der Wert der Austenit-Peak-Temperatur AP entsprechend der Laserleistung und der Scangeschwindigkeit zugeordnet. Die Austenit-Peak-Temperatur des Pulvers AP, (Pulver) = 53 °C, ist stets als Referenzwert zu betrachten. Annähernd sämtliche ausgewerteten Temperaturen AP sind höher als die des Pulvers (AP (Pulver)). Eine Ausnahme bildet die AP Temperatur bei (6,8 W / 6,25 mm/s) mit 52,6 °C. Die durchschnittlichen AP Temperaturen sind etwa 0,84 K höher als die des Pulvers (AP (Pulver)). Die Standardabweichung der Messwerte von AP beträgt ± 0,655 K bei einer Wiederholung von n = 4. Tendenziell geht mit zunehmender Scangeschwindigkeit (äquivalent zu einer Verringerung der Streckenenergiedichte) ein Anstieg der AP Temperaturen einher (gleiche Farbcodierung AP Temperaturen Zeile für Zeile von links nach rechts). Die höchste verwendete Laserleistung P_L = 12,3 W resultiert tendenziell in höheren AP Temperaturen über 54 °C. Das unbearbeitete Pulver zeigt, neben dem Hauptumwandlungspeak bei AP Temperatur, bei ca. 80 °C einen zweiten scharf ausgebildeten Peak (siehe Abb. 8.5b exemplarische blaue Aufheizkurve). Sämtliche SLM-Proben hingegen zeigen nur den Hauptumwandlungspeak bei der Temperatur AP (exemplarische gelbe Kurve in Abb. 8.5b).

Laserleistung in W	Scangeschwindigkeit in mm/s: 5	6,25	7,5	8,75	10	12,5	15	17,5	20	25	30	35	40
5,3	53,7				53,7				54				
6,8		52,6				54,3				54,5			
8,7			53,2				53,8				54,2		
9,8				53,6				53,9				53,7	
12,3					54,5				54,2				54,2

A_P (Pulver) = 53 °C

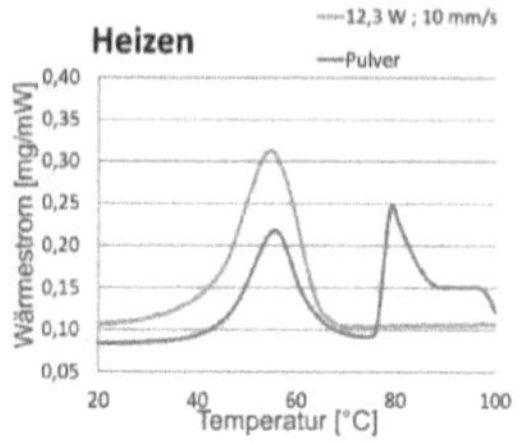

Abb. 8.5 a) Hauptumwandlungspeak AP bei Laserleistungen von 5,3 W bis 12,3 W und Scangeschwindigkeiten von 5 mm/s bis 40 mm/s b) Vergleich zw. Pulver und typischer SLM-Probe

8.3.2 Einfluss der Strahlquelle und Prozessdruck

Für verhältnismäßig hohe Laserstreckenenergiedichten (25 W / 60 mm/s) sind sowohl die Martensit- als auch Austenit-Peak-Temperaturen gegenüber dem Ausgangspulverwerkstoff leicht erhöht (linkes Diagramm in Abb. 8.6). Bei gegenteilig geringeren Laserstreckenenergiedichten (16 W / 120 mm/s) sind die Peak-Temperaturen leicht verringert, die Martensit-Peak-Temperatur ist sogar geringer als beim Pulver (siehe gestrichelte Linien).

In einer Grobvakuumatmosphäre mit einem Unterdruck von 2,7 Pa wurden Proben mit drei Laserparametersätzen hergestellt (siehe zweites Diagramm von links). Unter Verwendung des Standardparametersatzes zur Fertigung (25 W / 120 mm/s) beträgt die durchschnittliche Austenit-Peak-Temperatur AP = 51,4 °C ± 0,31 K. Die entsprechende Temperatur AP des Pulvers beträgt AP = 51,9 °C ± 0,12 K. Unter Verwendung einer geringen Streckenenergiedichte (16 W / 120 mm/s) beträgt die Austenit-Peak-Temperatur AP = 53,4 °C ± 0,1 K. Des Weiteren wurden Proben in Umgebungsluftatmosphäre erzeugt. Die DSC-Analyse dieser Proben ergab, dass keinerlei Phasenumwandlungsvermögen in Form von Umwandlungspeaks festzustellen ist.

Proben, die mit der im ns-Bereich gepulst emittierenden Strahlquelle gefertigt wurden, zeigen gegenüber dem Pulver stets leicht verringerte Peak-Temperaturen (zweites Diagramm von rechts). Proben, die mit der im ms-Bereich gepulst emittierenden Strahlquelle gefertigt wurden (sämtliche Proben mit einer Pulslänge von 0,2 ms), zeigen gegenüber dem Pulver stets leicht erhöhte Austenit-Peak-Temperaturen bzw. verringerte Martensit-Peak-Temperaturen.

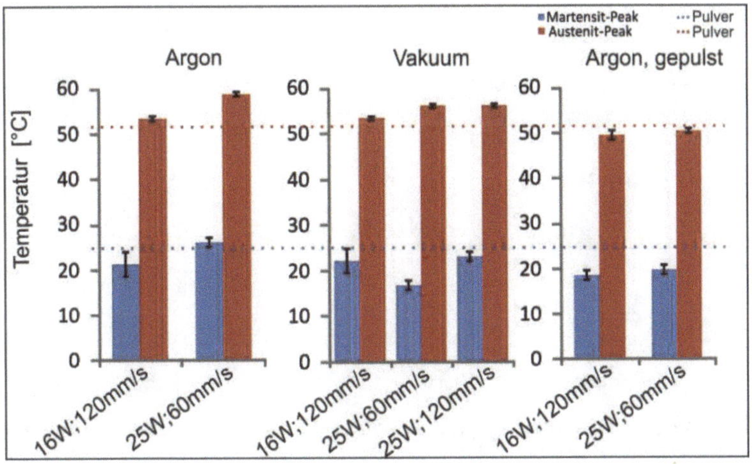

Abb. 8.6 Einfluss von Prozessdruck und Strahlquelle auf Peak-Temperaturen von NiTi-FGL

8.3.3 Sauerstoffgehalt

Das nachfolgende Diagramm in Abb. 8.7 stellt die sich aus dem Laserstrahlschmelzprozess ergebenden Sauerstoffgehalte unter verschiedenen aktiven und passiven Prozessparametern dar. Die NiTi-FGL in Pulverform hat einen Sauerstoffgehalt von etwa 59 ppm. Der erste Satz additiv gefertigter Proben wurde mit zunehmender Laserleistung von 10 W bis 25 W und einer Scangeschwindigkeit von 120 mm/s in Argon-Atmosphäre hergestellt. Von 10 W bis 20 W verdreifacht sich der Sauerstoffgehalt gegenüber dem Pulver. Von 20 W bis 25 W wurde ein signifikant erhöhter Sauerstoffgehalt von 452 ppm bestimmt.

Der zweite Satz Proben wurde unter Verwendung einer steigenden Scangeschwindigkeit von 40 mm/s bis 120 mm/s und 20 W Laserleistung hergestellt. Der Sauerstoffgehalt hat sich zunächst von 128 ppm auf 249 ppm erhöht. Bei weiterer Erhöhung der Scangeschwindigkeit konnte keine signifikante Abhängigkeit des Sauerstoffgehaltes von der Scangeschwindigkeit festgestellt werden.

Der dritte Satz Proben wurde mit 20 W Laserleistung, einer Scangeschwindigkeit von 120 mm/s in Argon, Helium, Stickstoff sowie einer Grobvakuumatmosphäre mit einem Unterdruck von ca. 2 Pa hergestellt. Unter Verwendung unterschiedlicher Inertgase sind keine signifikanten Differenzen der Sauerstoffgehalte zu verzeichnen. Die in Argon hergestellten Proben hatten den niedrigsten Sauerstoffgehalt. Die in einer Vakuumatmosphäre hergestellten Proben hatten einen gegenüber den Prozessgasen dreifachen Sauerstoffgehalt von etwa 632 ppm.

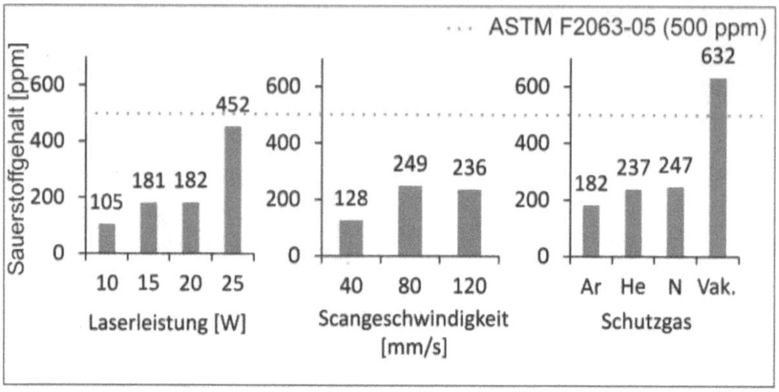

Abb. 8.7 Sauerstoffgehalte in Abhängigkeit aktiver und passiver Prozessparameter

8.4 Auswertung und Diskussion

8.4.1 Funktionelle Eigenschaften von NiTi-FGL

Ingots und Pulver-Legierung

Im Vergleich zum Stangenmaterial zeigt das Pulver ähnliche, mit dem Partikeldurchmesser konstante Ni- und Ti-Gehälter. Dies weicht deutlich von den Ergebnissen von Dudziak ab, die einen relativen Verlust von Nickel mit größer werdendem Partikeldurchmesser feststellte. Die Autorin erklärt dies mit einer deutlich höheren Erstarrungsgeschwindigkeit kleiner Partikel im Vergleich zu größeren und des damit geringeren Zeitfensters einer möglichen Nickelabdampfung während des Verdüsungsprozesses zurück zu führen. Der Verlust an Titan aus der Schmelze lt. Autorin ausschließlich mit der Bildung von Titanoxiden während des Verdüsungsprozesses zu erklären. Laut Datenblatt beträgt der Nickel-Gehalt des Ingot ca. 51,44 at.%. Dies würde insbesondere mit den Ergebnissen des folgenden Abschnitts 4.1.2 zur Funktionalität des Pulvers korrelieren, da die charakteristischen Temperaturen gegenüber denen der Ingots verringert sind. Nach Frenzel et al ist dies mit dem erhöhten Nickel-Gehalt der Pulverfraktionen gegenüber den Ingots zu erwarten [15]. Konstante Ni- und Ti-Gehälter von Pulver und Ingot einerseits, abweichende charakteristische Temperaturen zwischen Pulver und Ingot anderseits sind nach derzeitigem Wissen konträr. Dennoch ist zur Bewertung der Ergebnisse die verfahrensbedingte Messgenauigkeit des EDS-Verfahrens von ca. 1 at.% [15] zu berücksichtigen, besonders vor dem Hintergrund des bedeutenden funktionalen Zusammenhangs zwischen Nickel-Gehalt und charakteristischen Temperaturen nach Frenzel et al (siehe Abschnitt 8.1). Demnach ist bei der Auswahl einer Legierung dieser Einflussfaktor anhand der Ergebnisse von DSC-Analysen zu berücksichtigen, um die Pulvermaterial mit den gewünschten charakteristischen Temperaturen zu erhalten.

Laserprozess und Parameter

Die DSC-Analyse des Ausgangswerkstoffes Pulver zeigt nach dem Hauptumwandlungspeak bei AP = 53 °C) bei 80 °C einen weiteren steilen, zweistufigen Ausschlag. Dabei handelt es sich mutmaßlich nicht um die aus der Literatur bekannte R-Phase, welche ausschließlich im Abkühlzyklus auftritt [14],[15]. Es wird angenommen, dass dieser Ausschlag dem Prozess der Verdüsung im Zuge der Pulverherstellung aus Stangenmaterial zuzuschreiben ist. Durch das Schmelzen des Pulvers im Laserstrahlschmelzprozess scheint es zu einer Homogenisierung des Gefüges der NiTi-FGL zu kommen, in deren Zuge nur der Hauptumwandlungspeak verbleibt.

Zusammenfassend ist ein geringfügiger Einfluss der aktiven Laserparameter Laserleistung und Scangeschwindigkeit unter Verwendung von cw-Strahlquellen im Laserstrahlschmelzprozess auf die funktionellen Eigenschaften von NiTi-FGL nachweisbar. Die Ergebnisse der DSC-Messungen der Austenit-Peak-Temperaturen zeigen reproduzierbare Werte für AP mit geringen Standardabweichungen innerhalb der erreichbaren Genauigkeit des Verfahrens. Dies steht im Gegensatz zu den Ergebnissen anderer Arbeitsgruppen [9, 11, 13], bei denen die Phasenumwandlungstemperaturen eine Differenz zum Pulver um bis zu 30 K aufweisen. Ursache kann der Bezug des Pulvermaterials bei unterschiedlichen Herstellern mit abweichenden Herstellungsbedingungen der Legierungen sein. Aufgrund der hohen Reaktivität im geschmolzenen Zustand erfolgen die Schmelzprozesse zur Herstellung der Gussingots in Vakuumöfen, um chemische Reaktionen mit Elementen der Umgebungsluft zu minimieren. Ungewollte Bildung von Oxiden oder Carbiden kann zu einer Änderung der Stöchiometrie der Legierung führen. Etwaige Änderungen funktioneller Eigenschaften von NiTi-FGL werden in der Literatur einhellig in Zusammenhang mit Änderungen der Legierungszusammensetzung gebracht. Die tendenziell dominierende selektive Verdampfung von Nickel aus der NiTi-Schmelze heraus wird mit einer höheren Flüchtigkeit von Nickel aufgrund seines gegenüber Titan geringen Gleichgewichtsdampfdrucks erklärt. Ein verminderter Atmosphärendruck von 2,7 Pa mit dem Ziel der Erzwingung einer erhöhten selektiven Nickelverdampfung im Laserstrahlschmelzprozess zeigt ähnliche Ergebnisse für AP. Im Falle des Auftretens signifikanter selektiver Verdampfungseffekte müsste dies, u.a. lt. Khan et al., in Form einer Verschiebung des Hauptumwandlungspeaks bzw. von AP sichtbar werden [11]. Dies kann anhand der vorliegenden Ergebnisse nicht beobachtet werden. Die Werte der Martensit-Peak-Temperatur MP weichen untereinander deutlich stärker ab (siehe Diagramm in Abb. 8.6). Der Verlauf der zugehörigen DSC-Abkühlkurven ist zum Teil mehrstufig und inhomogen im Vergleich zu den entsprechenden Aufheizkurven. Es liegt die Vermutung nahe, dass es sich dabei anteilig um die sogenannte R-Phase handelt, welche bekanntermaßen ausschließlich im Abkühlzyklus auftritt [13]. Ursächlich scheint das Aufschmelzen des Materials, welches zur Entstehung von Defekten und somit zu Verzerrungen des Kristallgefüges führt. Dass NiTi-FGL die Formgedächtnis-Funktionalität bei der Verarbeitung in Luftatmosphäre gänzlich verlieren, eröffnet die Möglichkeit der Herstellung von aktorischen Bauteilen mit gezielt lokal, durch den Einweg-Effekt, aktivierbaren nebst gänzlich inaktiven Bereichen.

Üblicherweise werden in der additiven Fertigung kontinuierlich emittierende Laserstrahlquellen verwendet, um ein homogenes Schmelzen des Pulverwerkstoffes zu gewährleisten. Kurzpuls- Strahlquellen werden in der Regel zum Abtragen von Material durch Verdampfung eingesetzt. Khan et al. zeigen einen neuen Ansatz zur gezielten, lokal begrenzten Konfiguration der Eigenschaften von Halbzeugen aus NiTi-FGL durch gezieltes Verdampfen. Die Autoren erläutern die verstärkte partielle Nickel Verdampfung u. a. durch das Auftreten des Keyhole-Effektes in Kurzpuls-Laserprozessen [12]. Unter Verwendung kontinuierlich emittierender cw-Strahlquellen, wie beim Laserstrahlschmelzen üblich, überwiegt nach den im Rahmen dieser Arbeit erzielten Ergebnissen jedoch offenbar ein schmelzbasierter Prozess ohne signifikante Materialverdampfung. Im Verhältnis zum geschmolzenen Probenvolumen scheint Materialverdampfung eine untergeordnete Rolle zu spielen. Auch unter Verwendung gepulst emittierender Laserstrahlquellen im ns- und ms-Bereich im Rahmen dieser Arbeit sind anhand der DSC-Analysen keine signifikanten Änderungen der Legierungszusammensetzung durch Verdampfung zu verzeichnen. Im Vergleich zu Halbzeugen wie Bleche stellt sich bei der Laserbestrahlung von Pulver die Frage, inwieweit eine signifikante Verdampfung von Material überhaupt durch das veränderte Absorptionsverhalten stattfinden kann. Die Messung von Verdampfungsphänomenen, die in der Prozesszone auftreten, ist eine Herausforderung, da die meisten der thermischen (Highspeed-) Kamerasysteme in deutlich niedrigeren Temperaturbereichen kleiner 3000 °C arbeiten. Die sehr geringe Fläche der Prozesszone aufgrund des geringen Strahldurchmessers erschwert ebenfalls die Anwendung optischer Messmethoden.

8.4.2 Sauerstoffkonzentration

Im Vergleich zu [13] sind die Sauerstoffkonzentrationen des gesamten Probenumfangs (mit Ausnahme der in einer Vakuumatmosphäre mit etwa 632 ppm hergestellten Probe) deutlich geringer als die Grenzkonzentration der ASTM F2063-05 (Standard-Spezifikation für geschmiedete Nickel-Titan-Formgedächtnis-Legierungen für medizinische Geräte und chirurgische Implantate) von 500 ppm mit einer Toleranz von 40 ppm. Die Laserleistung hatte den größten Einfluss auf den Sauerstoffgehalt der Proben. Besonders in der industriellen Validierung von additiven Laserprozessen ist dieser Parameter entsprechend genau zu entwickeln, da der Sauerstoffgehalt bei hohen Laserleistungen die Grenzen der ASTM F2063-05 möglicherweise überschreitet. Bekanntermaßen können zu hohe Sauerstoffeinträge zu einem kompletten Verlust der Formgedächtnis-Funktionalität führen, da der Anteil nicht umwandlungsfähiger sauerstoffreicher Phasen die Legierungszusammensetzung massiv ändern kann [15]. Die Verwendung einer Vakuumatmosphäre zur additiven Verarbeitung von NiTi-FGL erfordert eine Erhöhung des Unterdruckes und damit einhergehend des Reinheitsgrades der Schutzatmosphäre. Im Zuge dieser Maßnahme wäre ein gewolltes Hervorrufen von Materialverdampfung zur signifikanten Änderung der funktionellen Eigenschaften von NiTi-FGL unter Einhaltung der Sauerstoffgrenzkonzentration denkbar.

8.5 Danksagungen

Das Forschungsprojekt Gentle CI - Laserbasierte Generierung von NiTi-Mikroaktoren durch Laserstrahlsintern für die resthörerhaltende, minimal-traumatische Cochlea-Implantat-Versorgung - wurde durch das Bundesministerium für Bildung und Forschung (BMBF) (FKZ: 16SV3944) gefördert.

8.6 Literaturverzeichnis Kapitel 8

[1] Rau, T. S.; Majdani, O. ; Hussong, A.; Lenarz, T.; Leinung, M..: Determination of the curling behavior of a preformed cochlear implant electrode array, In: Int J CARS 6:421–433, 2011

[2] Kardas, D.; Rust, W.; Polley, A.; Fabian, T.: Insertionssimulationen von Formgedächtnis-Cochlea-Implantaten, Aachen, BMT, 2007

[3] Duerig, T. W.; Melton, K. N.; Stöckel, D.: Engineering Aspects of Shape Memory Alloys, Butterworth-Heinemann, 1990

[4] Otsuka, K.; Wayman, C. M.: Shape Memory Materials, Cambridge University Press, 1998

[5] Arcand, B. Y.; Bhatti,P. T.; Butala, N. V.; Wang, J.; Friedrich, C. R.; Wise, K. D.: Active positioning device for a perimodiolar cochlear electrode array, Microsystem Technologies 10 (2004) 478–483 Springer-Verlag, DOI 10.1007/s00542-004-0376-5, 2004

[6] Kyou Sik, M.; Sang Beom J.; Yoon Seob L.; Se-Ik, P.; Sung June, K.: Modiolus-Hugging Intracochlear Electrode Array with Shape Memory Alloy, In: Computational and Mathematical Methods in Medicine, Volume 2013, http://dx.doi.org/10.1155/2013/250915 2013

[7] Majdani, O.; Lenarz, T.; Pawsey, N.; Risi, F.; Sedlmayr, G.; Rau, T.: First Results with a Prototype of a new Cochlear Implant Electrode featuring Shape Memory Effect. In: Proceedings of BMT, 2013, Berlin

[8] Clare, A., T.; Chalker, P. R.; Davies, S.; Sutcliffe, C. J.; Tsopanos, S.; Selective laser melting of high aspect ratio 3D nickel–titanium structures two way trained for MEMS applications, In: International Journal of Mechanics and Materials in Design, Volume 4, Number 2 (2008), 181-187

[9] Meier, H., Haberland, C., Frenzel, J., Zarnetta R.: Selective Laser Melting of NiTi shape memory components, 2010, Innovative Developments in Design and Manufacturing

[10] Dudziak, S., Gieseke, M., Haferkamp, H., Barcikowski, S., Kracht, D.: Functionality of Laser-Sintered Shape Memory Micro-Actuators. Physics Procedia 5 (2010), S. 607 - 615

[11] Bormann, T.; Schumacher, R.; Müller, B.; de Wild, M.: Beeinflussung von Eigenschaften SLM gefertigter NiTi Strukturen, In: Proceedings of Rapid Tech, 2012

[12] Khan, M. I.; Pequegnat, A.; Zhou, Y. N.: Multi Memory Shape Memory Alloys, Advanced Engineering Materials, 2013, 15, N0. 5

[13] Dudziak, S.: Beeinflussung der funktionellen Eigenschaften aktorischer Nickel-Titan-Legierungen durch die aktiven Parameter im Mikrolaserschmelzprozess, Leibniz Universität Hannover, 2012

[14] Haberland, C., Additive Verarbeitung von NiTi-Formgedächtniswerkstoffen mittels Selective Laser Melting, Ruhr-Universität Bochum, 2013

[15] Kaack, M.: Elastische Eigenschaften von NiTi-Formgedächtnis-Legierungen, Ruhr-Universität Bochum, 2002

[16] Frenzel, J.; George, E.P., Dlouhyd, A.; Somsen, C.; Wagner, M.F.-X.; Eggeler, G.: Influence of Ni on martensitic phase transformations in NiTi shape memory alloys, Acta Materialia, Volume 58, Issue 9, May 2010, Pages 3444–3458

Teil 4 Steigerung der Prozessfähigkeit des Laser-Strahlschmelzens und neue Anwendungsgebiete

9 Empfehlungen zur Steigerung der Prozessstabilität beim Laserstrahlschmelzen

Dr.-Ing. Simon Jahn, M.Eng. Robert Kahlenberg*, M.Sc. Christian Straube*, Marco Müller**

**Günter-Köhler-Institut für Fügetechnik und Werkstoffprüfung GmbH (ifw Jena), Jena, Germany*

Abstract: Obwohl der Laserstrahlschmelzprozess an sich robust ist, können gegenwärtig in den seltensten Fällen Betriebszeiten von 6.000 Stunden und mehr pro Jahr mit einer Strahlschmelzanlage realisiert werden. Daher ist der Druck seitens der Industrie enorm, die Prozessstabilität und damit die Betriebsstunden pro Jahr zu steigern. Als Ergebnis von mehreren Forschungsprojekten sowie eigenen Verbesserungen konnte mit geringem Aufwand die Anzahl der Prozessabbrüche bzw. der Bauteilfehler (z. B. kurzfristige auftretende hohe Porosität im Bauteil) signifikant reduziert werden. Die Maßnahmen und Empfehlungen betreffen unter anderem die Pulverlagerung und deren Überwachung, das Prozessgas von der Gaszuführung bis zur Filterung sowie die Überwachung von Prozessrandbedingungen. Im Beitrag werden die Veränderungen sowie Empfehlungen vorgestellt und deren Umsetzung an verschiedenen Anlagen präsentiert.

9.1 Einleitung

Laserstrahlgeschmolzene Komponenten haben in den vergangenen Jahren gerade in den Bereichen der Luftfahrt, des Automobil- und Fahrzeugbaus sowie in der Medizintechnik zunehmend an Bedeutung gewonnen. Das Laserstrahlschmelzen als sogenanntes „net-shape-Verfahren“ für die endkonturnahe Bauteilfertigung ermöglicht eine Maximierung der Wertschöpfung mit minimalem Ressourceneinsatz [1]. Neben dem genannten Potenzial der Kosten- und Ressourceneinsparung sind die werkzeuglose, automatisierte Fertigung von schwer oder nicht spanbaren Bauteilen mit einem hohen Individualisierungs- und Komplexitätsgrad sowie die große Anzahl an Freiheitsgraden bei der konstruktiven Bauteilgestaltung wesentliche Vorteile der lasergenerativen Herstellung im Vergleich zu konventionellen Fertigungsverfahren wie dem Fräsen oder Gießen. Trotz einer rapiden Entwicklung des Laserstrahlschmelzens in den letzten Jahren besteht aus industrieller Sicht großer Handlungsbedarf. Aktuelle Herausforderungen sind u.a. die bzgl. der geometrischen Bauteilabmessungen, mechanischer Kennwerte und Oberflächengüte reproduzierbar erreichbaren Toleranzen sowie die hohe Variabilität und Komplexität möglicher Prozessketten [2],[3],[4],[5]. Insbesondere eine mangelnde Prozessstabilität und nicht ausreichende Qualitätssicherungsmaßnahmen über die Gesamtprozesskette hinweg stellen ein Hemmnis für das Laserstrahlschmelzen dar. Um den Einsatz des Laserstrahlschmelzens in der Industrie zu fördern und das Anwendungsspektrum zu erweitern, sind für den industriellen Einsatz relevante Aspekte wie die Stabilität des Herstellungsprozesses und eine umfassende Qualitätsbetrachtung der Prozesskette Laserstrahlschmelzen von Interesse. Während der Prozess des Laserstrahlschmelzens häufig detailliert betrachtet wird, ist im Speziellen eine Analyse der vor- und nachgelagerten Schritte der Gesamtprozesskette und deren Wechselwirkungen bedeutend, um die Ausprägung der resultierenden Eigenschaften zu beeinflussen, die Prozesskette entsprechend gestellter Anforderungen auszulegen und die diskutierten Hemmnisse der noch jungen Technologie zu minimieren. Im Folgenden wird auf die Bereiche Pulver und Anlagenatmosphäre eingegangen.

9.2 Ergebnisse

9.2.1 Pulverwerkstoff – Eingangskontrolle

Dem Strahlschmelzen metallischer Pulverwerkstoffe liegt ein automatisiertes, zyklisches Verfahrensprinzip zugrunde. Um formungebunden Bauteile erzeugen zu können, wird Metallpulver mit einer Schichtdicke zwischen 20 µm und 100 µm auf einer Arbeitsebene flächig aufgetragen [3]. Anschließend wird ein Laser- oder ein Elektronenstrahl über die Arbeitsebene gelenkt, der das Pulver selektiv entsprechend des Bauteilquerschnitts aufschmilzt.

Der Pulverwerkstoff wird heute in verschiedensten Behälter angeliefert. Die Behälter unterscheiden sich in der Größe, der Öffnungsweite, der Abdichtung des Deckels und dem Behälterwerkstoff. Zusätzlich ist zu beachten, dass von einigen Anbietern die Öffnung versiegelt wird, wohingegen andere das Pulver zusätzlich in einem Folienbeutel einbringen oder auch Trockenbeutel mit einlegen. Aus Sicht der späteren Verarbeitung mittels Laserstrahlschmelzen ist es wichtig, dass keine Feuchtigkeit in den Behälter eindringen kann.

Nach der Pulveranlieferung sollte eine Eingangskontrolle durchgeführt werden. Da auch bei gewissenhafter Verarbeitung und Verpackung Fehler auftreten können, ist die Pulverzusammensetzung zu prüfen. In den letzten Jahren haben sich Geräte auf Basis der Röntgenfluoreszenzanalyse (RFA) für die Prüfung der Pulverzusammensetzung bewährt. Je nach Ausführung sind Handgeräte oder mobile System mit kleiner Prüfkammer (Abb. 9.1a) verfügbar. Kammerbasierte Geräte können mit Helium-Spülung bzw. Vakuum-Option ausgestattet werden, sodass auch die leichten Elemente Na, Mg und Al mit hoher Genauigkeit detektiert werden können. In der Tab. 9.1 sind die Ergebnisse einer Vergleichsmessung am Beispiel der AlSi10Mg-Legierung nach DIN 1706 mit drei verschiedenen Systemen enthalten. Je nach System liegen unterschiedliche Nachweisgrenzen („Limit of Detection", kurz LOD) für einzelne Elemente vor. Daher ist festzuhalten, dass nicht alle Geräte für den Einsatz mit Aluminiumlegierungen geeignet sind.

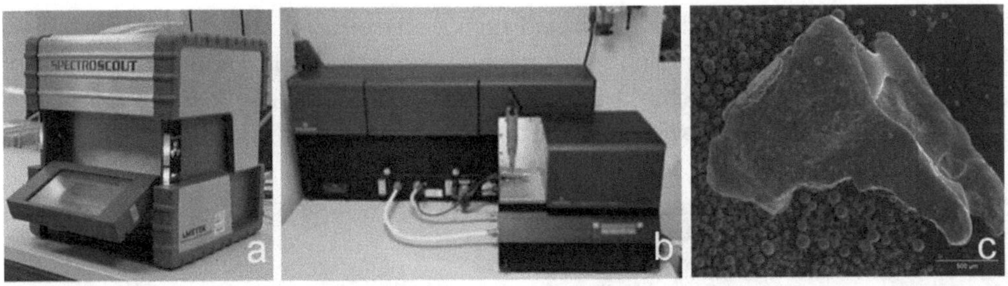

Abb. 9.1 Prüfverfahren für Qualitätssicherung Pulver (a RFA, B Partikelanalyse mittels Laserbeugung, c Grobpartikel)

Tab. 9.1 Ergebnis einer Vergleichsprüfung - Pulverzusammensetzung

(Gew%)	Al	Si	Mg	Mn	Cu	Fe	Ti
max. nach DIN 1706	**balance**	**9 - 11**	**0,2 - 0,45**	**max. 0,45**	**max.0,05**	**max.0,55**	**max.0,15**
System 1	87,45±0,24	9,05±0,09	0,78±0,24	LOD±0,04	-	0,76±0,03	LOD±0,07
System 2	87,85±0,45	11,26±0,32	LOD±1,02	LOD±0,11	-	0,55±0,06	LOD±0,87
System 3	89,62±0,10	9,54±0,02	0,69±0,02	0,001	0,001	0,12±0,00	<0,002

Neben der chem. Zusammensetzung sind auch die Partikelgrößen und deren Verteilung wichtige Kriterien zur Beurteilung der Pulver und der Verarbeitungseigenschaften. Als eine der anerkannten Methoden zur Bestimmung der Partikelgrößenverteilung ist die Laserbeugungsanalyse nach ISO13320-1 (Abb. 9.1b) aufzuführen. Die Verfahren der Laserbeugung sind vollautomatisierbar und zeichnen sich durch eine schnelle Zugänglichkeit der Messergebnisse aus. Da jedoch verschiedene Auswertealgorithmen bei der Analyse genutzt werden können [6], ist für Vergleichsmessungen die Vorgehensweise inklusive des zu wählenden Algorithmus festzulegen. Wird dies nicht beachtet, können für das identische Pulver unterschiedliche Verteilungskurven erstellt werden. Vor dem Ersteinsatz sollte ein Sieben des Pulvers erfolgen, um zu verhindern, dass größere Partikel bzw. Grobpartikel und Verunreinigungen (s. Abb. 9.1c, Partikeldurchmesser im Millimeterbereich) in den Pulvervorrat eingetragen werden. Neben der Partikelgröße wirkt sich auch die Partikelform auf die Porosität und resultierende Dichte aus. Daher sollte auch die Kornform überprüft werden, unter anderem mittels Licht- oder Rasterelektronenmikroskopie. Aufgrund anlagenspezifischer Beschichtungssysteme ist die Klassifizierung der Pulverform anlagenspezifisch durchzuführen. Da es bisher keine allgemeingültige Empfehlung (auch nicht speziell für einen Anlagentyp) für die Kornform gibt, sollte immer ein Vergleich mit als „GUT"-bezeichneten Pulverformen erfolgen. Im Allgemeinen führen sphärische Partikel ohne

Satellitenanhaftung zu einem ebenen und homogenen Pulverauftrag. Auf den Laserstrahlschmelzprozess wirken sich Hohlräume in Pulverpartikeln negativ aus. In Abb. 9.2 sind Beispiele für „schlechte“ Partikel enthalten. Dies sind zum einen Partikel, die eine Art Schale enthalten, sowie Pulverpartikel mit Hohlräumen bzw. Poren.

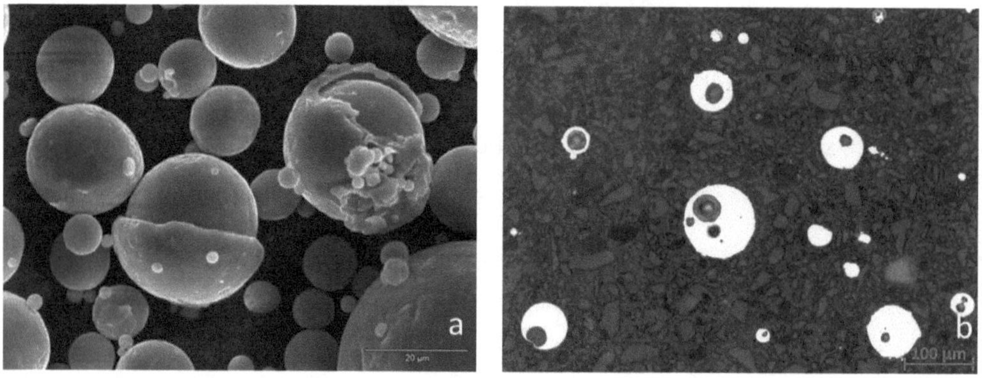

Abb. 9.2 Schalenbildung an Partikeln (a) und Hohlräume in angeschliffenen Pulverpartikeln (b)

9.2.2 Anlagenatmosphäre – Luftfeuchtigkeit

Neben dem Sauerstoffgehalt, der von den Anlagen dokumentiert wird, kommt auch der Luftfeuchtigkeit eine entscheidende Rolle zu. Daher wurde die kommerzielle Laserstrahlschmelzanlage SLM 250 HL bereits im Jahr 2012 mit Sensorik zur Langzeitaufnahme von Temperatur und relativer Luftfeuchtigkeit ausgerüstet. Für die Aufzeichnung der Daten wurde je ein Sensor in der Prozesskammer, im Pulvertank und im Labor oberhalb der Anlage installiert und monatsweise ausgelesen. Zusätzlich erfolgte die Integration eines Messgeräts mit Display in der Prozesskammer so, dass von außen die aktuellen Werte für Temperatur und Luftfeuchtigkeit abgelesen werden können (Abb. 9.3).

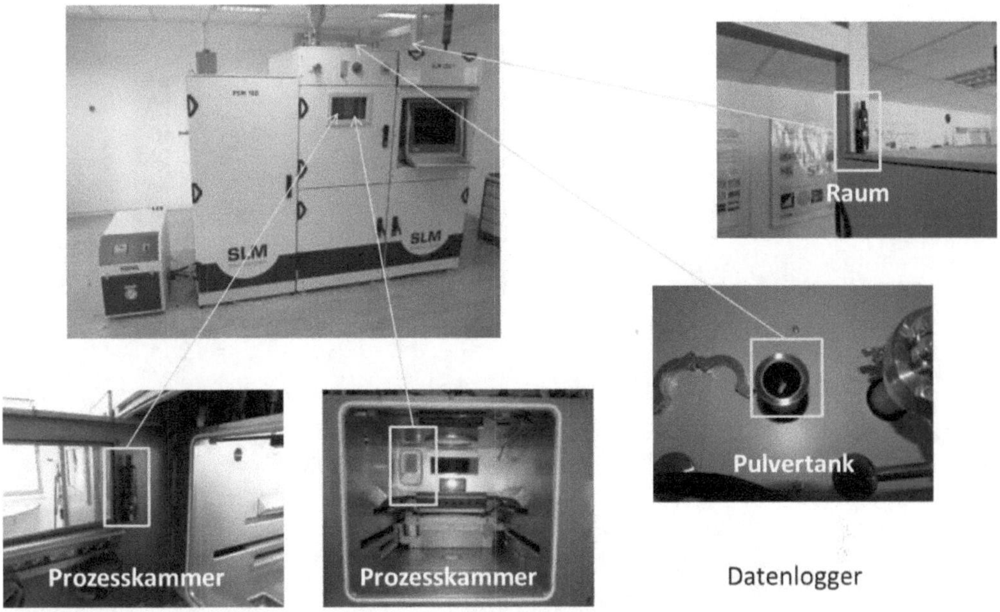

Abb. 9.3 Laserstrahlschmelzanlage mit Sensoren zur Aufzeichnung von Temperatur und Luftfeuchtigkeit

Eine höhere Luftfeuchtigkeit in der Prozesskammer bzw. im Prozessgasstrom führt, vergleichbar dem Verbindungsschweißen von Metallen, zu einer höheren Porosität im laserstrahlgeschmolzenen Werkstoff. Vor allem beim Einsatz von Aluminiumwerkstoffen ist die sogenannte Wasserstoffporosität zu beachten. Im flüssigen Zustand können Aluminiumlegierungen bis zu 20mal mehr Wasserstoff lösen im Vergleich zum Festkörper [7]. In der Erstarrungsfront tritt ein Wasserstoffüberschuss auf, woraus letztendlich die kreisrunden Poren resultieren. Quellen für Wasserstoff sind die Feuchtigkeit in der Atmosphäre und die natürliche Oxidschicht auf Aluminiumwerkstoffen. Liegt eine metallische reine Aluminiumoberfläche vor, so reagiert Feuchtigkeit nach Reaktion von Gl. 9.1 [8]:

Gl. 9.1 $$3\,H_2O + 2\,Al \rightarrow Al_2O_3 + 6\,H \quad [8]$$

Am Beispiel eines Ti-6Al-4V-Pulvers ist im Folgenden der Einfluss von Feuchtigkeit auf die „Partikelgröße“ sowie die resultierende Dichte nach der Verarbeitung von ausgelagertem Pulver dargestellt (Abb. 9.4). Die Auslagerung erfolgte in einer Klimakammer und das mit diesem Pulver aufgetragene Pulverbett ist uneben und inhomogen. Weiterhin konnte im Laserstrahlschmelzprozess ein unruhiges Schmelzbad bei vermehrter Spritzerbildung beobachtet werden [9].

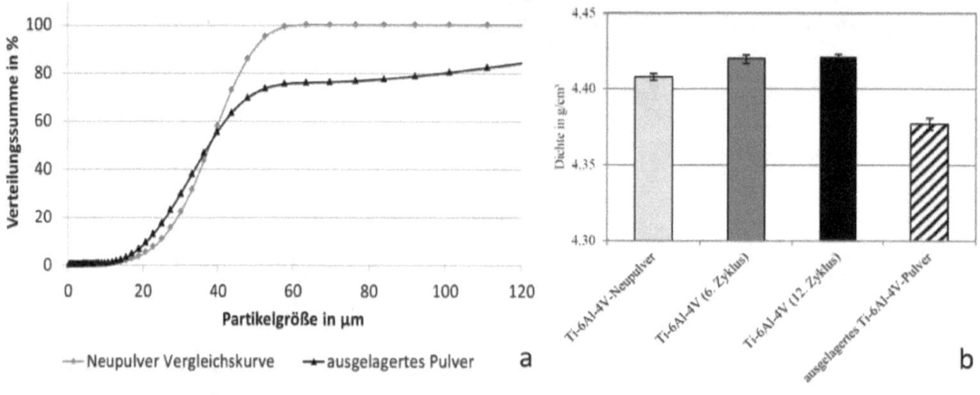

Abb. 9.4 Einfluss von Feuchtigkeit auf Partikelverteilung und Dichte [9]

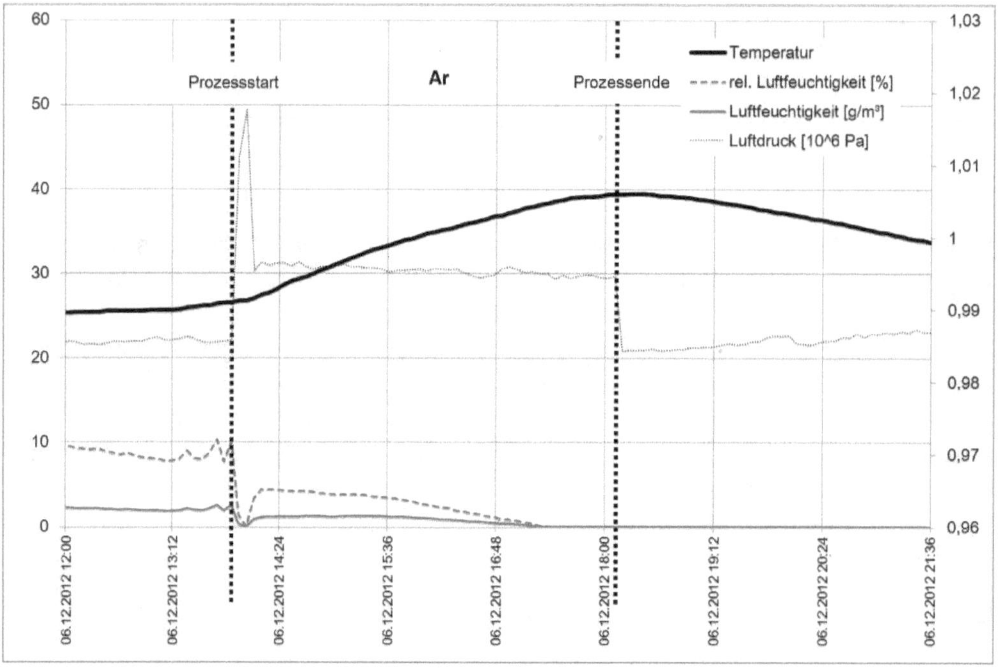

Abb. 9.5 Temperatur, Luftfeuchtigkeit und Druckverlauf in der Prozesskammer

Es ist daher notwendig, den Feuchtigkeitsgehalt so weit wie möglich in der Prozesskammer zu reduzieren. Ein typischer Verlauf der aufgezeichneten Kennwerte während eines Strahlschmelzprozesses ist in Abb. 9.5 enthalten. Am Prozessstart wird die Kammer mit Prozessgas geflutet, woraus ein Druckanstieg resultiert. Während des Laserstrahlschmelzprozesses liegt ein leicht erhöhter Kammerinnendruck vor. Gleichzeitig steigt, auch aufgrund der eingeschalteten Plattformheizung, die Temperatur in der Arbeitskammer. Die relative Luftfeuchtigkeit sinkt stetig ab. Der kurzzeitige Abfall nach Start des Flutens ist auf Strömungseffekte (linke gestrichelte senkrechte Linie) zurückzuführen.

Die maximal mögliche Konzentration von Wasser in Gasen ist temperaturabhängig. Mit steigender Temperatur nimmt auch die sogenannte Sättigungskonzentration zu. In Abb. 9.6 ist der Zusammenhang zwischen Temperatur und Konzentration von Wasser in Luft in Diagrammform aufgeführt. Neben der maximalen Konzentration (entspricht 100% relative Luftfeuchtigkeit) sind auch Kurven für geringere relative Luftfeuchtigkeit angegeben.

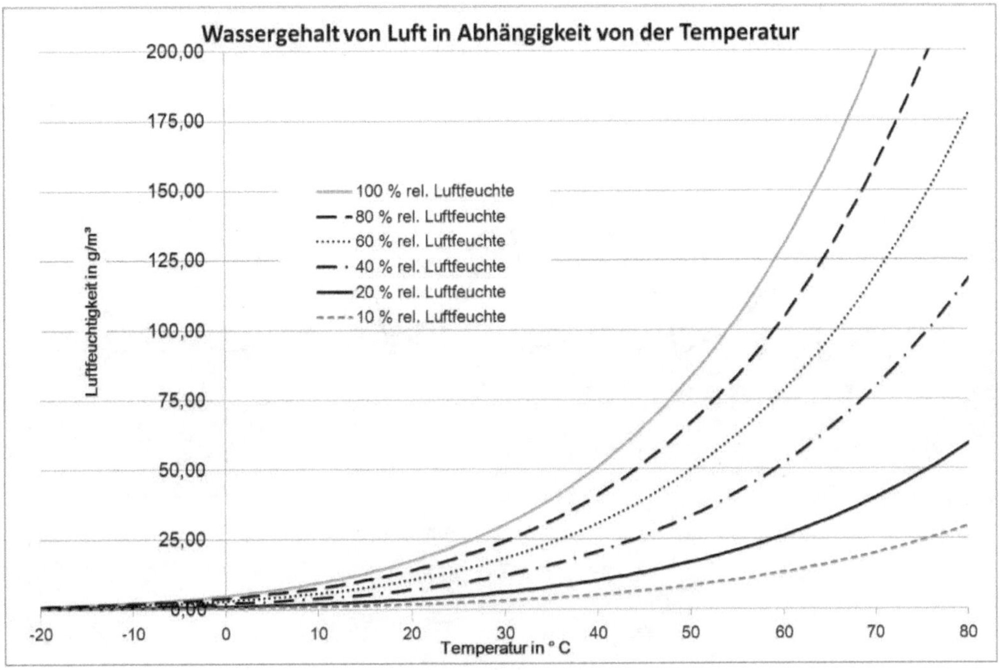

Abb. 9.6 Wasserkonzentration in Luft in Abhängigkeit von der Temperatur

Steht die Maschine mehrere Tage, so steigt die relative Luftfeuchtigkeit in der Anlage, sowohl in der Prozesskammer als auch im Pulvertank, an. Dies ist auch abhängig von der relativen Luftfeuchtigkeit im Aufstellungsraum. In Abb. 9.7 sind sowohl die Kennwerte für die Prozesskammer als auch den Pulvertank in Diagrammform enthalten.

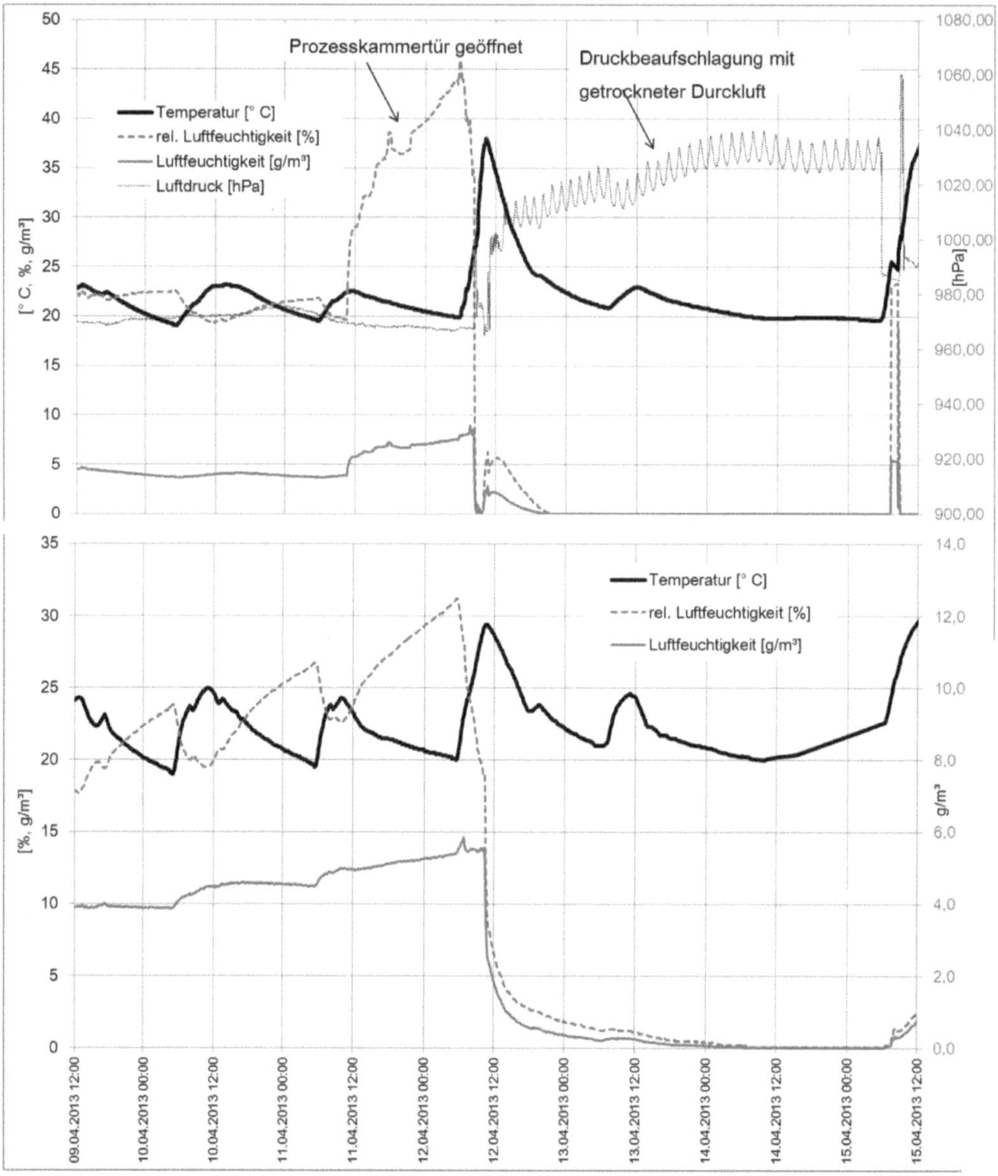

Abb. 9.7 Temperatur, Luftfeuchtigkeit und Druckverlauf in der Prozesskammer (oben) und im Pulvertank (unten) vor und während der Beaufschlagung mit getrockneter Druckluft

Die Luftfeuchtigkeit wird auch vom Pulver aufgenommen. Eine Maßnahme, um Luftfeuchtigkeit aus der Anlage herauszuhalten, ist, in der Prozesskammer einen höheren Druck im Vergleich zum Raum aufrecht zu halten. Dies ist ebenfalls in der vorhergehenden Abbildung enthalten. Für 24 Stunden wurde die Tür der Prozesskammer offen gelassen, um den Extremfall darzustellen. Die relative, aber auch die absolute, Luftfeuchtigkeit steigen an. Nach dem Schließen wurde die Plattformheizung für wenige Stunden eingeschaltet und die Prozesskammer mit getrockneter Druckluft beaufschlagt. Es ist zu erkennen, dass sowohl in der Prozesskammer als auch im Pulvertank die Luftfeuchtigkeit verdrängt werden kann. Die vorgestellte Methode wird bereits bei industriellen Anwendern eingesetzt und die Prozessstabilität konnte damit signifikant gesteigert werden. Um einen Wechsel zwischen Prozessgas und getrockneter Druckluft zu vermeiden, kann die Kammer analog mit Prozessgas geflutet werden. Mit dem Einsatz von Trockenmitteln bzw. Trockenbeutel können ähnliche Effekte erzielt werden.

Für die verwendete Strahlschmelzanlage wurde ein Adapter zum Einfüllen von Trockenmittel (Abb. 9.8) angefertigt und dieser mit dem Pulvertank verbunden.

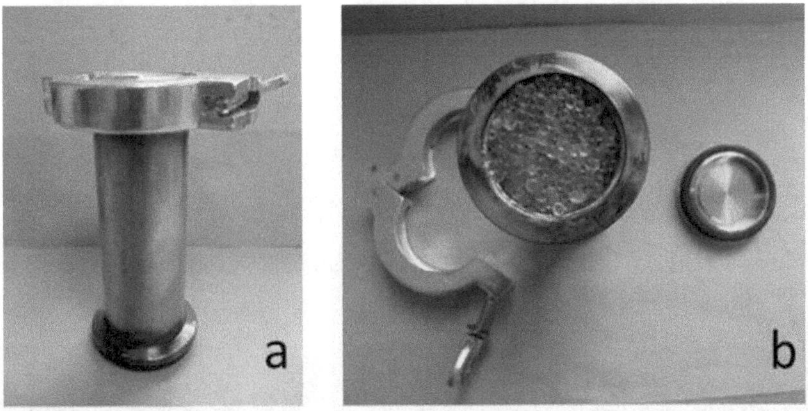

Abb. 9.8 Einsatz von Trockenmittel im Pulvertank

Durch den Farbumschlag des Mittels wird angezeigt, wenn die maximale Aufnahmekapazität erreicht ist. Tritt dies ein, ist das Trockenmittel zu wechseln bzw. durch ein Trocknen wieder zu konditionieren. Durch den Einsatz des Adapters konnte der absolute Gehalt an Feuchtigkeit in der Luft halbiert werden (Abb. 9.9).

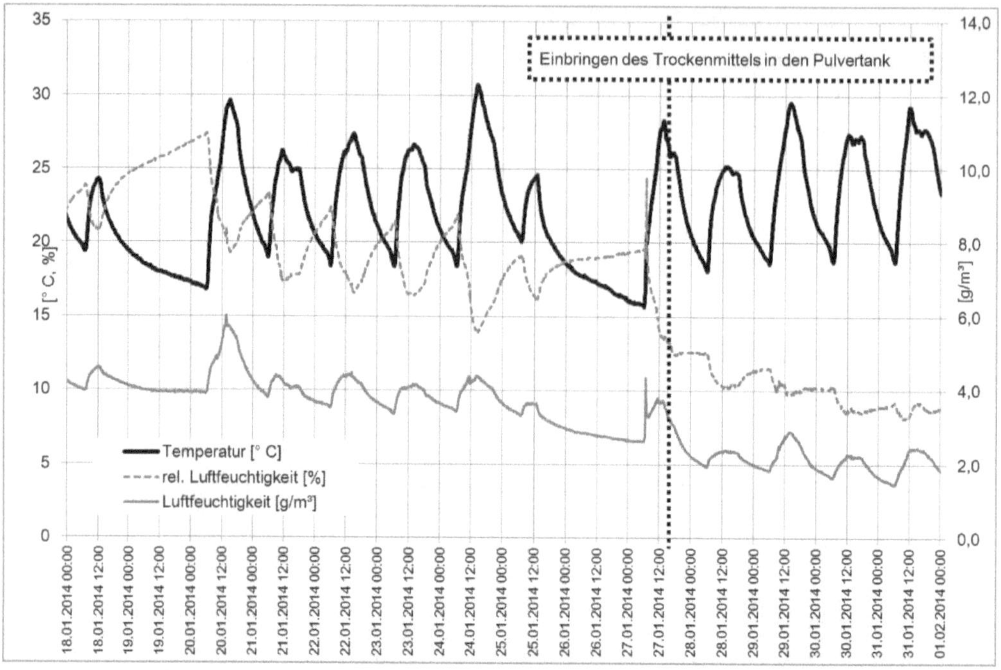

Abb. 9.9 Temperatur und Luftfeuchtigkeitsverlauf im Pulvertank vor und während des Einsatzes von Trockenmittel

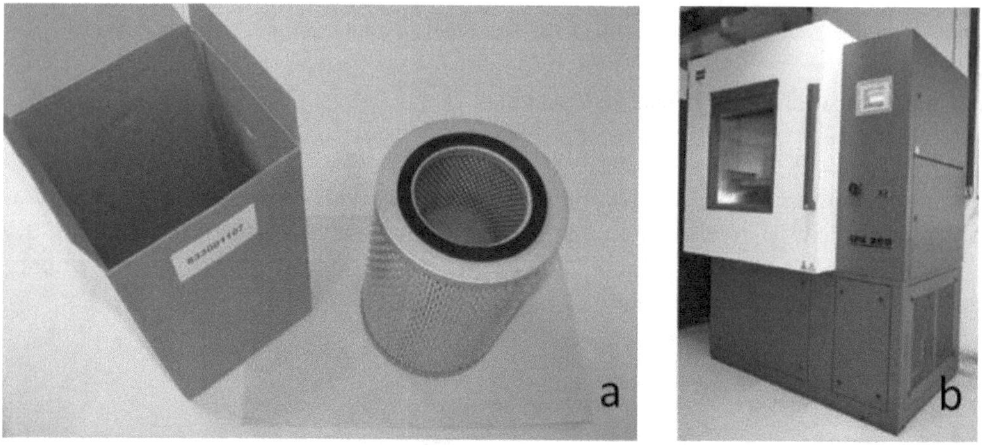

Abb. 9.10 Filter im Anlieferzustand bereit zur Trocknung (a) in einer Klimakammer (b)

Um die Pulverpartikel und das Schmelzbad vor unerwünschten Reaktionen zu schützen, wird der Strahlschmelzprozess wie bereits ausgeführt in einer Prozessgasatmosphäre durchgeführt. An die Prozesskammer ist typischerweise eine Gaszirkulation angeschlossen. Dabei fördert eine Pumpe das Prozessgas aktiv in einem Kreislauf, in dem sich ein Filterelement zur Abscheidung von feinsten Partikeln, unter anderem Schmauch und Rauch sowie feinste Metallpartikel, befindet. Das Filterelement ist ein Verschleißteil und muss gewechselt werden, wenn aufgrund einer Beladung mit Partikeln ein erhöhter Druckabfall im Kreislauf auftritt. Gegenwärtig werden die Filterelemente, wie in Abb. 9.10a enthalten, in Kartonumverpackungen ohne weiteren Schutz angeliefert. Dies ist unabhängig vom eingesetzten Laserstrahlschmelzsystem. Je nach Wetterlage kann das Filterelement auf dem Transportweg Feuchtigkeit aufnehmen. Dies ist deshalb von Bedeutung, da sich Filterelemente durch eine große Oberfläche auszeichnen. An einem schwülen Sommertag bei 35 °C können bis zu 40 g in einem Kubikmeter Luft enthalten sein. Die Massenabnahme eines Filterelements nach dem Rücktrocknen in einer Klimakammer betrug bis zu 100 g für einen simulierten Transportzyklus eines schwülen Sommertags (T_{mittel}: 50 °C; rH: 60 %). Wird ein „feuchtes" Filterelement in die Anlage eingesetzt, sind die vorher beschriebenen Maßnahmen nur eingeschränkt wirksam. In Abb. 9.11 ist der zeitliche Verlauf der relativen Luftfeuchtigkeit in der Baukammer dargestellt. Dabei kamen zwei unterschiedliche Filterzustände (trocken = Filter rückgetrocknet; feucht = Filter ausgelagert) sowie zwei unterschiedliche Prozessgase (Argon und Stickstoff) zum Einsatz. Mittels Argon wird die Luftfeuchtigkeit in der Baukammer (Sensorposititon = Pulverbetthöhe) schneller aus dem Bereich der Laserstrahl-Pulverinteraktion verdrängt. Weiterhin führt ein „feuchter" Filter dazu, dass es wesentlicher länger dauert, bis die relative Luftfeuchtigkeit auf Werte kleiner 5 % fällt.

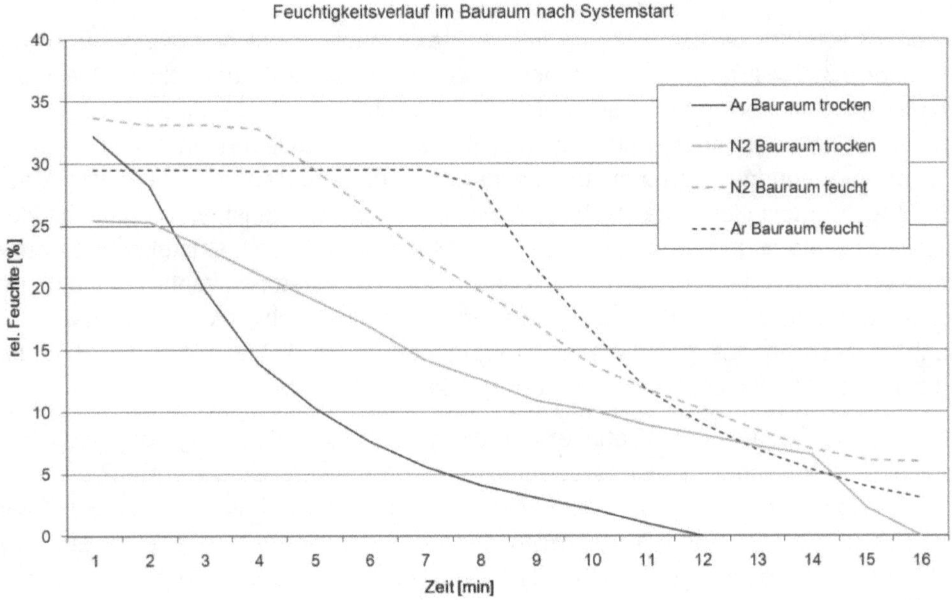

Abb. 9.11 Relative Luftfeuchtigkeit in der Baukammer nach dem Fluten mit verschiedenen Prozessgasen und unterschiedlichen Filterzuständen

Es wird daher empfohlen, die Filterelemente vor dem Ersteinsatz zu trocknen, beispielsweise in einem Ofen oder einer Klimakammer mit kontrollierter Luftfeuchtigkeit Abb. 9.10b. Muss ein Filter während eines Baujobs gewechselt werden, so ist durch geeignete Maßnahmen eine Eindringen von Umgebungsluft zu verhindern, beispielsweise durch ein Fluten des Filtergehäuses inklusive eingesetztem Filterelement mit dem verwendeten Prozessgas vor dem Wiedereinbau.

Die Gasversorgung stellt eine weitere Quelle für das aktive Einbringen von Feuchtigkeit in die Laserstrahlschmelzanlage dar. Gase werden in verschiedenen Behältern und auch Größen geliefert. Daneben existiert ein weiteres Kriterium zur Charakterisierung der Behälter, welches sich auf die Prozessstabilität und die resultierenden Werkstoffeigenschaften beim Strahlschmelzen auswirken kann. Die Behälter werden unterschieden in Behältnisse mit konventionellen Ventilen und solche mit einem sogenannten Restdruckventil.

Die Gaslieferanten empfehlen, speziell im Umgang mit leeren Behältern, folgendes [11]:

- Leere Behälter sind zu kennzeichnen, um Verwechslungen zu vermeiden. Druckbehälter sind nie bis zum völligen Druckausgleich zu entleeren, damit beim Rücktransport keine Atmosphärenluft eindringen kann.
- Behälter, die durch Rückströmung verunreinigt sein könnten, müssen als solche dauerhaft gekennzeichnet und dem Lieferanten mit einer Benachrichtigung über das Vorkommnis zurückgegeben werden. So lässt sich die Verunreinigung von Folgelieferungen vermeiden.

Da der erste Punkt der Empfehlung in der Praxis häufig nicht beachtet wird, wurde eine technische Maßnahme, das sogenannte Restdruckventil, entwickelt. Das Restdruckventil verhindert eine vollständige Entleerung des Gasbehälters auf Umgebungsdruck und verhindert damit aufgrund des immer anliegenden Überdrucks im Behälter ein Eindringen von atmosphärischer Luft oder anderen unerwünschten Medien (u. a. Luftfeuchtigkeit). Die im Behälter verbleibende Menge ist typischerweise kleiner 1% der Gesamtfüllmenge. Im Bereich der Medizin- und Lebensmitteltechnik wurde bereits vor einigen Jahren (um 2007) der Einsatz von Restdruckventilen empfohlen. Für Anwendungen in der Medizintechnik haben sich die Mitglieder des Industriegaseverbandes gemäß eines EU-Leitfadens verpflichtet bis Ende 2012 die medizinischen Gasflaschen mit Restdruckventilen auszustatten.

Bezüglich des Einsatzes von Behältern für die gasförmige Anlieferung der Prozessgase für das Strahlschmelzen ist es ebenfalls empfehlenswert, Behälter mit Restdruckventil zu nutzen bzw. zu ordern. Grund dafür ist, dass die am häufigsten eingesetzten Gase Argon und Stickstoff in vielen Branchen eingesetzt werden, u. a. auch auf Baustellen. Aus Gesprächen mit verschiedenen Gaslieferanten kann festgehalten werden, dass immer wieder Flaschen zur Wiederbefüllung gelangen, die nach dem Trennen von der Entnahmestelle nicht verschlossen wurden und damit im Inneren die Umgebungsatmosphäre anliegt. Liegt zu diesem Zeitpunkt wetterbedingt eine höhere Luftfeuchtigkeit vor, findet sich diese auch im Inneren des Gasbehälters wieder. Je nach gewünschter Qualität finden vor dem Wiederbefüllen unterschiedliche Behandlungsschritte statt. Im einfachsten Fall wird der Behälter ohne Vorbehandlung wiederbefüllt, wobei sich im Behälter zusätzlich auch Luftfeuchtigkeit befindet. Zur Gewährleistung der gewählten Gasqualität wird häufig eine höhere Qualität des Gases eingefüllt. Ab einer bestimmten geforderten Reinheit werden die Behälter vor dem Wiederbefüllen ausgeheizt, um die Qualität gewährleisten zu können. Die Grenze, ab der die Vorbehandlung „Ausheizen" durchgeführt wird, ist jedoch je nach Gaslieferant unterschiedlich.

Des Weiteren wirkt sich auch die Verbindung zwischen Behälter und Verwendungsstelle auf nachfolgende Prozesse aus. Wiederum aus dem Bereich der Schweißtechnik ist bekannt, dass vor allem aufgrund von ungeeigneten Verbindungsschläuchen Feuchtigkeit in das Gas gelangen kann. Für das Lichtbogenschweißen wurden in einem Forschungsvorhaben verschiedene Schlauchwerkstoffe bewertet [12]. Neben der Sauerstoffdiffusion erfolgte auch eine Betrachtung bezüglich des Eindringens von Feuchtigkeit sowie der Alterung. Von den getesteten Werkstoffen weist das Stahlrohr den kleinsten Sauerstoff-Permeation-Wert auf [13]. Daher werden auch heute noch von den Gaslieferanten Installationen aus metallischen Werkstoffen, auch für die Verbindung von Behälter und weiterführender Gasleitung empfohlen. In der Praxis werden jedoch auch bis heute nachweislich ungeeignete Schläuche verbaut. Dies beruht häufig auf der Aussage „es liegt ständig Druck auf der Leitung, da kann nichts rein". Aufgrund der Konzentrationsunterschiede für Feuchtigkeit und Sauerstoff findet jedoch, wie in [12] nachgewiesen, eine zum Teil erhebliche Diffusion statt. Dies tritt besonders dann auf, wenn zwar die Leitung „unter Druck" ist, aber keine Bewegung des Gases stattfindet (z. B. während des Wochenendes). Daher wird beim Schweißen nach einer längeren Pause empfohlen, die Leitung zu spülen. Im Bereich des Schweißens werden Fehler wie Spritzer- und Porenbildung unter anderem signifikant vom Gas beeinflusst [7], [8], [14].

9.3 Zusammenfassung

Für eine Steigerung der Prozesssicherheit beim Laserstrahlschmelzen ist es unumgänglich, die Pulverqualität kontinuierlich zu überwachen. Dies beginnt mit der Eingangskontrolle, bei der sowohl Zusammensetzung als auch Partikelgrößenverteilung und –form zu prüfen sind. Zur Überwachung der chemischen Zusammensetzung werden vermehrt Hand- bzw. Mobilgeräte eingesetzt, die auf Röntgenfluoreszenzanalyse basieren.

Ist die Pulverqualität hinreichend gut, sind weitere Faktoren für einen robusten Prozess zu beachten. Dies betrifft unter anderem den Zusammenhang zwischen Luftfeuchtigkeit und Lagerung des Pulvers. Das Pulver sollte trocken gelagert und vor Luftfeuchtigkeit geschützt werden. Insbesondere ist dies zu beachten, wenn das Metallpulver in der Anlage verbleibt und die Anlage steht. Mit einfachen Maßnahmen wie einer ständigen Druckbeaufschlagung der Prozesskammer und des Pulverlagerraums kann ein Eindringen von Luftfeuchtigkeit in die Anlage verhindert werden. Mit dem Einsatz von Trockenmitteln kann die bereits in der Anlage enthaltene Feuchtigkeit verringert werden.

Bezüglich der Luftfeuchtigkeit ist weiterhin festzuhalten, dass aktiv die Quellen für ein Einbringen in die Laserstrahlschmelzanlage berücksichtigt werden müssen. Dies betrifft sowohl die Gasbehälter als auch die Gasleitungen und die Filterelemente. Bei den Behältern sollten nur solche eingesetzt werden, die über ein Restdruckventil verfügen oder alternativ eine Gasreinheit bezogen werden, bei der gewährleistet ist, dass ein Ausheizen des Behälters vor dem Füllen erfolgt. Für die Verbindungsleitungen werden metallische Werkstoffe empfohlen. Um ein Einbringen von Feuchtigkeit über einen Filterwechsel zu verhindern, sollte das Filterelement vor dem Ersteinsatz getrocknet werden.

9.4 Danksagung

Die Ergebnisse entstanden in verschiedenen Forschungsvorhaben, unter anderen im Vorhaben 2012 FGR 0012, welches mit Mitteln des Freistaates Thüringen und aus Mitteln des Europäischen Sozialfonds gefördert wurde, sowie in den IGF-Vorhaben 16669 BR / 1 und 00.415 Z der Forschungsvereinigung Schweißen und verwandte Verfahren e. V. des DVS, welche über die AiF im Rahmen des Programms zur Förderung der Industriellen Gemeinschaftsforschung (IGF) vom Bundesministerium für Wirtschaft und Energie aufgrund eines Beschlusses des Deutschen Bundestages gefördert wurden.

9.5 Literaturverzeichnis Kapitel 9

[1] Sehrt, J. T.; Möglichkeiten und Grenzen bei der generativen Herstellung metallischer Bauteile durch das Strahlschmelzverfahren; Dissertation, Shaker Verlag; 2010

[2] Over, C.: Generative Fertigung von Bauteilen aus Werkzeugstahl X38CrMoV5-1 und Titan Ti-Al6-V4 mit „Selective Laser Melting“, Dissertation, Shaker Verlag, 2003

[3] Gebhardt, A.: Generative Fertigungsverfahren: Rapid Prototyping - Rapid Tooling - Rapid Manufacturing . 3. Aufl., Hanser, München, 2007

[4] Skrynecki, N.; Kundenorientierte Optimierung des generativen Strahlschmelzprozesses; Dissertation, Shaker Verlag, 2010

[5] Wohlers, T. et al.: Wohlers Report 2014, 2014

[6] Cornelius, J.: Korngrößenanalytik, In: Metallpulver – Erzeugen, Charakterisieren und Anwenden, Bremen, 26. - 27.03.2015

[7] Enz, J.: Laserstrahlschweißen von hochfesten Aluminium-Lithium Legierungen, HZG Report 2012-2

[8] Gref, W.: Laserstrahlschweißen von Aluminiumwerkstoffen mit der Fokusmatrixtechnik, Dissertation, Herbert Utz Verlag, 2005

[9] Jahn, S.: Abschlussbericht Analyse der Einflussfaktoren auf das mechanisch-technologische Eigen-

schaftsprofil von

[10] lasergenerierten Titanbauteilen – AlaTin; IGF-Vorhaben 00.415 Z der Forschungsvereinigung Schweißen, 2015

[11] N.n.; Handhabung von Gasen / Sicherheitstechnische Hinweise, Messer Group GmbH, 2014

[12] N.n.: Abschlussbericht: Einfluss von Gasschläuchen auf die Feuchte-, Wasserstoff und Sauerstoffproblematik in Schutzgasschweißprozessen, Aif-IGF Vorhaben 14.426 N, 2007

[13] N.n.: Gase im Labor – Risiko Leitungsmaterial, Westfalen AG, 2007

[14] N.n.: SCHWEISSFEHLER UND –PROBLEME, Heidenbluth, 2014

10 Polieren von SLM-Bauteilen mit kontinuierlicher Laserstrahlung

*Judith Kumstel**

**Fraunhofer Institut für Lasertechnik ILT, Aachen*

Abstract: Mittels SLM hergestellte Bauteile weisen aufgrund der schichtweisen Herstellung aus pulverförmigem Material eine im Vergleich zu konventionell hergestellten Bauteilen große Oberflächenrauheit von Ra = 10-40 µm auf. Daher ist für viele Anwendungen eine aufwendige Nachbearbeitung zur Verbesserung der Oberflächenqualität notwendig. Ein alternatives Nachbearbeitungsverfahren von SLM-Oberflächen stellt das automatisierte Laserpolieren dar. Das Laserpolieren beruht auf dem Umschmelzen einer dünnen Randschicht und Glättung der Oberfläche infolge der Oberflächenspannung in der schmelzflüssigen Phase. Im Vergleich zu konventionellen Schleif- und Polierverfahren wird kein Material abgetragen sondern nur umverteilt. In dieser Veröffentlichung werden die ersten Ergebnisse zum Laserpolieren von mittels SLM hergestellten Oberflächen für die Werkstoffe Inconel 718 und ASTM F75 dargestellt. Durch Anpassung der Prozessparameter wird für Inconel 718 eine Rauheitsreduzierung von 99% erreicht, für den Werkstoff ASTM F75 kann die Rauheit um 97% reduziert werden.

10.1 Einleitung

Durch die generative Fertigung mittels selektivem Laserschmelzen (SLM) können individualisierte Bauteile mit höchster Geometriefreiheit schichtweise aus pulverförmigen Werkstoffen generiert werden. Leichtbauweise und Wegfall konventioneller Fertigungsverfahren können dabei zu ökonomischen und ökologischen Effizienzsteigerungen führen. Aufgrund des selektiven Umschmelzens der einzelnen Pulverschichten weisen die Oberflächen der so generierter Bauteile verfahrensbedingt große Rauheiten, üblicherweise im Bereich von Ra = 10-40 µm und eine charakteristische Oberflächenstruktur auf. So wird für verschiedenste Anwendungsfälle aus einsatztechnischen Gründen oftmals eine aufwendige Nachbearbeitung zum Glätten der Oberflächenstrukturen notwendig.

Automatisierte Polierverfahren sind bei komplexen Geometrien mit Freiformflächen aufgrund prinzipbedingter Zugänglichkeitsprobleme, undefiniertem Materialabtrag oder dem Verrunden funktionsrelevanter Kanten nicht oder nur eingeschränkt nutzbar [1]. Daher wird bei der Politur metallischer Bauteile mit komplexen Geometrien häufig auf die manuelle Politur zurückgegriffen. Diese gestaltet sich aufgrund der Abhängigkeit der Qualität von den Fähigkeiten des Handpolierers und den kleinen Bearbeitungsgeschwindigkeiten (bis zu 30 min/cm²) bei dieser Art von Aufgabenstellung als aufwändig [4].

Den konventionellen Polierverfahren steht das Laserpolieren mit einem grundlegend anderen Wirkprinzip gegenüber. Bei diesem automatisierten Polierverfahren wird ein Laserstrahl auf die Werkstückoberfläche fokussiert und so eine dünne Randschicht dieser umgeschmolzen [1]. Im schmelzflüssigen Zustand kommt es infolge der Grenzflächenspannung zu einer Umverteilung des Materials von den Profilkuppen in die Täler, so dass die Oberfläche anschließend geglättet erstarrt. Das Laserpolieren stellt somit eine materialabtragsfreie Alternative zur konventionellen Bearbeitung dar. Das Verfahren zeichnet sich bei komplexen Geometrien durch eine hohe Prozessgeschwindigkeit (5-60 s/cm²) und Reproduzierbarkeit gerade im Vergleich zur manuellen Politur aus [4]. Weitere Vorteile des Laserpolierens sind die geringe mechanische Belastung, die Möglichkeit der selektiven Politur einzelner Bereiche und die Vermeidung von Verunreinigungen durch Schleif- und Polierabfälle.

In dieser Veröffentlichung werden die ersten Ergebnisse zum Laserpolieren von mittels SLM hergestellten Oberflächen anhand der Werkstoffe Inconel 718 und ASTM F75 dargestellt.

10.2 Prozessgrundlagen

10.2.1 Verfahrensbeschreibung Laserpolieren

Der kreisförmige Laserstrahl mit dem Fokusdurchmesser d_L und der Laserleistung P_L wird mit der Scangeschwindigkeit v_s und dem Spurversatz d_y mäanderförmig über die zu polierende Oberfläche geführt (Abb. 10.1). Der Strahleinfallswinkel β beschreibt den Winkel, in dem der Laserstrahl auf die Oberfläche trifft. Die Laserpolitur wird in der Regel unter Inertgasatmosphäre durchgeführt. Durch den reduzierten Sauerstoffgehalt wird die Oxidation der umgeschmolzenen Oberfläche vermieden und die Temperaturabhängigkeit der Oberflächenspannung beeinflusst [1]. Die Prozessparameter werden in Abhängigkeit des Werkstoffes, des Ausgangszustandes der Oberfläche und der angestrebten Rauheit gewählt.

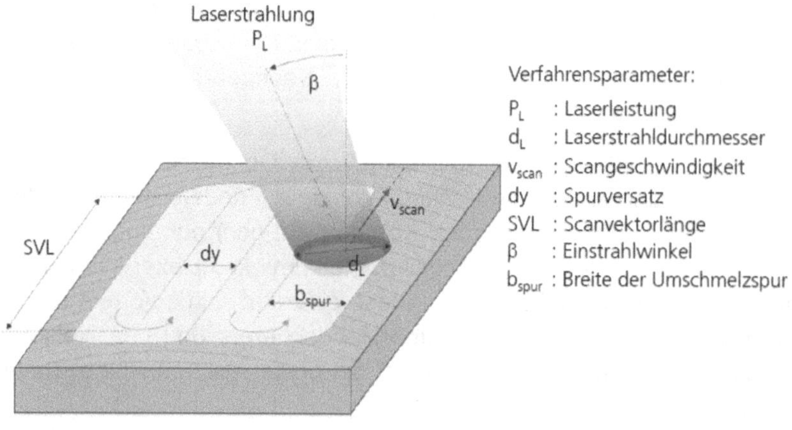

Abb. 10.1 Verfahrensprinzip Laserpolieren

Für die Laserpolitur metallischer Werkstoffe werden in der Regel Festkörperlaser mit einer Wellenlänge von λ = 1064 nm eingesetzt. Je nach Ausgangszustand und angestrebter Rauheit der zu polierenden Oberfläche ist die Laserpolitur ein mehrstufiger Prozess. Zur Glättung rauer, typischerweise aus der Fräs– oder Drehbearbeitung stammender Oberflächenstrukturen, kommt das Makro-Polieren mit kontinuierlicher Laserstrahlung zur Anwendung (Abb. 10.2, links) [2]. Dabei ermöglicht der aktuelle Stand der Technik die Verkleinerung der Rauheit komplex geformter Oberflächen von Ra = 1-4 µm auf Ra = 0,05-0,2 µm. Die Bearbeitungszeit liegt bei ~ 1 min/cm². Weisen die Oberflächen bereits eine geringe Rauheit auf, z.B. nach dem Schleifen oder Makro- Polieren, kommt zur ortsaufgelösten Reduzierung von Mikrostrukturen und der damit verbundenen Erhöhung des Glanzgrades das Mikro-Polieren zur Anwendung. Durch die Verwendung von gepulster Laserstrahlung mit Pulsdauern von einigen 100 ns wird eine Kombination aus Umschmelzen und Abdampfen von Mikrospitzen erreicht (Abb. 10.2, rechts) [3]. Geschuldet durch die rauhen SLM-Ausgangsoberflächen, wird zur Glättung dieser mit kontinuierlicher Laserstrahlung gearbeitet.

Neben der Glättung der Oberflächentopographie findet im Einflussbereich der Laserstrahlung eine Modifikation des Werkstoffes statt. So wird durch den Umschmelzprozess beispielsweise das Gefüge, die Verteilung von Legierungselementen, die Korngröße und das Auftreten von Defekten beeinflusst [1].

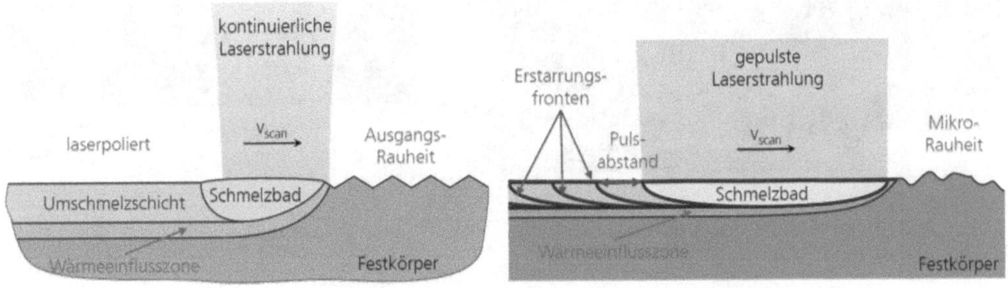

Abb. 10.2 Schematische Darstellung Laserpolieren, links: Makro-Laserpolieren, rechts: Mikro-Laserpolieren

10.2.2 Maschinentechnik

Die Versuche zum Laserpolieren von SLM-Bauteilen werden an der am Fraunhofer Institut für Lasertechnik in Kooperation mit der Maschinenfabrik Arnold entwickelte 3D-Laserpolieranlage „POLAR" durchgeführt (Abb. 10.3, links).

Die mechanische Basis zur Positionierung des Werkstücks sowie zur Ausführung langsamer Vorschubbewegungen bildet ein fünf-achs Portal-Bearbeitungszentrum der

Firma Hermle. Die für das Laserpolieren erforderlichen hohen Prozessgeschwindigkeiten und Beschleunigungen gerade in Umkehrpunkten werden durch ein 3D-Laserscannersystem der Firma Scanlab realisiert.

Als Laserstahlquelle dient der diodengepumpte Yb:YAG Scheibenlaser TruDisk1000 der Firma Trumpf. Die maximalen Laserleistung beträgt P_{Lmax} = 1 kW bei einer Wellenlänge im nahen Infrarotbereich von λ = 1030 nm. Die Laserstrahlung mit näherungsweise tophat-förmiger Intensitätsverteilung (Abb. 10.3, rechts) wird dem optischen System der Anlage über eine Lichtleitfaser zugeführt und anschließend kollimiert. Mittels eines stufenlos verstellbaren Zoomteleskops kann der durch ein f-ϑ Planfeldobjektiv auf die Werkstückoberfläche fokussierte Laserstrahl im Durchmesser von d_L = 120-800 µm variiert werden [3]. Das Werkstück befindet sich dabei in einer Prozessgaskammer, die in Kombination mit einer Gassteuerungseinrichtung die Prozessführung unter diversen Schutzgas-Atmosphären ermöglicht.

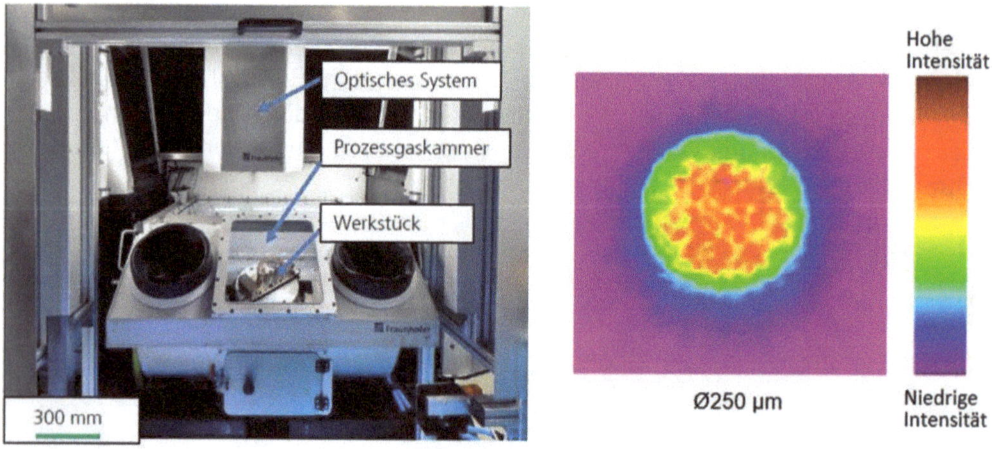

Abb. 10.3 Frontansicht der Laserpolieranlage "Polar" (links), Intensitätsverteilung der Laserstrahlung (rechts)

10.2.3 CAD-CAM Prozesskette

Das Laserpolieren stellt spezielle Anforderungen an die CAM-NC-Datenkette, basiert aber auf der konventionellen CAM-Planung einer fünf Achs-Fräßbearbeitung. Die zu polierende Bauteilgeometrie liegt dabei als CAD-Modell vor, die für das Laserpolieren notwendige konturangepasste Bahnplanung erfolgt mit konventioneller Cam-Software (z.B. PowerMill oder SiemensNx), welche auch zum Generieren von Werkzeugbahnen verwendet wird. Zusätzlich zu den fünf mechanischen Achsen erfordert das Laserpolieren von 3D Oberflächen aufgrund schneller Scangeschwindigkeiten und Beschleunigungen in Bahnumkehrpunkten die simultane Nutzung eines 3D Laserscanners. Konventionelle Cam-Software ist nicht in der Lage, diese Kombination von zwei kinematischen Systemen zu verarbeiten und alle für das Laserpolieren relevanten Informationen bereitzustellen. Daher werden die zuvor generierten Werkzeugbahnen über die APT (automatically programmed tools) Schnittstelle an den vom Fraunhofer ILT entwickelten „Technologieprozessor" übermittelt. Durch diesen nachgeschalteten technologiespezifischen Postprozessor werden die Werkzeugbahnen in Laserpolierbahnen konvertiert. Der Technologieprozessor generiert neben dem NC-Programm für die mechanischen Achsen auch die Befehle zur Steuerung des Laserscanners [5].

10.2.4 Oberflächenanalyse

Zur Analyse der Oberflächenrauheit vor sowie nach der Laserpolitur wird auf das Tastschnittverfahren (Mahr M2 Perthometer), die Weißlichtinterferometrie (Zygo NewView7300) sowie die Fokusvariation (Alicona InfiniteFocus) zurückgegriffen.

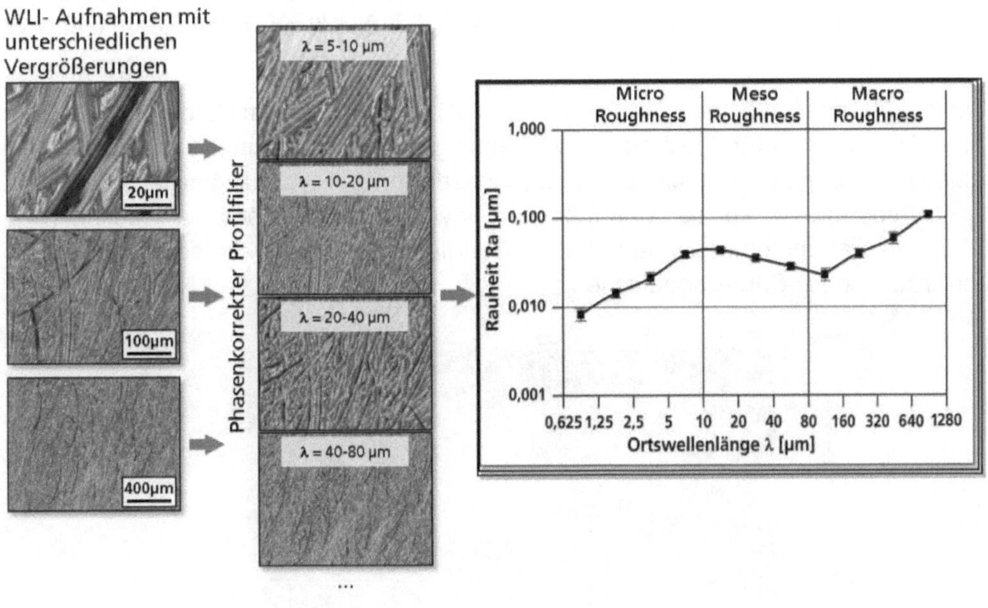

Abb. 10.4 Analyse einer Oberfläche mittels Weißlichtinterferometrie und Ra-Spektrum

So kann die Rauheit durch die üblichen Kenngrößen Ra, Rq, Rz sowie ihre dreidimensionalen Gegenstücke Sa, Sq und Sz beschrieben werden. Allerdings wird die Oberflächentopografie durch diese Kennwerte nur unzureichend charakterisiert. So können mit unterschiedlichen Verfahren bearbeitete Oberflächen (z.B. nach dem Fräsen oder Erodieren) ähnliche Rauheitskennwerte aufweisen, in ihrer Oberflächenstruktur aber stark voneinander abweichen. Um Oberflächen nach unterschiedlicher Bearbeitung vergleichbar zu machen und eine differenziertere Analyse der Oberflächenrauheit vornehmen zu können, wird auf die spektrale Rauheitsanalyse zurückgegriffen. Die Analyse basiert auf den Datensätzen der Weißlichtinterferometrie oder der

Fokusvariation. Unter Verwendung eines phasenkorrekten Profilfilters wird das dreidimensionale Oberflächenprofil wellenlängenabhängig zerlegt und anschließend der Mittenrauwert Ra für die einzelnen Wellenlängenbereiche berechnet (Abb. 10.4).

10.3 Ergebnisse und Diskussion

10.3.1 Laserpolieren ebener Oberflächen aus Inconel 718

Für die Versuchsdurchführung stehen mittels SLM (SLM Solutions 280HL) hergestellte 100x50x10 mm^3 Flachproben zur Verfügung. Die Proben werden unter einer Scanstrategie mit 33° Inkrementierung bei einem Spurabstand von 80 µm und einer Schichtdicke von 30 µm generiert.

Die Oberflächentopografie der Flachproben wird optisch mittels Fokusvariation erfasst (vier Messungen pro Probe). Die nach DIN EN ISO 25178 ermittelte Oberflächenrauheit beträgt Ra = 21,5±2.8 µm.

Um die Parameterkombination des Laserpolierens zu bestimmen, die zur kleinsten Oberflächenrauheit führt, werden 10 x 10 mm^2 große Flächen unter Variation der Prozessparameter (Fokusdurchmesser d_L, Laserleistung P_L, Scangeschwindigkeit v_s, Spurversatz d_y, Anzahl der Überfahrten n sowie Restsauerstoffgehalt) poliert (Abb. 10.5). Die Parameterfindung auf ebenen Oberflächen bildet die Grundlage für die Laserpolitur von 3D-Bauteiloberflächen.

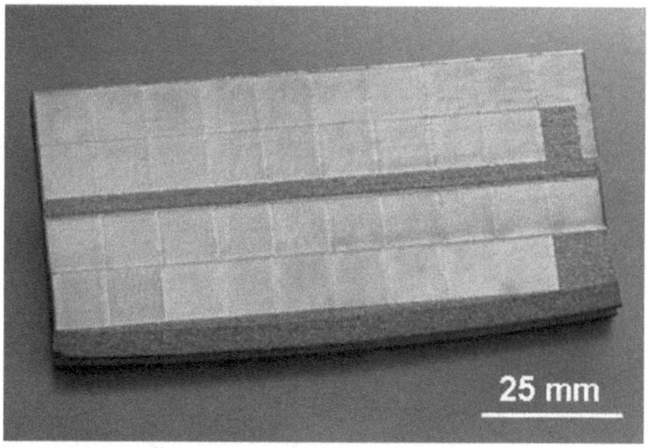

Abb. 10.5 Beispielhafte Parametervariation auf einer Flachprobe aus Inconel 718

In einer ersten Versuchsreihe wird der Fokusdurchmesser in einem Bereich von d_L=250-800 µm unter Anpassung der Laserleistung PL variiert. Die Parameter Scangeschwindigkeit v_s = 250 mm/s, Anzahl der Überfahrten n = 2 und Schutzgasatmosphäre (100 % Ar, 1000 ppm O_2) werden konstant gehalten. Der dem jeweiligen Fokusdurchmesser angepasste Spurversatz d_y entspricht üblichen Werten beim Laserpolieren (d_y=30-50 µm) und sorgt dafür, dass jede Stelle mehrmals umgeschmolzen wird. Mit einem Fokusdurchmesser von d_L = 600 µm und einer Laserleistung zwischen P_L = 550-650 W werden Rauheitswerte Ra < 0,25 µm erzielt. Daher wird in den weiteren Versuchsreihen ein Fokusdurchmesser d_L = 600 µm verwendet.

In Abb. 10.6 sind die Ergebnisse zur Anpassung der Scangeschwindigkeit v_s und der Laserleistung P_L dargestellt. Die Parameter Fokusdurchmesser d_L = 600 µm, Anzahl der Überfahrten n = 2, Spurversatz d_y = 50 µm und Schutzgasatmosphäre (100 % Ar, 1000 ppm O_2) werden konstant gehalten. Die Farbe jedes Quadrates entspricht dem mittleren Rauheitswert Ra der jeweiligen Parameterkombination. Die grauen Felder liegen außerhalb des Messbereichs (Ra>0,5 µm).

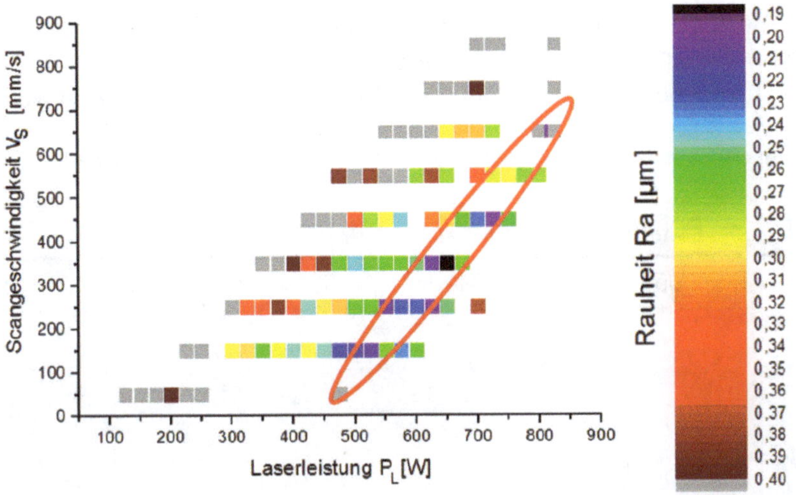

Abb. 10.6 Rauheit laserpolierter Felder mit systematisch variierter Scangeschwindigkeit vs und Laserleistung P_L

Die Ellipse markiert die Parameterkombinationen, die zu den kleinsten Rauheitswerten führen. Mit steigender Scangeschwindigkeit muss auch die Laserleistung P_L erhöht werden, um ein Aufschmelzen der Randschicht zu gewährleisten. Der kleinste Ra-Wert Ra = 0,2 µm ergibt sich für die Scangeschwindigkeit v_s = 350 mm/s und die Laserleistung P_L=650 W. Zur Verifizierung des Ergebnisses werden mit diesem Parametersatz auf unterschiedlichen Probenoberflächen und an verschiedenen Positionen insgesamt acht Felder laserpoliert. Somit wird der Einfluss einer typischen Schwankung im SLM-Ausgangszustand auf das Polierergebnis untersucht. Im Mittel ergibt sich ein Ra-Wert von Ra = 0,2±0.03 µm, d. h. die ausgewählte Parameterkombination ist recht unempfindlich gegenüber Schwankungen des Ausgangszustandes.

Polierversuche mit mehr als zwei Überfahrten n führen zu keiner weiteren Verkleinerung der Oberflächenrauheit, sondern zu einer größeren Welligkeit der Oberfläche.

Auch eine Variation des Spurversatzes zwischen 20 µm < dy < 80 µm führt zu keiner weiteren Reduzierung der Oberflächenrauheit, so dass für den Fokusdurchmesser d_L = 600 µm ein Spurversatz d_y = 50 µm festgelegt wird.

Um den Einfluss des Restsauerstoffgehaltes in der Atmosphäre auf die Oberflächenrauheit zu untersuchen und diese ggf. weiter zu reduzieren, werden zusätzlich zu dem bei den vorherigen Versuchen genutzten Restsauerstoffgehalt von 1000 ppm Felder bei einem Restsauerstoffgehalt von 10 und 10.000 ppm poliert. Da der Restsauerstoffgehalt in der Atmosphäre die Temperaturabhängigkeit der Oberflächenspannung beeinflusst, wird zusätzlich zum Restsauerstoffanteil die Laserleistung variiert. Keines der Felder weist jedoch eine geringere Oberflächenrauheit auf als ein unter 1000 ppm laserpoliertes Feld.

Mit der in Tab. 10.1 zusammengefassten Parameterkombination kann die Rauheit von mittels SLM hergestellten Inconel 718 Proben um 99 % von Ra = 21,5±2.8 µm auf Ra = 0,2±0.03 µm bei einer Flächenrate von FR = 5,25 cm²/min reduziert werden.

Tab. 10.1 Für die Laserpolitur von Inconel 718 ausgewählte Parameterkombination

d_L [µm]	P_L [µm]	v_s [mm/s]	d_y [µm]	n	O_2 [ppm]
600	650	350	50	2	1000

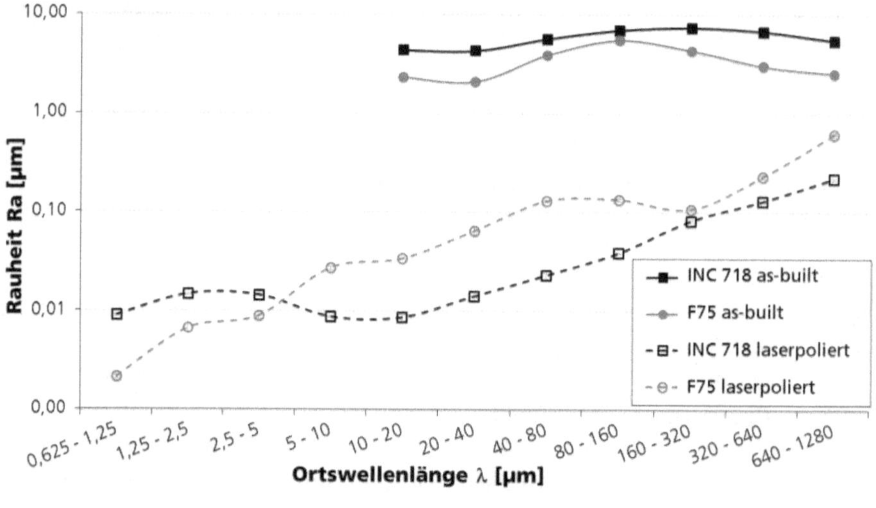

Abb. 10.7 Rauheitsspektren der laserpolierten Oberflächen im Vergleich zur Ausgangsoberfläche

Das Rauheitsspektrum für die optimierte Parameterkombination ist in Abb. 10.7 im Vergleich zur spektralen Rauheit der Ausgangsoberfläche dargestellt. Die Rauheitsspektren für den Inconel 718 sind mit quadratischen Symbolen gekennzeichnet, mit durchgezogener Linie für den Ausgangszustand und mit gestrichelter Linie für die laserpolierte Oberfläche.

Die Vergrößerung der Rauheit hin zu großen Wellenlängen zeigt eine Welligkeit der laserpolierten Oberfläche auf.

10.3.2 Laserpolieren ebener Oberflächen aus ASTM F75

Die Laserpolierversuche für die CoCr Legierung ASTM F75 werden auf rechteckigen mittels SLM hergestellten 40x50x8 mm³ großen Flachproben durchgeführt. Die Oberflächenrauheit der Testteile wird mit der Fokusvariation vermessen und beträgt Ra = 10.7±1.8 µm.

Wie für den Werkstoff Inconel 718 werden Parametervariationen mit unterschiedlichen Fokusdurchmessern dL, Laserleistungen PL, Scangeschwindigkeiten vs, und Spurversätzen dy durchgeführt (Abb. 10.8, links).

Abb. 10.8 links: Parametervariation auf einer Flachprobe aus ASTM F75, rechts: halb polierte Probenoberfläche mit optimiertem Parameter

Die maximale Rauheitsreduzierung von 93 % von Ra = 10.7±1.8 µm auf Ra = 0.71±0.03 µm kann mit der Parameterkombination d_L = 400 µm, P_L = 200 W, v_s = 200 mm/s, d_y = 50 µm und n = 2 erzielt werden. Im Gegensatz zu Inconel 718 kann die Oberflächenrauheit durch mehrere Überfahrten jedoch weiter verkleinert werden (Abb. 10.9).

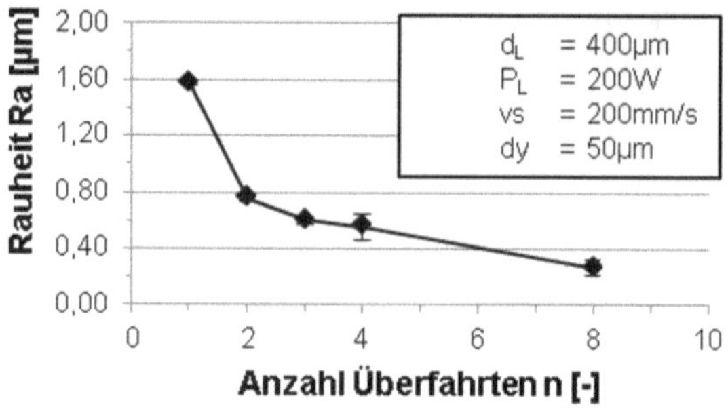

Abb. 10.9 Rauheit Ra in Abhängigkeit der Anzahl der Überfahrten n für den Werkstoff ASTM F75

Wird für die oben genannte Parameterkombination die Anzahl der Überfahrten n weiter vergrößert, kann die resultierende Oberflächenrauheit weiter verkleinert werden. Für n = 8 ergibt sich eine maximale Rauheitsreduzierung von 97 % von Ra = 10.7±1.8 µm auf Ra = 0.27±0.04 µm bei einer Flächenrate von FR = 0,75 cm²/min. In Abb. 10.8, rechts ist eine halb polierte Probenoberfläche mit dieser optimierten Parameterkombination dargestellt.

Die Kurve mit runden Symbolen und gestrichelter Linie in Abb. 10.7 zeigt das Rauheitsspektrum dieser Parameterkombination im Vergleich zur Ausgangsoberfläche (runde Symbole und durchgezogene Linie). Für Ortswellenlängen > 5 µm ist die Rauheit nach der Laserpolitur für den Werkstoff F75 größer als die des Inconel 718, was auch der konventionelle Ra-Wert wiederspiegelt. Für Ortswellenlängen < 5 µm, dem Mikrorauheitsbereich, liegt das Rauheitsspektrum des F75 jedoch unter dem des Inconel 718, was dem höheren Glanzgrad der F75-Oberfläche entspricht.

10.3.3 Übertragbarkeit von ebenen auf 3D Oberflächen

Bei der Laserpolitur komplexer Geometrien kann die Positionierung des Werkstücks über die mechanischen Achsen nicht immer so realisiert werden, dass bei senkrechtem Strahleinfall laserpoliert werden kann (β=0°). Bei senkrechtem Einfallswinkel wird die runde Intensitätsverteilung des Laserstrahls kreisrund auf die Werkstückoberfläche abgebildet. Bei nicht-senkrechtem Strahleinfall (β≠0°) resultiert durch die Projektion des runden Strahls auf die schiefe Ebene zunehmend eine elliptische Strahlform mit vergrößerter Wechselwirkungszone (Abb. 10.10).

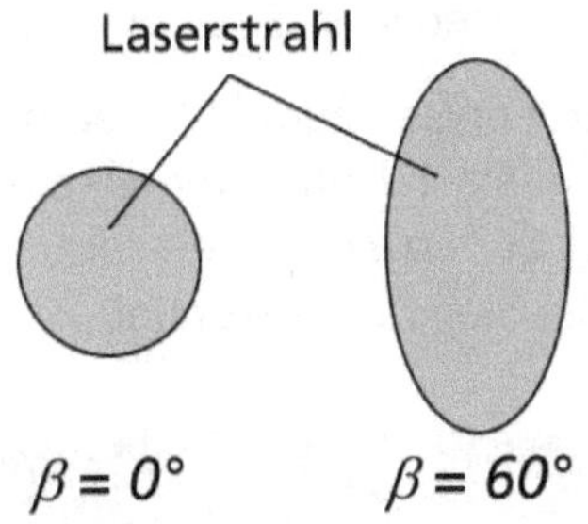

Abb. 10.10 schematische Fokusform in Abhängigkeit des Einstrahlwinkels

Infolge dessen kommt es zu einer Reduzierung der Intensität und einer Vergrößerung der Oberflächenrauheit. Durch eine Anpassung der Laserleistung an den Einstrahlwinkel β kann der Qualitätsverlust der laserpolierten Oberfläche bei nicht-senkrechtem Einstrahlwinkel reduziert werden [5]. Für beide Werkstoffe ist das Ergebnis der Laserleistungsanpassung in Abb. 10.11 dargestellt.

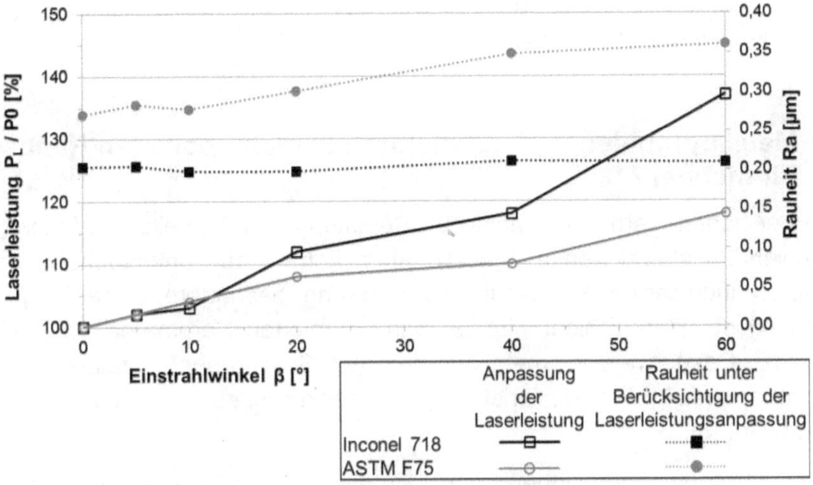

Abb. 10.11 Anpassung der Laserleistung an den Einstrahlwinkel

Die durchgezogenen Linien zeigen für beide Werkstoffe die Laserleistungsanpassung an die unterschiedlichen Einstrahlwinkel (linke y-Achse), die gestrichelten Linien stellen die unter Berücksichtigung der Laserleistungsanpassung resultierenden Oberflächenrauheiten dar (rechte y-Achse). Für den Werkstoff Inconel 718 kann durch die Anpassung der Laserleistung die Rauheit bis zu einem Einstrahlwinkel β≤60° nahezu konstant gehalten werden. Für den Werkstoff ASTM F75 vergrößert sich die

Rauheit von Ra = 0.27 µm bei senkrechtem Strahleinfall auf Ra = 0.36 µm für β=60°.

In Abb. 10.12 sind die ersten Ergebnisse zum 3D Laserpolieren von SLM Bauteilen für Inconel 718 und ASTM F74 dargestellt. Dabei wurden die optimierten Prozessparameter für senkrechten Einstrahlwinkel sowie die entsprechenden Laserleistungsanpassungen für nicht-senkrechten Strahleinfall verwendet.

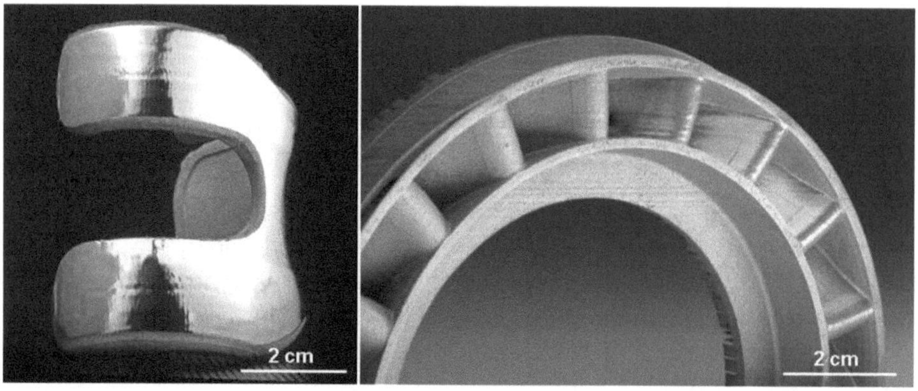

Abb. 10.12 Teilweise laserpolierte SLM Bauteile, links: Kniegelenksimplantat aus ASTM F75, rechts: Segmente einer Turbinenleitschaufel aus Inconel 718

10.3.4 Metallographische Untersuchung der laserpolierten Randschicht für Inconel 718

Aufgrund der hohen thermomechanischen Belastung, der Bauteile aus Inconel 718 in vielen Anwendungsbereichen ausgesetzt sind, kommt der Untersuchung der beim Laserpolieren induzierten Randschichtveränderung besondere Bedeutung zu. Die Untersuchung der Randschicht wird für den optimierten Parameter (vgl. Tab. 10.1) durchgeführt. Dazu werden metallographische Schliffproben entlang der SLM-Aufbaurichtung erstellt. Die Schliffrichtung liegt senkrecht zur Scanrichtung der Laserpolitur (Abb. 10.13).

Die optische Untersuchung anhand von Lichtmikroskopaufnahmen und Materialkontrastbildern (REM- BSE) dient einer ersten Beurteilung der durch die Laserpolitur hervorgerufenen Mikrostruktur (Abb. 10.14).

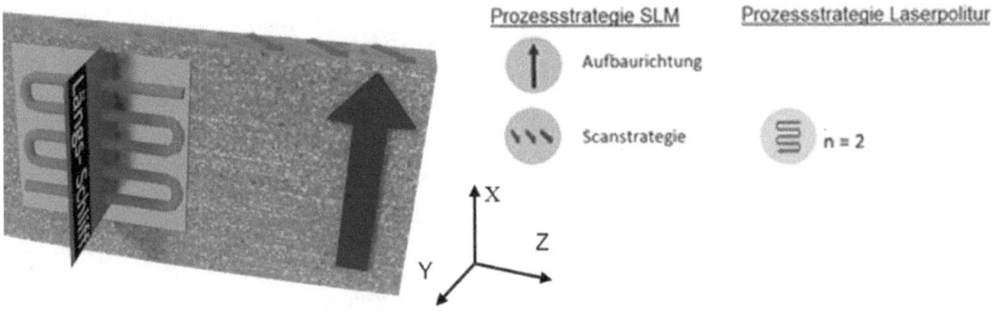

Abb. 10.13 Schema der Schliffentnahme

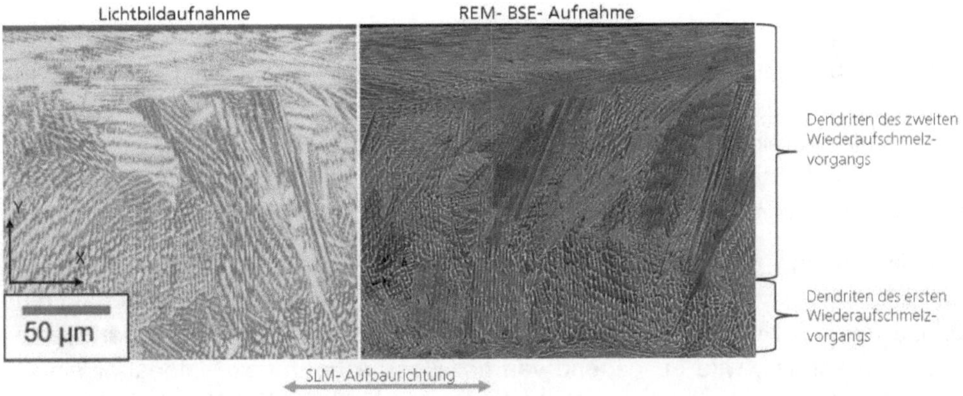

Abb. 10.14 Lichtmikroskopaufnahme (links) und Materialkontrastbild (rechts) eines Querschliffes durch optimierten Laserpolierparameter

Das Gefüge des Grundwerkstoffes und der Wiederaufschmelzschicht weist eine dendritische Morphologie auf. Auf der REM- BSE- Aufnahme können zwei Bereiche mit unterschiedlicher Ausrichtung der Dendriten identifiziert werden. Die unterschiedliche Ausrichtung der Dendriten ist ein Resultat der um 90° zueinander gedrehten Überfahrten. Durch die erste Überfahrt wird das Material bis zu einer Tiefe von ca. 180 µm umgeschmolzen. Die zweite Überfahrt erfolgt auf einer durch die erste Überfahrt schon vorpolierten Oberfläche, wodurch der Absorptionsgrad sinkt, so dass die Umschmelztiefe der zweiten Überfahrt ca. 140 µm beträgt.

Zur Analyse der Kristallorientierung wird die kristallografische Technik der Electron Backscatter Diffraction (EBSD) angewendet. Im Grundmaterial existieren Bereiche unterschiedlicher Kristallorientierung. Die Mehrzahl der Kristalle ist radialsymmetrisch mit der kristallographischen <100>-Richtung parallel zur SLM-Aufbaurichtung ausgerichtet (Abb. 10.15, links).

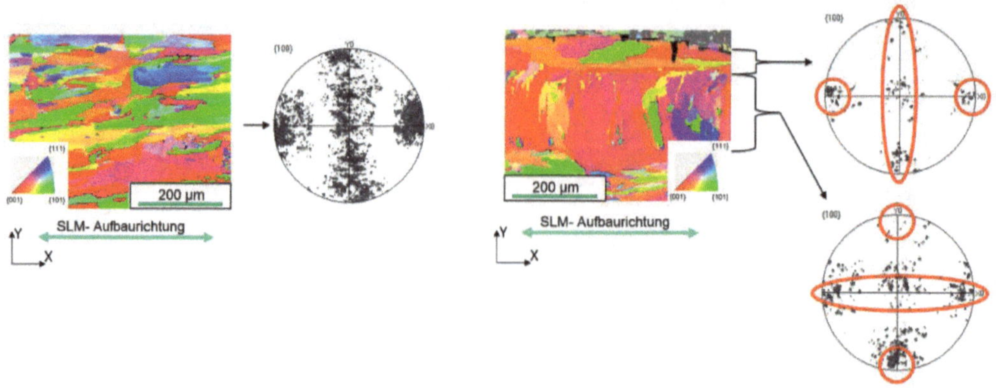

Abb. 10.15 IPF-Map und {100} Polfigur des Grundmaterials (links) und der Wiederaufschmelzschicht nach zwei Überfahrten (rechts)

Das Gefüge des mit zwei Überfahrten laserpolierten Feldes weißt zwei Schichtbereiche mit unterschiedlicher kristallographischer Ausrichtung auf (Abb. 10.15, rechts). Im oberen Schichtbereich liegt eine 100-Fasertextur in SLM-Aufbaurichtung vor. Die Kristalle in der sich darunter befindenden Schicht sind ebenfalls entlang ihrer <100>-Richtung fixiert, allerdings liegt die Faser hier quer zur SLM-Aufbaurichtung.

Eine Härteprüfung des Grundmaterials sowie der Wiederaufschmelzschicht erfolgt nach Vickers (HV), welche in DIN EN ISO 6507 geregelt ist. Die Prüfkraft beträgt 0,05 Kilopond (ca. 0.5 Newton), die Belastungszeit 15 Sekunden. Um einen Härteverlauf ermitteln zu können, wird ausgehend von der Oberfläche in das Material hinein gemessen. Um den normgerechten Mindestabstand zwischen den einzelnen Messeindrücken einzuhalten und trotzdem eine hohe Auflösung zu erhalten, werden die Abdrücke schräg in das Material hinein gesetzt. In Abb. 10.16, links ist ein Mikroskopbild des polierten Schliffes mit den gesetzten Messeindrücken zu sehen.

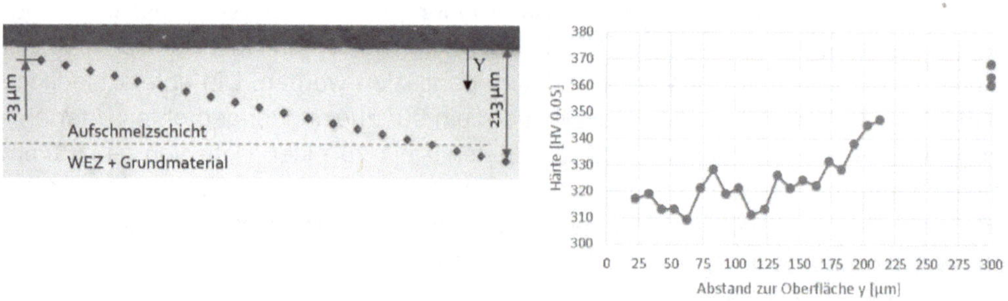

Abb. 10.16 links: Messpunkte der Härteprüfung nach Vickers in der Wiederaufschmelzschicht, rechts: Härteverlaufskurve

Darüber hinaus werden drei Abdrücke mit einem Mindestabstand von 5 mm zur Oberfläche gesetzt, um die Härte des Grundmaterials zu bestimmen. In Abb. 10.16, rechts ist die ermittelte Härte über den Abstand der Eindrücke zur Oberfläche aufgetragen. Während die Härte in den ersten 180 µm im Mittel 320 HV 0,05 beträgt, steigt sie im weiteren Verlauf an und erreicht ein Maximum von ca. 368 HV 0,05 im Abstand von 5 mm zur Oberfläche. Die ersten 180 µm entsprechen der gemessenen Wiederaufschmelztiefe, die Wiederaufschmelzschicht weist also eine geringere Härte auf als das Grundmaterial.

Der Anstieg der Härte ist damit zu erklären, dass die Kristallebenen in kubisch-flächenzentrierten Strukturen verschiedene Packungsdichten aufweisen. Somit ist der Wiederstand gegen plastische Verformung von der betrachteten Kristallebene bzw. Kristallrichtung abhängig. Die Härte ist also anisotrop. Der IPF-Map des untersuchten Schliffes (Abb. 10.15) ist zu entnehmen, dass in der Wiederaufschmelzschicht bevorzugt weichere <100>- Richtungen parallel zur Schliffnormalenrichtung liegen, während im Grundmaterial die Häufigkeit der festeren <111>- Richtungen parallel zur Schliffnormale zunimmt. Der Härteverlauf korreliert somit mit der ermittelten Orientierung der Kristallstruktur.

10.4 Zusammenfassung

Das automatisierte Laserpolieren bietet als Endbearbeitungsschritt von komplexen SLM-Bauteilen aufgrund des innovativen Prozessprinzips neue Möglichkeiten für die Serienproduktion von additiv gefertigten Bauteilen. Mit den jeweils optimierten Laserpolierparametern wird für den Werkstoff Inconel 718 eine Rauheitsreduzierung von 99% und für ASTM F75 von 97% erreicht. Die Anpassung der Prozessparameter für einen nicht-senkrechten Strahleinfall erlaubt die Laserpolitur von 3D Flächen mit minimierten Qualitätsverlusten im Vergleich zu eben Oberflächen.

Große Teile dieser Arbeit sind im Rahmen des EU-Projektes AMAZE entstanden.

10.5 Literaturverzeichnis Kapitel 10

[1] Willenborg, E.: Polieren von Werkzeugstählen mit Laserstrahlung, Dissertation, RWTH Aachen, 2006.

[2] Nüsser, C., Kumstel, J., Kiedrowski, T., Diatlov, A., Willenborg, E.: Process- and Material-Induced Surface Structures During Laser Polishing, In: Advanced Engineering Materials, Volume 17, Issue 3 (2015), S. 268–277.

[3] Temmler, A.: Selektives Laserpolieren von metallischen Funktions- und Designoberflächen, Dissertation, RWTH Aachen, 2013.

[4] Osthold, R.: Laserpolieren metallischer Freiformflächen, Dissertation, RWTH Aachen, 2011.

[5] Flemmer, J., Ross, I., Willenborg, E., Fröba, H.: Machine Tool and CAM-NC Data Chain for Laser Polishing Complex Shaped Parts, In: Advanced Engineering Materials, Volume 17, Issue 3 (2015), S. 260–267.

11 Hochrate Laser Micro Cladding

M. Erler, S. Gronau*, M. Horn*, R. Ebert*, S. Klötzer*, H. Exner**

**Laserinstitut Hochschule Mittweida*

Abstract: Micro Cladding stellt eine Modifikation des klassischen Laserpulverauftragschweißens dar, um großflächig und flexibel Mikrostrukturen auf nahezu beliebigen Oberflächen aufbringen zu können [1][2]. Die Besonderheit des am Laserinstitut Hochschule Mittweida entwickelten Verfahrens sind dabei der Einsatz eines kurzgepulsten Faserlasers mit einer schnellen Strahlablenkung mittels Galvanometer-Scanner sowie die Ausbildung von Mikrostrukturen zur Speicherung des Pulvers [3][4][5]. Hierdurch kann die Laserstrahlenergie auch im Mikrobereich lokal begrenzt eingebracht und die Volumenbaurate gesteigert werden. Die Auflösung des Verfahrens liegt aktuell bei ca. 40 µm. Für mehr industrielle Relevanz wurden die Volumenbauraten durch Anwendung von Hochleistungslasern und schnellen Scannern auf bis zu 3.900 mm³/h deutlich erhöht. Die Ergebnisse der Untersuchungen werden aufgezeigt und die Verfahrensgrenzen diskutiert.

Keywords: Cladding, Pulver, Auftragschweißen, Hochrate, Micro, Mikro, Laser

11.1 Einleitung

Micro Cladding zählt zu den generativen Fertigungsverfahren und ist prinzipiell vergleichbar mit dem bekannten makroskopischem Laserpulverauftragschweißen. Hierbei wird ein kontinuierlicher Pulverstrom mittels Laserstrahl als Energiequelle aufgeschmolzen, wodurch ein Materialauftrag auf einem Werkstück erfolgt. Durch Aneinanderreihen der aufgetragenen Schweißspuren lassen sich flächige Beschichtungen erzeugen oder im Schichtverfahren Bauteile oder Strukturen auf Oberflächen aufbauen.

Bisher wurden die Prozessparameter – ausgehend vom makroskopischen Laserpulverauftragschweißen – entsprechend der kleineren Spurvolumina angepasst, z.B. durch Reduzierung des Pulverkorndurchmessers, der Pulverfördermenge, des Laserstrahlfokusdurchmessers und der Laserleistung. Durch die Verwendung von kontinuierlicher Laserstrahlung und einer Fokussieroptik – wobei der Laserstrahl mittels Achsen oder Roboter relativ zur Substratoberfläche bewegt wird – blieben die Streckenenergien jedoch relativ hoch und die Intensitäten gering. Dies führte zu einer thermischen Belastung des Substrates und der aufgebauten Struktur sowie zu relativ geringen Bearbeitungsgeschwindigkeiten. Die minimalen Auflösungen liegen bei 30 µm mit maximalen Bearbeitungsgeschwindigkeiten von kleiner 10 mm/s [6],[7],[8],[9],[10],[11].

Am Laserinstitut Hochschule Mittweida (LHM) wurde hingegen eine völlig neuartige Verfahrensvariante entwickelt und untersucht [1],[2]. Hierbei kamen ein kurzgepulster Faserlaser und ein Galvanometer-Scanner mit hoher Ablenkgeschwindigkeit von mehreren Metern pro Sekunde zum Einsatz. Dadurch konnte die Energie auch im Mikrometerbereich definiert und schnell eingebracht werden. Durch die Verwendung solch hoher Ablenkgeschwindigkeiten konnte jedoch nicht wie beim klassischen Laserpulverauftragschweißen die Pulverdüse bei der Bewegung mitgeführt werden. Daher musste ein Pulverfleckbereich auf der Werkstückoberfläche erzeugt werden, innerhalb dessen die Strahlablenkung bzw. Bearbeitung erfolgte (Abb. 11.6 rechts). Nachteil ist dabei jedoch der relativ geringe Pulvernutzungsgrad.

In weiterführenden grundlegenden Untersuchungen konnte gezeigt werden, dass durch eine gezielte Erzeugung von Mikro-Kavitäten unter Verwendung hoher Intensitäten während des Aufbauprozesses die Volumenbaurate bei einer mittleren Laserleistung von 20 W bis auf 187 mm^3/h gesteigert werden konnte [3],[4],[5]. Die erreichbare Strukturauflösung lag bei 52 µm. Die neuartige Erzeugung und Nutzung von Mikro-Kavitäten wird im Folgenden noch näher erläutert.

Um das Verfahren auch im Makrobereich für die Generierung von Mikrostrukturen auf größeren Flächen oder in der Massenproduktion ökonomisch anwendbar zu machen, ist die Weiterentwicklung zu einem Hochrate-Verfahren erforderlich. Daher wurden aufbauend auf den Grundlagenuntersuchungen die Laserleistung, die Pulswiederholfrequenz und die Ablenkgeschwindigkeit weiter skaliert. Eine Erhöhung der Volumenbaurate um mindestens Faktor 10 war das Ziel.

Die Erzeugung von Mikrostrukturen auf großen Flächen ist für viele Bereiche der Technik interessant: beginnend mit Werkzeugen, die in kleinsten Bereichen erhaben sein müssen, über Oberflächenstrukturierung zur Strömungsreduzierung bis hin zu Turbinenschaufeln, bei denen durch Mikrostrukturen mit Hinterschneidungen Schichten befestigt werden [6],[7],[8],[9],[10],[11].

11.2 Grundlagenuntersuchungen

Die Grundlagenuntersuchungen für das neuartige Verfahren „Micro Cladding" wurden mit einem kurzgepulsten Faserlaser mit einer maximalen mittleren Ausgangsleistung von 20 W durchgeführt. Zur schnellen Strahlablenkung wurde ein Galvanometer-Scanner mit einer maximalen Ablenkgeschwindigkeit von 8 m/s verwendet. Als Pulver wurde ein austenitischer CrNiMo-Stahl (1.4404) mit zumeist sphärischer Partikelform und einem mittleren Partikeldurchmesser von 6,3 µm eingesetzt. Das Pulver wurde mit dem Trägergas Argon über eine selbst entwickelte Flachstrahldüse am Bearbeitungsort homogen verteilt. Als Substratmaterial diente ebenfalls ein Edelstahl (1.4301).

Durch Anwendung von hohen Intensitäten und geringen Streckenenergien wurde ein neuartiger Prozess kreiert. Beim Auftragschweißen mit cw-Laserstrahlung wird durch Einsatz hoher Streckenenergien und geringen Intensitäten ein Schmelzbad erzeugt, in dem das ankommende Pulver eingeschmolzen wird. Durch Relativbewegung zwischen Laserstrahl und Werkstück entsteht anschließend eine Schweißraupe. Bei der am LHM entwickelten Verfahrensvariante hingegen wurden durch die Applikation hoher Intensitäten gezielt Kavitäten mit Schmelzrändern erzeugt. Mit diesen kann in der Bestrahlungspause Pulver eingefangen und gespeichert werden. Durch Wahl geeigneter Prozessparameter konnte dadurch bei einer erneuten Bestrahlung trotz hoher Intensitäten ein Materialauftrag erzielt werden. Eine mehrmalige Wiederholung des Prozesses führte zum Aufbau von Mikrostrukturen. Die REM-Aufnahmen in Abb. 11.1 zeigen die Pulverspeicherung der Kavitäten. Es wurden Aufnahmen von generierten Mikrowänden einmal mit und einmal ohne Ultraschallreinigung durchgeführt. Durch Vergleich war zu erkennen, dass in den Vertiefungen eine lose Pulveransammlung vorlag, die zusätzlich bei einer erneuten Bestrahlung für die Generierung der Mikrowand zur Verfügung stand.

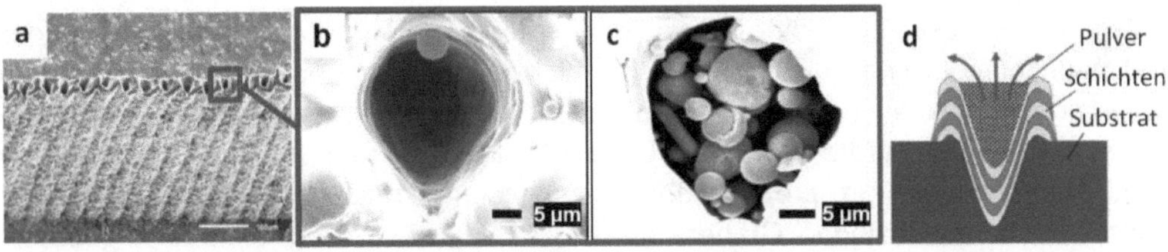

Abb. 11.1 (a) REM-Aufnahme einer Mikrowand mit Ausbildung regelmäßiger Kavitäten. (b) und (c) REM-Aufnahmen von den sich bildenden regelmäßigen Kavitäten nach (b) und vor (c) Ultraschallreinigung. (d) Prinzipskizze des Aufbauvorganges

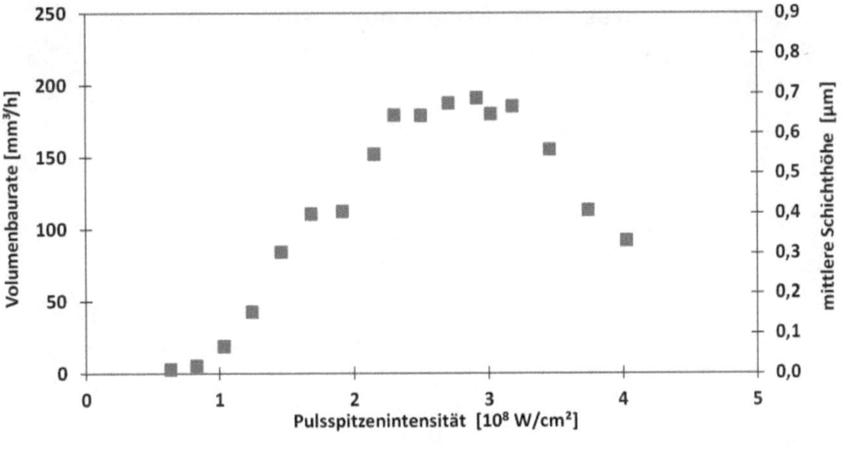

Abb. 11.2 Volumenbaurate und mittlere Schichthöhe in Abhängigkeit von der Pulsspitzenintensität (f_{Puls} = 50 kHz, $d_{0,86\%}$ = 52 µm, s_{Puls} = 40 µm)

Die Abb. 11.2 zeigt die Abhängigkeit der Volumenbaurate bzw. der mittleren Schichthöhe von der Pulsspitzenintensität. Dazu wurde der zeitliche Verlauf der Laserleistung im Puls ermittelt und eine gaußsche Strahlverteilung angenommen. Es ist zu erkennen, dass ein idealer Intensitätsbereich zwischen 2,1 - 3,2·10^8 W/cm^2 existierte, in dem die Volumenbaurate ihr Maximum hatte. Bei diesen Intensitäten kam es zur partiellen Verdampfung des Materials und zur Entstehung der Kavitäten. Der Materialauftrag erfolgte durch die gleichzeitige Ausbildung von Schmelzrändern. Damit die Schmelzränder entstehen konnten, sollte zugleich die Pulsdauer ausreichend lang sein, um eine genügend hohe Restenergie zur Verfügung zu haben. Wurde die Intensität zu klein gewählt, verkleinerten sich die Kavitäten und damit auch die Menge der Pulveransammlung. War hingegen die Intensität zu groß, wurde das Pulver überwiegend verdampft.

Eine weitere Voraussetzung zur Ausbildung von Kavitäten war ein optimaler geometrischer Pulsabstand. Die Abhängigkeit der Volumenbaurate von diesem wird in Abb. 11.3 gezeigt. Die Variation des Pulsabstandes erfolgte über eine Änderung der Ablenkgeschwindigkeit bei fester Pulswiederholfrequenz. Es war zu erkennen, dass der optimale geometrische Pulsabstand zwischen 40 und 50 µm und damit im Bereich des verwendeten Fokusdurchmessers von 52 µm (86 % Leistungseinschluss) lag. Die höchste Volumenbaurate in diesem Bereich betrug 187 mm³/h, was einer mittleren Schichthöhe von 0,7 µm pro Bestrahlung entsprach. Bei zu geringen geometrischen Pulsabständen entstanden Gräben, die zur Pulverspeicherung schlechter geeignet waren, bei zu großen Abständen nahm die Volumenbaurate bis zu einem Abstand von 100 µm stetig auf ca. 100 mm³/h ab, danach bewegte sie sich trotz weiterer Vergrößerung des Abstandes zwischen 80 und 100 mm³/h. Zu vermuten ist, dass bis zu einem Abstand von 100 µm die Schmelzwärme der vorherigen Kavität genutzt werden konnte. Danach war der Abstand so groß, dass die Wärme überwiegend in den Grundkörper abgeleitet wurde und dies keinen Einfluss mehr hatte.

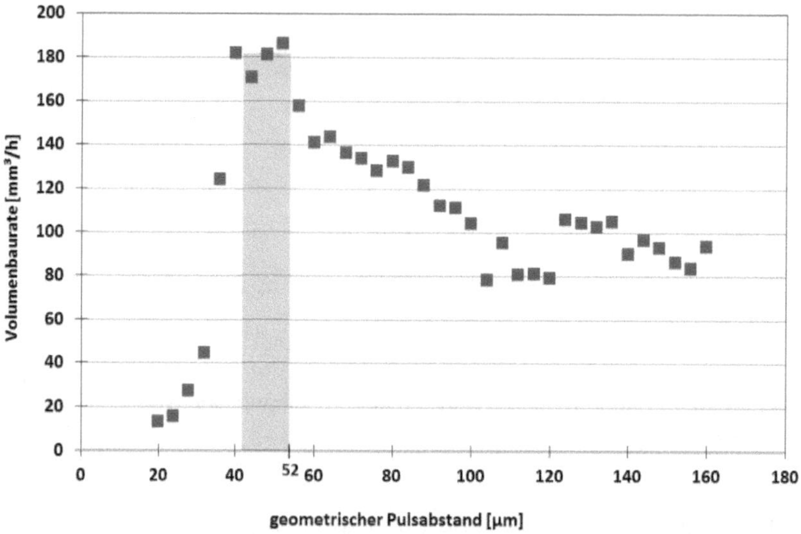

Abb. 11.3 Volumenbaurate in Abhängigkeit vom geometrischen Pulsabstand, eingezeichneter Streifen: idealer Arbeitsbereich (I_0 = 2,7·10^8 W/cm², E_{Puls} = 0,3 mJ, f_{Puls} = 50 kHz, $d_{0,86\%}$ = 52 µm).

Eine weitere Bedingung zur Ausbildung regelmäßiger Kavitäten sollte die geometrische Wiederholgenauigkeit der auftreffenden Laserpulse sein. Zur Untersuchung des Einflusses wurde eine Pulswiederholfrequenz von 10 kHz, also ein zeitlicher Pulsabstand von 100 µs, appliziert. Zur Erzeugung eines definierten Phasenversatzes wurde das Scanner-Delay in Schritten von 10 µs erhöht. Dies entsprach bei einer Ablenkgeschwindigkeit von 0,4 m/s einem geometrischen Versatz um jeweils 4 µm. Die Auswirkung von Abweichungen auf die Volumenbaurate sind in Abb. 11.4 zu sehen. Betrug der Phasenversatz ein ganzzahliges Vielfaches des zeitlichen Pulsabstandes, dann lagen die Eintrefforte der Laserpulse von Bestrahlung zu Bestrahlung wieder geometrisch genau übereinander, wodurch erwartungsgemäß die größte Volumenbaurate auftrat. Sie war um den Faktor 6,8 höher als bei Pulsen, die um die Hälfte, also 20 µm, versetzt waren. Offensichtlich wurde durch den halben Versatz der sich bildende Schmelzrand abgetragen und die Ausbildung einer Kavität verhindert. Es kam zur Grabenbildung wie es auch bei zu geringen geometrischen Pulsabständen der Fall war. Die Speicherung des Pulvers fand dadurch nicht statt. Im Prozess konnte nur das während des Laserpulses eintreffende Pulver genutzt werden. Schon eine Abweichung von 10 µs, also eine geometrische Verschiebung des Auftreffortes um 4 µm, bewirkte einen Abfall der Volumenbaurate auf die Hälfte. Im Vergleich zu Abb. 11.3 ergaben sich in Abb. 11.4 geringere Volumenbauraten aufgrund der geringeren Pulswiederholfrequenz bzw. Ablenkgeschwindigkeit.

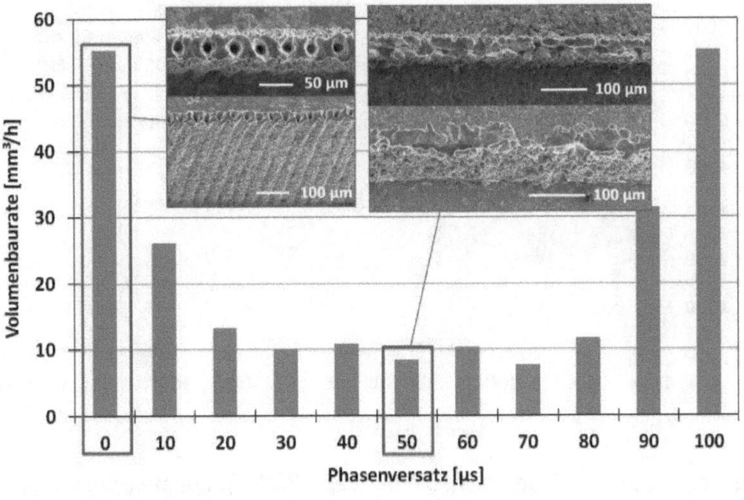

Abb. 11.4 Volumenbaurate bei verschiedenen Phasenversätzen und ausgewählte REM-Aufnahmen der Mikrowände in Draufsicht und schräger Ansicht; Phasenversatz 10 - 90 µs: $I_0 = 1{,}9 \cdot 10^8$ W/cm² (optimiert für maximale Volumenbaurate); Phasenversatz 0 / 100 µs: $I_0 = 2{,}7 \cdot 10^8$ W/cm². (f_{Puls} = 10 kHz, v_{scan} = 0,4 m/s → s_{Puls} = 40 µm, t_{Puls} = 100 µs)

Es zeigte sich weiterhin, dass zu Beginn des Aufbauprozesses ausschließlich ein Abtrag stattfand, bis sich die regelmäßigen Kavitäten ausbildeten und sich genug loses Pulver ansammeln konnte. Im weiteren Verlauf des Aufbauprozesses fand fortlaufend zugleich ein Abtrag als auch ein Auftrag an Material statt, wobei der Auftrag an Material überwog. Die Kavitäten bildeten sich während des Aufbaus konstant mit einer Tiefe von ca. 100 µm aus. Weiterhin war die Nachführung der Fokuslage während des Aufbauprozesses bis zu einer Bauhöhe von ca. 1,5 mm nicht erforderlich, da keine Auswirkung auf die Volumenbaurate sowie der Wandstärke festgestellt werden konnte.

11.3 Versuchsbedingungen für Untersuchungen zur Skalierung des Prozesses

Für die Untersuchungen zur Skalierung des Prozesses hin zu einem Hochrate-Verfahren wurde ein kurzgepulster Faserlaser mit einer maximalen mittleren Ausgangsleistung von 200 W eingesetzt. Die maximale Pulswiederholfrequenz lag bei 1 MHz. Für die Untersuchungen kamen vier verschiedene Pulsdauern und – formen zum Einsatz. In Abb. 11.5 sind die zeitlichen Pulsverläufe bei maximaler Pulsenergie und Pulswiederholfrequenz dargestellt. Zum Vergleich ist auch der Pulsverlauf aus den Grundlagenuntersuchungen abgebildet, die Pulshalbwertbreite lag damals zwischen 60 und 120 ns.

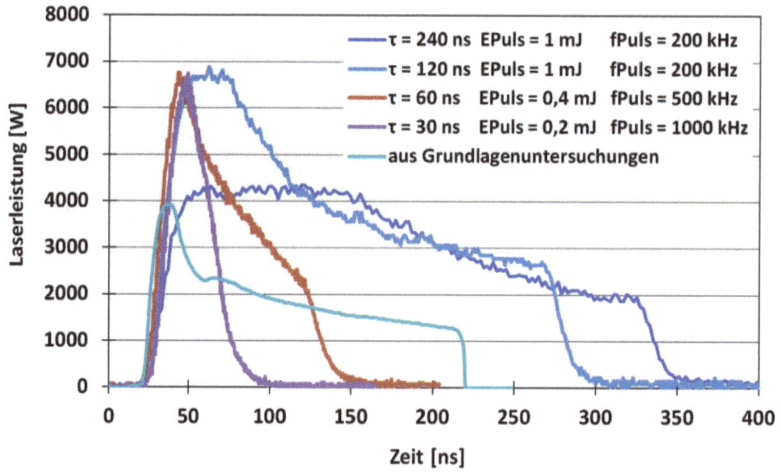

Abb. 11.5 Darstellung der zeitlichen Verläufe der Laserleistung bei maximaler Pulsenergie E_{Puls} und jeweiliger maximal möglicher Pulswiederholfrequenz f_{Puls}, zum Vergleich der Verlauf aus den Grundlagenuntersuchungen ($E_{Puls, Max}$ = 0,4 mJ).

Die Pulsspitzenleistung in den Versuchen betrug bei einer Pulsdauer von 30 bis 120 ns 6,8 kW, bei der Pulsdauer 240 ns fiel sie auf 4,2 kW ab. Die maximale Pulsenergie von 1 mJ konnte nur bei den Pulsdauern 240 und 120 ns realisiert werden, bei kürzeren Pulsen fiel sie aufgrund der Begrenzung der Pulsspitzenleistung entsprechend ab.

Zur schnellen Strahlablenkung wurde ein Galvanometer-Scanner mit einer maximalen Ablenkgeschwindigkeit von 30 m/s bei einer Brennweite von 500 mm verwendet. Außerdem stand ein XY-Achssystem zur Verfügung, um auch auf größeren Flächen Mikrostrukturen aufzubringen.

Die Tab. 11.1 zeigt die Messergebnisse der verwendeten F-Theta-Optiken mit den erzielten Fokusdurchmessern und Pulsspitzenleistungen. Mit der Brennweite 255 mm konnte eine deutlich höhere Pulsspitzenintensität als in den Grundlagenuntersuchungen erreicht werden.

Tab. 11.1 Versuchsparameter der verwendeten Brennweiten

Brennweite [mm]	255	500
Fokusdurchmesser ($d_{0,86\%}$) [µm]	34,5	72,6
maximale Pulsspitzenintensität [10^8 W/cm²]	14,7	3,3

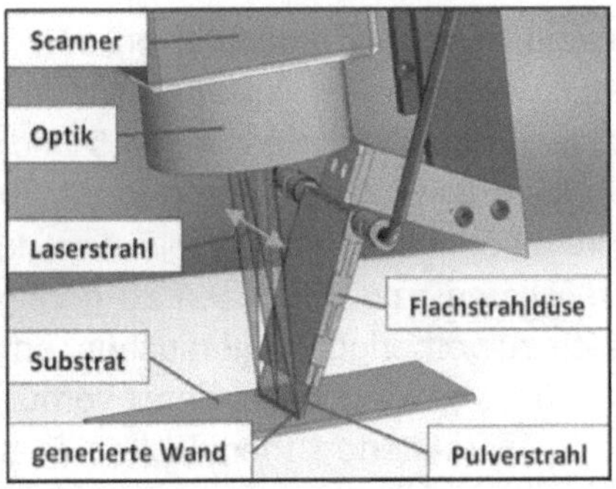

Abb. 11.6 links: Foto von der Gesamtanlage des neuartigen Versuchsstandes; rechts: schematische Darstellung der Versuchsanordnung mit Laserstrahl, Pulverstrahl und Probe

Die laut Grundlagenuntersuchungen benötigte geometrische Wiederholgenauigkeit der Auftrefforte der Laserpulse von Bestrahlung zu Bestrahlung war gegeben.

Wie in den Grundlagenuntersuchungen wurde auch hier ein Pulver aus austenitischem CrNiMo - Stahl (1.4404) mit zumeist sphärischer Partikelform verwendet. Als Substratmaterial diente wieder Edelstahl (1.4301). Der mittlere Partikeldurchmesser betrug nach eigener Messung 5,8 µm. Das Pulver-Gasgemisch wurde über eine selbst entwickelte 40 mm breite Flachstrahldüse am Bearbeitungsort mit einem Volumenstrom des Trägergases Argon von 10 l/min und einem Massenstrom des Pulvers von 25 g/min homogen verteilt. Der Abstand der Düsenaustrittsöffnung zur Substratoberfläche betrug 6 mm bei einem Düsenanstellwinkel von 55 Grad. Der kontinuierliche Pulverstrom wurde mit dem fokussierten Laserstrahl auf der Substratoberfläche mittig überlagert. In Abb. 11.6 sind der neuartige Versuchstand bildlich und die Versuchsanordnung schematisch dargestellt.

Für die Auswertung der Bauhöhen der generierten linearen Strukturen stand ein 2D-Wegemesssystem der Firma Keyence zur Verfügung. Über eine Relativbewegung zwischen Sensor und Struktur konnten die erzielten Bauhöhen über die Länge der Mikrowand gemessen und anschließend gemittelt werden. Durch Division mit der Anzahl an Bestrahlungen wurde die mittlere Schichthöhe berechnet. Für die Berechnung der Volumenbaurate wurde das Volumen der Mikrowände bestimmt und durch die Bearbeitungszeit dividiert. Dabei wurde zwischen Prozessvolumenbaurate und Verfahrensvolumenbaurate unterschieden. Bei der Prozessvolumenbaurate wurden Verfahrensnebenzeiten wie Scanbewegungsumkehr und -Delays nicht berücksichtigt, sondern lediglich die effektive Bestrahlungszeit für die Berechnung verwendet. In der Verfahrensvolumenbaurate hingegen sind alle Nebenzeiten mit erfasst. Ziel ist somit, mit der Verfahrensvolumenbaurate nahezu die Prozessvolumenbaurate zu erreichen.

11.4 Ergebnisse und Diskussionen

Aufbauend auf den Erkenntnissen der Grundlagenuntersuchungen wurde damit begonnen, die optimalen Pulsspitzenintensitäten und geometrischen Pulsabstände für die beiden Fokusdurchmesser (34,5 und 72,6 µm) zu ermitteln. Des Weiteren wurde der Einfluss der Pulsdauer auf den Aufbauprozess untersucht, jedoch aufgrund der auf 1 mJ begrenzten Pulsenergie nicht für den größeren Fokusdurchmesser, da hier die Intensitäten bzw. Fluenzen zu gering waren. Für die Untersuchungen wurde im Vergleich zu vorherigen Untersuchungen eine vierfach höhere Pulswiederholfrequenz von 200 kHz verwendet. Der damit verbundene kürzere zeitliche Pulsabstand von 5 µs könnte zu veränderten thermischen Bedingungen geführt haben. Es war damit zu rechnen, dass sich die aufgebauten Strukturen punktuell und auch im Mittel stärker erwärmten.

In Abb. 11.7 ist zunächst die Abhängigkeit der mittleren Schichthöhe vom geometrischen Pulsabstand dargestellt. Wie in den Grundlagenuntersuchungen ergab sich ein Maximum bei optimalem Pulsabstand. Bei zu großen Pulsabständen bildeten sich aufgrund des fehlenden Pulsüberlapps vereinzelte Mikrotürme (Abschn. 11.5 Abb. 11.13 c + d). Der Pulsabstand sollte erfahrungsgemäß optimal sein, wenn er wie in den Grundlagenuntersuchungen dem sich bildendeten Kavitätendurchmesser entsprach. Erwartungsgemäß sollte dieser im Bereich des Fokusdurchmessers liegen (gestrichelte Linien). Jedoch konnte dies nur bei einem Fokusdurchmesser von 72,6 µm festgestellt werden.

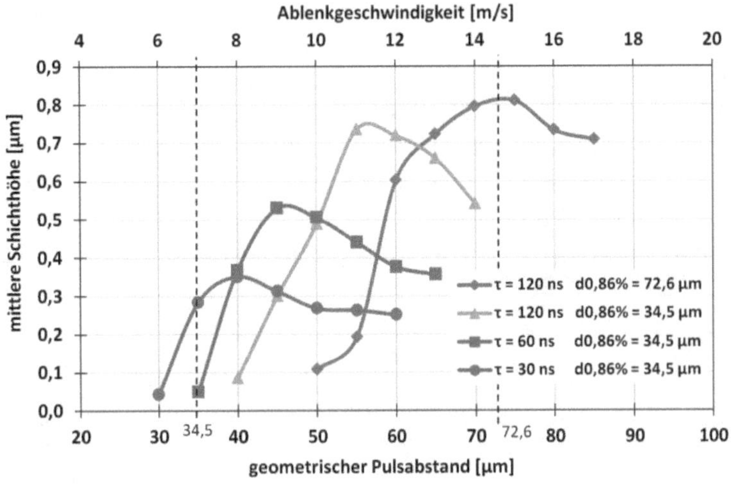

Abb. 11.7 Abhängigkeit der mittleren Schichthöhe vom geometrischen Pulsabstand bzw. Ablenkgeschwindigkeit bei unterschiedlichen Pulsdauern und Fokusdurchmessern (gestrichelte Linien), (f_{Puls} = 200 kHz).

Bei dem kleineren Fokusdurchmesser von 34,5 µm war hingegen ein deutlich größerer Pulsabstand für eine optimale Schichthöhe erforderlich. Des Weiteren wurde festgestellt, dass bei geringeren Pulsdauern der optimale Pulsabstand sowie die Schichthöhe abnahmen. Aufgrund der Verwendung kürzerer Pulsdauern waren auch die eingebrachten Pulsenergien geringer. Dies führte zur Ausbildung von kleineren Schmelzrändern um die Kavitäten herum, was wiederum zu kleineren Schichthöhen führte. Außerdem kam es zur Verkleinerung der Kavitätendurchmesser, wodurch kleinere geometrische Pulsabstände bzw. Ablenkgeschwindigkeiten notwendig waren. Beides erklärt auch, warum die Prozessvolumenbauraten in Abhängigkeit der Pulsspitzenintensitäten (Abb. 11.8) bei kürzeren Pulsdauern geringer waren.

Die maximale mittlere Schichthöhe von 0,81 µm pro Bestrahlung wurde bei dem größeren Fokusdurchmesser von 72,6 µm erzielt. Durch die Ausbildung größerer Kavitäten kann in diesem Fall mehr Pulver gespeichert werden, wodurch auch eine größere Schichthöhe entstehen konnte. Die erzielten Wandstärken der Mikrowände lagen dabei immer im Bereich des optimalen Pulsabstandes. Damit betrug die minimal erzielbare Wandstärke bzw. Strukturauflösung bei einer Pulsdauer von 30 ns 40 µm.

Die Ergebnisse zum Einfluss der Pulsspitzenintensität auf die Prozessvolumenbaurate und der Vergleich mit geeigneten Werten aus den Grundlagenuntersuchungen sind in Abb. 11.8 dargestellt. Beim Fokusdurchmesser von 72,6 µm war die optimale Pulsspitzenintensität vergleichbar mit den Ergebnissen aus den Grundlagenuntersuchungen. Die erzielte maximale Prozessvolumenbaurate lag bei enormen 3.900 mm^3/h. Eine Erhöhung der Intensität zur Weiterführung der Kurve war aufgrund der begrenzten Pulsenergie nicht möglich.

Die optimalen Pulsspitzenintensitäten bei dem kleinen Fokusdurchmesser waren mindestens um den Faktor drei höher als bei dem großen Fokusdurchmesser. Die maximale Prozessvolumenbaurate von knapp 1.800 mm³/h wurde bei einer Pulsspitzenintensität von 9,3·10⁸ W/cm² und bei Pulsdauern von 120 und 240 ns erreicht. Mit Erhöhung der Intensität blieb sie gleich, so dass kein direktes Optimum existierte. Bei den kürzeren Pulsdauern war ein kontinuierlicher Anstieg zu verzeichnen, was vermutlich auf die noch zu geringen Pulsenergien bzw. Fluenzen zurückzuführen war. Die Prozessvolumenbaurate war bei den kürzeren Pulsdauern bzw. kleineren Pulsenergien aus den bereits genannten Gründen generell niedriger.

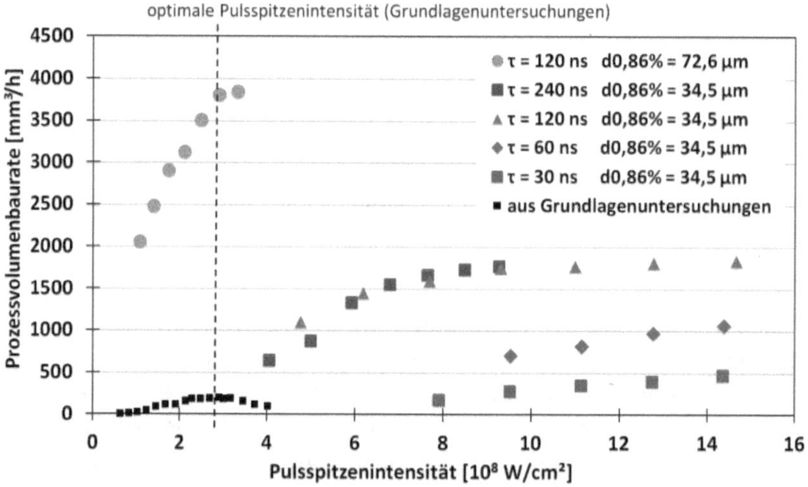

Abb. 11.8 Abhängigkeit der Prozessvolumenbaurate von der Pulsspitzenintensität bei unterschiedlichen Pulsdauern und Fokusdurchmessern (f_{Puls} = 200 kHz). Zum Vergleich die Ergebnisse aus den Grundlagenuntersuchungen (f_{Puls} = 50 kHz) (gestrichelte Linie = optimale Pulsspitzenintensität).

Eine Erklärung für die Unterschiede in den Optima von Pulsspitzenintensität und Pulsabstand könnte sein, dass durch das kleinere Verhältnis von Partikel- zu Fokusdurchmesser bei dem kleineren Fokusdurchmesser eine relativ stärkere Abschwächung des Laserstrahles vorlag. Um dies zu kompensieren, waren höhere Laserleistungen bzw. Intensitäten erforderlich. Die höheren Intensitäten wiederum führten vermutlich zu den größeren Kavitätendurchmessern bzw. Pulsabständen. Eine weitere Erklärung könnte sein, dass bei dem kleineren Fokusdurchmesser und vergleichbaren Intensitäten wie bei früheren Untersuchungen die Kavitätendurchmesser zu klein waren, um genügend Pulverpartikel effektiv einzusammeln. Vermutlich wirken beide Effekte zusammen.

Die Abb. 11.9 zeigt REM-Aufnahmen von Mikrowänden, die bei unterschiedlichen Pulsdauern und einem Fokusdurchmesser von 34,5 µm generiert wurden. Zu erkennen war, dass bei kürzeren Pulsdauern durch die geringere Pulsenergie und die daraus resultierende geringere Schmelzbildung die Pulveranhaftung an den Außenwänden abnahm und somit auch die Rauheit. Jedoch war eine stärkere Welligkeit durch die exaktere Ausbildung der Kavitäten zu erkennen. In Abb. 11.9 sind zudem die geätzten Querschliffe der jeweiligen Mikrowände abgebildet. Die Farbätzung erfolgte nach Lichtenegger und Bloech. Farbliche Bereiche stellen Konzentrationsunterschiede in der chemischen Zusammensetzung dar. Graue Bereiche hingegen weisen auf Oxidation hin. Auch bei dem geringeren zeitlichen Pulsabstand von 5 µs gegenüber früheren Untersuchungen bei 20 µs und der dadurch wahrscheinlich stärkeren mittleren Erwärmung trat hier keine Oxidation auf.

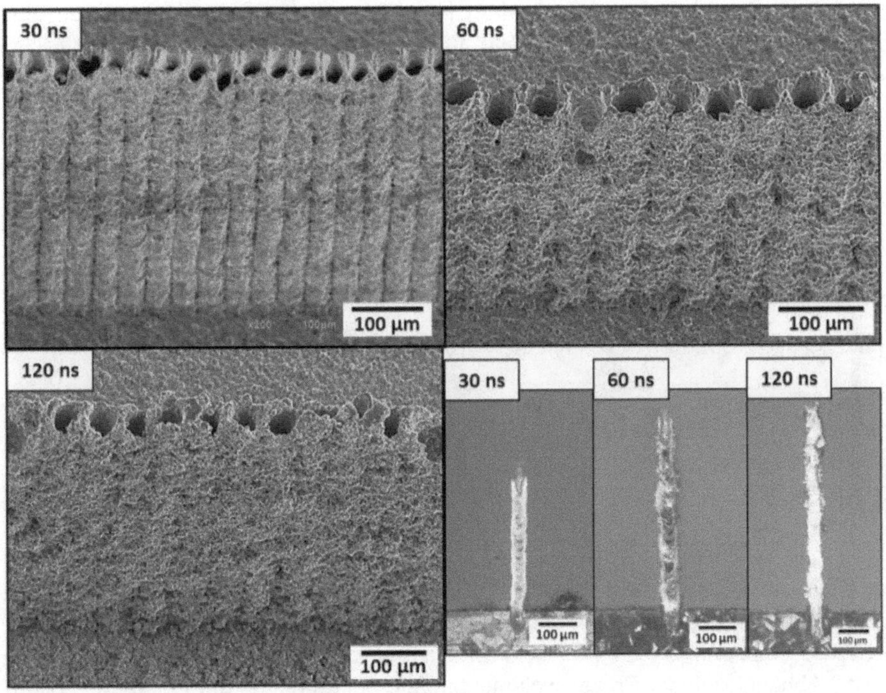

Abb. 11.9 REM-Aufnahmen und die zugehörigen geätzten Querschliffe von Mikrowänden bei unterschiedlichen Pulsdauern (f_{Puls} = 200 kHz, $d_{0,86\%}$ = 34,5 µm).

Aufgrund dessen, dass die maximale Prozessvolumenbaurate beim kleinen Fokusdurchmesser und einer Pulsdauer von 120 ns bereits ab einer Pulsspitzenintensität von $9{,}3 \cdot 10^8$ W/cm² mit einer Pulsenergie < 1 mJ erreicht wurde (Abb. 11.9), konnten auch höhere Pulswiederholfrequenzen unter Beibehaltung der Pulsspitzenleistung und der maximalen mittleren Leistung von 200 W untersucht werden. Dies galt ebenso für die Pulsdauern von 60 und 30 ns. Die maximale Pulswiederholfrequenz, bei optimaler Pulsenergie bzw. Pulsspitzenintensität, lag bei 1.000 kHz (τ = 30 ns), 500 kHz (τ = 60 ns) und 350 kHz (τ = 120 ns). Bei gleichbleibenden geometrischen Pulsabständen konnten somit höhere Ablenkgeschwindigkeiten umgesetzt werden, wodurch eine Steigerung der Prozessvolumenbaurate zu erwarten war. Eine Begrenzung ergab sich nur durch die maximale Ablenkgeschwindigkeit von 20 m/s. Die Ergebnisse hierzu sind in der Abb. 11.10 dargestellt. Die Prozessvolumenbaurate konnte auf knapp 2.500 mm³/h gesteigert werden. Dabei kamen eine Pulsenergie von 0,57 mJ, eine Pulsdauer von 120 ns und eine Pulswiederholfrequenz von 350 kHz zum Einsatz. Bei den kürzeren Pulsdauern konnte ebenso eine Steigerung der Prozessvolumenbaurate erzielt werden. Bezogen auf die eingesetzte Pulsenergie war diese bei 30 ns nahezu proportional. So wurden mit einer Pulsdauer von 30 ns bei einer Pulsenergie von 0,2 mJ bei einer Frequenz von 500 kHz anstatt der bei gleichem Energieeinsatz zu erwartenden Prozessvolumenbaurate von 850 immer noch ca. 800 mm³/h erzielt. Bei der Pulsdauer von 60 ns wurde mit einer Pulsenergie von 0,4 mJ allerdings eine unterproportionale Steigerung festgestellt. Verantwortlich dafür könnte die spezifische Pulsform bei dieser Pulsdauer sein.

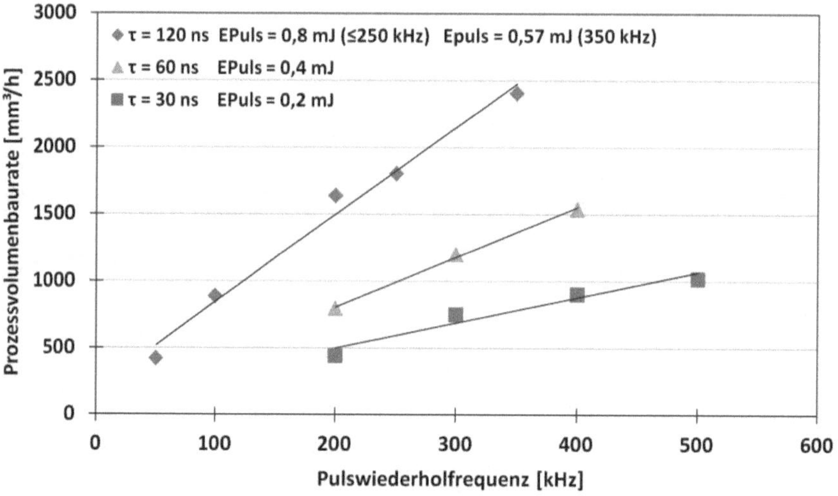

Abb. 11.10 Abhängigkeit der Prozessvolumenbaurate bei Erhöhung der Pulswiederholfrequenz und damit auch der Ablenkgeschwindigkeit bei unterschiedlichen Pulsdauern ($d_{0,86\%}$ = 34,5 µm).

Für eine weitere Skalierung soll zukünftig ein Polygonspiegelscanner eingesetzt werden, um die erforderlichen Ablenkgeschwindigkeiten zu erreichen. Hierdurch wären mit der Pulsdauer 30 ns und der Nutzung der Laserleistung von 200 W bei einer Frequenz von 1 MHz ähnliche Prozessvolumenbauraten wie bei der Pulsdauer von 120 ns zu erwarten. Die Strukturauflösungen wären hingegen deutlich besser. Außerdem soll im weiteren Verlauf der Forschungsarbeiten ein kurzgepulster Faserlaser mit maximaler Ausgangsleistung von 500 W zum Einsatz kommen. Damit könnten dann Pulswiederholfrequenzen von 2 MHz (bei Pulsdauer 30 ns und Pulsenergie 0,2 mJ) bei einer mittleren Leistung von 400 W appliziert werden. Die Prozessvolumenbaurate sollte damit auf ca. 5.000 mm³/h gesteigert werden können. Mit der Pulsdauer 120 ns und einer Laserleistung von 500 W wäre eine maximale Prozessvolumenbaurate von 6.000 mm³/h zu erwarten.

Im Weiteren wurde die Abhängigkeit der Bauhöhe von der Anzahl der Bestrahlungen untersucht. Die Fokusebene wurde, wie in den bisherigen Versuchen, während des Aufbauprozesses nicht nachgeführt und lag stets auf der Substratoberfläche. Wie in Abb. 11.11 zu sehen ist, lag bis zu einer Bauhöhe von ca. 1,5 mm ein nahezu linearer Anstieg der Bauteilhöhe mit gesteigerter Bestrahlungsanzahl vor. Erst danach flachte der Anstieg allmählich ab. Eine Erhöhung der Pulsdauer von 30 auf 120 ns brachte gleichzeitig eine Erhöhung der Pulsenergie um den Faktor 4 mit sich. Die Bauteilhöhe wurde aber nicht einmal um den Faktor 2 gesteigert. Daraus kann man schlussfolgern, dass sich die kurzen Pulse energetisch günstiger in Bauhöhe umsetzen lassen.

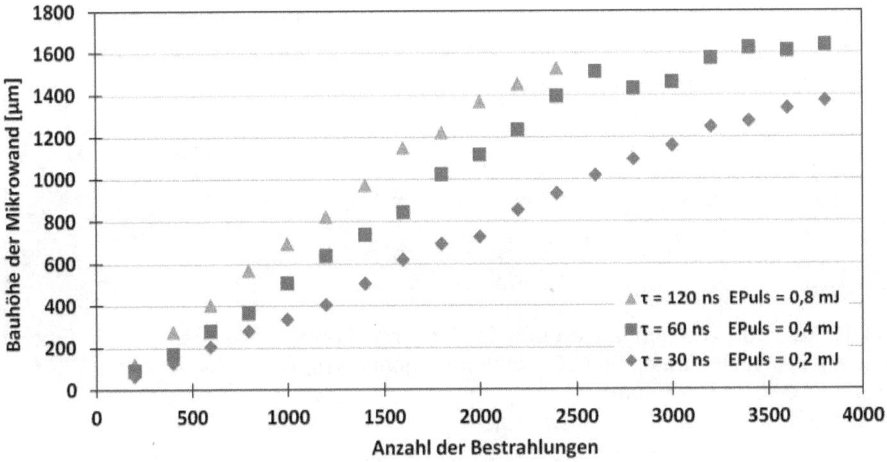

Abb. 11.11 Abhängigkeit der Bauhöhe von der Anzahl der Bestrahlungen bei unterschiedlichen Pulsdauern (f_{Puls} = 200 kHz, $d_{0,86\%}$ = 34,5 µm).

Da bei den Versuchen eine feststehende Pulverdüse verwendet wurde, wuchsen die gebauten Mikrowände ab einer Bauhöhe von 1,5 mm allmählich aus dem Fokus des Laserstrahls und dem Wirkbereich der Pulverdüse heraus. Beides spiegelte sich in einem verringerten Wachstum ab dieser Bauhöhe wieder. Im untersuchten Höhenbereich konnte keine Wandverbreiterung mit Zunahme der Defokussierung festgestellt werden. Zukünftig sollen ergänzende Untersuchungen zu größeren Bauhöhen mit einer Fokus- und Pulvernachführung durchgeführt werden.

Da für die Berechnung der für eine praktische Anwendung relevanten Verfahrensvolumenbaurate die prozessbedingten Pausenzeiten (Scannerdelays und Rücksprung) mit berücksichtigt werden mussten, verringerten sich die aufgeführten Werte entsprechend. Um die Pausenzeiten so kurz wie möglich zu halten, wurde deshalb eine Änderung der Scanstrategie hin zu einer bidirektionalen Bestrahlung vorgenommen. Dadurch konnte die Verfahrensvolumenbaurate wegen des wegfallenden Rücksprungs relevant gesteigert werden. Jedoch kam es bei der bidirektionalen Bewegung des Laserstrahls bei kürzeren Strecken schnell zu einer übermäßigen Erwärmung der generierten Struktur und somit zu einem unkontrollierten Wachstum der Wand. Daher wurden zwei Spuren bidirektional nebeneinander aufgebaut, um quasi die Abkühlzeit zu vergrößern. Des Weiteren konnte durch eine Verlängerung der Flachstrahldüse von 40 auf 200 mm die Verfahrensvolumenbaurate zusätzlich gesteigert werden, da bei Vergrößerung der Bearbeitungslänge die Scannerdelays gegenüber der Bestrahlungszeit anteilmäßig kleiner wurden. Durch den zukünftigen Einsatz eines Polygonspiegelscanners ließen sich die Pausenzeiten weiter reduzieren. Unter Nutzung der Flachstrahldüse mit einer Breite von 200 mm und bidirektionaler Bearbeitung konnte die Verfahrensvolumenbaurate auf einen Wert von ca. 3.200 mm³/h und damit um den Faktor 15 gegenüber dem Ausgangswert bei den grundlegenden Untersuchungen gesteigert werden. Die Abb. 11.12 zeigt das dazugehörige Ergebnis. Die Mikrowände wiesen eine gleichmäßige Höhe auf, nur am linken Rand kam es zu Abweichungen aufgrund von optischen Fehlern der verwendeten Optik.

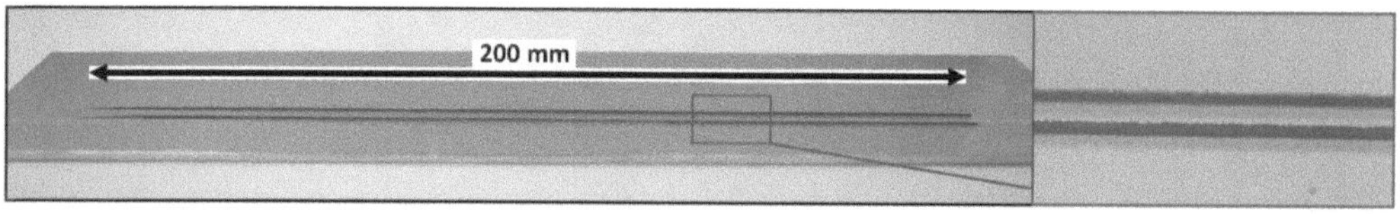

Abb. 11.12 Foto von 200 mm langen und ca. 0,7 µm hohen Mikrowänden (mittels Flachstrahldüse mit einer Austrittsöffnung von 200 x 0,5 mm² generiert). (f_{Puls} = 200 kHz, $d_{0,86\%}$ = 72,6 µm, $I_0 = 3{,}7 \cdot 10^8$ W/cm², s_{Puls} = 75 µm)

11.5 Demonstratoren

Im Folgenden wird die Leistungsfähigkeit des Verfahrens anhand verschiedener Demonstratoren dargestellt.

Abb. 11.13 a zeigt die Nachbildung einer Haifischhaut-Mikrostruktur zur Reduzierung des Strömungswiderstandes. Dazu wurde ein am Institut erstelltes Programm zur Erzeugung von flächigen Mikrostrukturen genutzt. Die Oberfläche der Mikrowände wurde zudem umgeschmolzen, um Höhendefekte zu verringern. Eine andere Struktur in Form von Mikroleitblechen, hier in Form von regelmäßig gekrümmten länglichen Mikrowänden, ist in Abb. 11.13 b zu sehen. Die gekrümmten Mikrowände weisen dabei eine gleichmäßige Höhe über die gesamte Länge auf. Durch große geometrische Pulsabstände ließen sich auch Mikrotürme erzeugen. Die erzielten Bauhöhen pro Puls waren dabei vergleichbar mit denen zur Generierung von Mikrowänden. Für halbkugelförmige Spitzen wurden die Mikrotürme nachträglich umgeschmolzen (Abb. 11.13 c). Die Umschmelzung der Oberfläche von generierten Mikrostrukturen wurde auch gezielt genutzt, um Hinterschneidungen zu realisieren. Abb. 11.13 d zeigt dies anhand einer Versuchsreihe mit Mikrotürmen durch Variation der Streckenenergie. Für die Umschmelzung war nur eine zusätzliche Bestrahlung notwendig, womit sich die Volumenbaurate nur geringfügig reduzierte. Des Weiteren waren auch Mikrowände mit einer variablen Breite erzeugbar. Dies wird anhand eines keil- und schneidförmigen Wandquerschnitts verdeutlicht (Abb. 11.13 e + f). Zur Realisierung variabler Wandstärken wurden mehrere parallele Scanlinien nach jeder Bestrahlung sukzessive auseinander- bzw. zusammengeführt. Für keilförmige Strukturen war bisher ein maximaler Öffnungswinkel von ca. 7 Grad möglich. Bei Verwendung von geringeren Pulsenergien und damit einhergehend einer geringeren Kavitätentiefe sind größere Öffnungswinkel bei dadurch allerdings geringeren Volumenbauraten vorstellbar. Versuche dazu wurden allerdings noch nicht durchgeführt. Bei schneidenförmigen Strukturen konnten deutlich größere Winkel erzeugt werden, da hier die Scanlinien zusammen liefen.

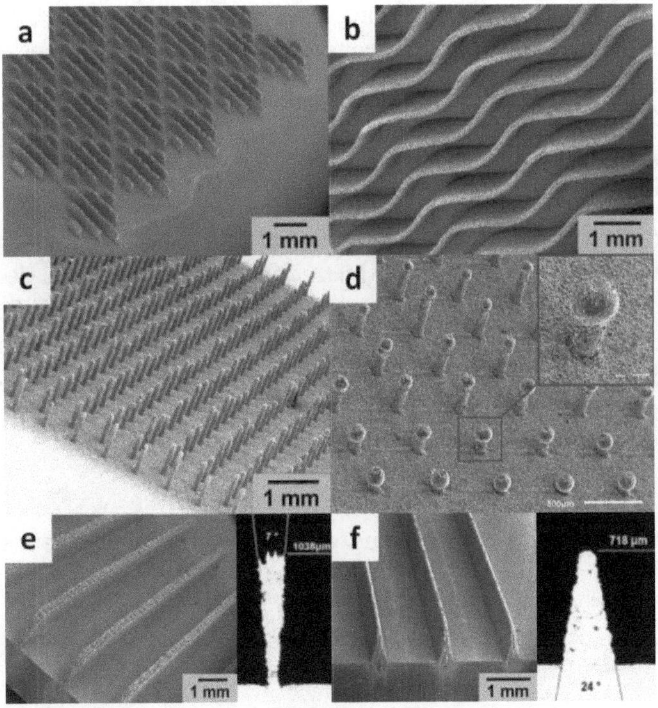

Abb. 11.13 REM-Aufnahmen verschiedener Demonstratorstrukturen
a) Nachbildung einer Haifischhaut-Mikrostruktur.
b) Regelmäßig gekrümmte Mikrowände.
c und d) Fläche aus aneinandergereihten Mikrotürmen mit umgeschmolzener Spitze.
e) Längliche Wände mit keilförmigem Querschnitt.
f) Längliche Wände in Schneidgeometrie mit geglätteter Schneidkante.

Da die Vertiefungen auf der generierten Mikroschneide für die Herstellung von anwendungsrelevanten Bauteilen hinderlich wären, wurden weitere Untersuchungen zur Glättung der Wandoberfläche unternommen. Mit einer definierten Verringerung der Intensität durch Defokussierung gelang es, die Vertiefungen zu beseitigen und eine Glättung der Oberfläche zu erzielen.

11.6 Ausblick

Aufgrund der Explosionsgefahr durch den hohen Pulverdurchsatz und des hohen Preises des sehr feinen Pulvers findet der Prozess zukünftig komplett unter Schutzgas bei einer Pulverrückführung mittels Zyklonabscheider statt.

Industriell und am Institut verfügbar sind derzeit kurzgepulste Faserlaser bis zu einer mittleren Leistung von 500 W. Unter Verwendung eines solchen Lasers und einer schnellen Ablenkung des Strahles mit dem am Institut verfügbaren speziellen Polygonspiegelscanner sowie der 200 mm breiten Flachstrahldüse sollte die maximal mögliche Verfahrensvolumenbaurate aufgrund der vorliegenden Untersuchungsergebnisse und Erfahrungen durch eine weitere Skalierung bis auf über 8.000 mm^3/h in Richtung der derzeit maximal möglichen Prozessvolumenbaurate von 9.750 mm^3/h gesteigert werden können. Durch einen noch größeren Fokusdurchmesser und einer entsprechend größeren Wanddicke könnte die Verfahrensvolumenbaurate noch weiter gesteigert werden.

Am Institut sind weiterhin mehrere cw-Monomode-Faserlaser vorhanden, die aktuell mittels AOM mit einer Frequenz bis 1 MHz getaktet betrieben werden können. Mit Anwendung der vorhandenen ultraschnellen Strahlablenkung durch Polygonspiegelscanner sollte perspektivisch ebenfalls eine deutliche Steigerung der Volumenbaurate durch Skalierung der Laserleistung möglich sein. Grundlegende Untersuchungen dazu sind bereits erfolgt [12].

11.7 Danksagung

Das dieser Veröffentlichung zugrundeliegende Vorhaben „Marktorientiertes Hochrate Micro / Macro Cladding“ wurde mit Mitteln des BMBF unter dem Förderkennzeichen 03IPT506A im Rahmen der Innovationsinitiative Neue Länder „Unternehmen Region“ gefördert. Die Verantwortung für den Inhalt dieser Veröffentlichung liegt bei den Autoren.

11.8 Literaturverzeichnis Kapitel 11

[1] S. Klötzer, M. Erler, L. Hartwig, R. Ebert, B. Steiger, H. Exner: *Micro-cladding using a pulsed fibre laser and scanner*, Proceedings of the 11th International Symposium on Laser Precision Microfabrication (LPM), 07.-10.06.2010, Stuttgart, Germany, 1-5

[2] Jens Bliedtner, Hartmut Müller, Andrea Barz: *Lasermaterialbearbeitung: Grundlagen - Verfahren - Anwendungen – Beispiele*, Fachbuchverlag Leipzig im Carl Hanser Verlag, 304 – 305 (2013)

[3] Erler, Martin: *Theoretische und experimentelle Untersuchungen zum Verfahren Micro Cladding*; Masterarbeit 2011; Hochschule Mittweida; Fakultät Mathematik, Naturwissenschaften, Informatik

[4] M. Erler, R. Ebert, S. Klötzer, H. Exner: *Erhöhung der Baurate beim Micro Cladding durch gezielte Mikrostrukturierung*, 22th International Scientific Conference Mittweida, Oktober 24-25, Scientific Reports Nr. 2, 50-53 (2012).

[5] M. Erler, S. Klötzer, R. Ebert, H. Exner: *Verfahren zum schnellen generativen Aufbau von mikrostrukturierten Körpern aus Partikeln eines Pulvers mit einem gepulsten Laser auf Substrate*, Offenlegungsschrift DE 102012020810 A1 (2014)

[6] T. Jambor, K. Wissenbach: *Micro-Laser-Cladding with High Quality Fibre Lasers*. In: Lasers in Manufacturing 2007 (LIM), 4th International WLT-Conference on Lasers in Manufacturing, München, DE, Jun 18-22, 2007, S. 193–197.

[7] Weidlich, Nils; Dudziak, Sonja; Nölke, Christian; Herzog, Dirk; Hustedt, Michael; Haferkamp, Heinz (2009): *Metallische Funktionsbauteile im Mikromaßstab durch einstufiges Laserstrahlmikroauftragschweißen*. In: Schweißen und Schneiden, H. 9, S. 545–547.

[8] Brückner, F., Nowotny, S., Riede, M., Kubisch, F., Leyens, C., & Beyer, E. (2013). *Surface Functionalization by High-precision Laser Cladding*. Laser Technik Journal, 10(1), 29-31.

[9] J. del Vala, R. Comesañaa F. Lusquiñosa A. Riveiroa F. Quinteroa J. Pou: *Downscaling of conventional laser cladding technique to microengineering*. In: Physics Procedia, Volume 5, Part 1, 2010, Laser Assisted Net Shape Engineer-ing 6, Proceedings of the LANE 2010, Part 1, S. 341–348.

[10] J.del Val, A. Riveiro, R.Comesana: *Laser Micro-Cladding- a Novel Laser Additive Technique to Produce Hard Micro-Coatings*. Proceedings of the ICALEO 2010, 29th International Congress on Applications of Lasers and Electro-Optics, Anaheim/Ca., September 26-30, 2010, USA, paper#M306.

[11] J.del Val, A. Riveiro, R.Comesana: *Rapid Prototyping of Metallic Structures Based on Laser Micro-Cladding*. Proceedings of the ICALEO 2014, 33th International Congress on Applications of Lasers and Electro-Optics, 19.-23.10.2014, San Diego, USA, paper#M1105.

[12] M. Erler, R. Ebert, S. Gronau, M. Horn, S. Klötzer, H. Exner: *High Speed Micro Cladding Using a High-Power Single-Mode Continuous-Wave Fiber Laser and a Polygon Scanning System*. Proceedings of the LiM 2015, Laser in Manufacturing, June 22-25, München.

Kolibri 360 GmbH
Ferdinand-Jühlke-Straße 7
99095 Erfurt, Deutschland
produktsicherheit@kolibri360.de